高等学校适用教材

第六版

互换性与技术测量

HUHUANXING YU JISHU CELIANG

（获第三届机械工业部优秀教材一等奖）

廖念钊　古莹菴　莫雨松
李硕根　杨兴骏　编著

中国质检出版社
北京

图书在版编目(CIP)数据

互换性与技术测量/廖念钊等编著 . —6 版. —北京:中国质检出版社,2012(2024.1 重印)
ISBN 978−7−5026−3594−7

Ⅰ.①互…　Ⅱ.①廖…　Ⅲ.①零部件—互换性 ②零部件—技术测量　Ⅳ.①TG801

中国版本图书馆 CIP 数据核字(2012)第 051070 号

内　容　提　要

　　本书系统地论述了互换性与技术测量的基本知识,分析介绍了我国公差与配合方面的新标准,阐述了技术测量的基本原理,反映了一些新的测试技术。主要内容包括绪言、孔与轴的极限与配合、长度测量基础、几何公差及检测、表面粗糙度及检测、光滑极限量规、滚动轴承的公差与配合、尺寸链、圆锥的公差配合及检测、螺纹公差及检测、键和花键的公差与配合、渐开线圆柱齿轮精度及检验等。书后附有各章练习题,供读者复习和巩固知识。

　　本书可作为高等院校机械类各专业"互换性与技术测量"(或"互换性与测量技术基础")课程教材,也可供机械制造工程技术人员及计量、检验人员参考。

中国质检出版社出版发行

北京市朝阳区和平里西街甲 2 号(100013)

北京市西城区三里河北街 16 号(100045)

网址:www.spc.net.cn

总编室:(010)64275323　发行中心:(010)51780235

读者服务部:(010)68523946

中国标准出版社秦皇岛印刷厂印刷

各地新华书店经销

*

开本 787×1092　1/16　印张 15.5　字数 379 千字

2012 年 6 月第六版　2024 年 1 月第 67 次印刷

*

定价:**28.00** 元

前 言 （第一版）

　　本书是在重庆大学 1980 年和 1981 年两次印刷的《互换性与技术测量》讲义的基础上，根据两届教学实践和一些兄弟院校在使用本讲义中提出的宝贵意见修改而成的，可作为高等学校机械类各专业"互换性与技术测量"课程的教材。本书在内容上注意加强基础，力求反映国内外的最新成就。公差方面尽量按新标准（或草案）编写；测量技术方面也介绍了一些新技术和新仪器。在使用本教材时，可根据各专业对本课程的不同要求对内容加以取舍，对第二章中的一些内容可结合实验课进行讲授。本书也可供机械制造工程技术人员及计量、检测人员参考。学生在学完本课程以后，欲进一步学习有关长度测量方面的知识，可自学中国计量出版社组编的《长度计量测试丛书》。

　　本书由廖念钊、古莹菴、莫雨松、李硕根和杨兴骏编写。

　　中国计量出版社成都站编委会对本书进行了初审，并由四川省计量测试研究所邓秀儒和成都科技大学王继平同志对本书做了全面复审。在出版前，特请吉林工业大学许金钊教授最后审阅修正定稿。

　　在编写过程中，西安交通大学赵卓贤、南京工学院范德梁、华中工学院李柱、河北工学院何贡、天津大学陈林才、东北工学院李纯甫、中国科学院成都光电技术研究所陈国勋、中国计量科学研究院徐孝恩和王轼铮、山东工学院许定奇、重庆工具厂胡德贵等同志提了许多宝贵意见。

在本书的编写和出版过程中，汤永厚、刘瑞清、朱桂兰等同志曾给了热情的指导和帮助，我校锺先信、罗先才等同志也做了不少工作。另外，还有一些兄弟单位为本书的编写提供了不少宝贵资料，在此一并致谢。

由于我们的水平有限，加之时间紧迫，书中定有不少缺点和错误，希望读者批评指正。

编　者

1981 年 12 月于重庆

修 订 附 言

本书自 1982 年 5 月出版后,经各院校选作教材使用至今,普遍反映在学时分配及章节安排上比较适用于教学,但对本书的进一步完善也提出了一些宝贵建议。同时,近几年来,国家陆续颁布了一些新标准;国务院发布《中华人民共和国法定计量单位》的命令。有鉴于此,特对本书下列几个方面的内容进行了修订。

1. 用新的标准替换了过时的旧标准。

2. 书中一律采用了中华人民共和国法定计量单位。

3. 对某些重复的或不够确当的内容进行了修改和删减,也补充了一些必要的内容。

4. 书末增列了习题。这些习题均与修订本的内容紧密配合,以便于学生使用。

编 者

1985 年 5 月

第二次修订附言

本书自 1985 年 5 月第一次修订以来,已使用 5 年。在此期间我国公差标准又在不断更新。为了在教材中能及时反映这些成果,特此进行第二次修订。

这次修订的重点是第二章、第七章、第八章、第十章、第十一章和有关的习题。对其他章节的内容也做了一些删减和补充。本书经修订后仍保持了原书便于教学和使用的特点。

在此对使用本书并对本书修订提出宝贵意见的同志,表示衷心的感谢。

编 者

1990 年 12 月

第三次修订附言

本书自 1990 年 12 月第二次修订以来,已使用 8 年。在此期间我国公差标准又在不断更新,教学改革也在不断深入。为了在教材中能及时反映这些成果和跟上教学改革的步伐,特进行第三次修订。

此次修订重点在于更新和精简教学内容,使这本教材既适用于集中讲授,也可作为分散教学的参考书。对第二、三、四、八、九、十和十一章均做了较大的改动。本书经修订后仍保持了原书便于教学和使用的特点。

在此对使用本书和对本书的修订提出宝贵意见的同志,表示衷心的感谢。

编　者

1998 年 12 月

第四次修订附言

这本教材自 2000 年 1 月第三次修订以来,又使用了 6 年,在这期间我国公差标准又陆续进行了审定,其内容已不断更新。同时随着教学改革的发展,教材应适应多专业的需要。为此,进行本教材的第四次修订。

本次修订的重点是:第一、二、三、四、六、八、九和十一章等章节,其余章节和习题也进行了少量的修改,并保持原教材便于教学和使用的特点。

在此,向使用本教材的老师们、同学们以及对本教材提出宝贵意见的朋友们表示深深的谢意。

编　者

2007 年 5 月

第五次修订附言

近几年来,在全国产品尺寸和几何技术规范标准化技术委员会(SAC/TC240)的指导下,我国有关的标准化机构,按新的产品几何技术规范与认证(GPS)体系,对我国有关标准陆续进行了修订。为了将这些新概念、新技术尽快反映在教材中,我们对本教材进行了第五次修订。

这次修订的重点包括:第一、三、四、五、八和十一章等章节,对其余的章节也进行了局部修改,以便使教材更加完善。

由于我们水平有限,不足之处在所难免,请批评指正!

在此特向关心本教材的同学、老师和朋友们致以谢意!

编　者

2012 年 6 月

目　录

绪 言

一、互换性概述

在机械和仪器制造业中,零、部件的互换性是指在同一规格的一批零件或部件中,任取其一,不需任何挑选或附加修配(如钳工修理)就能装在机器上,达到规定的功能要求,这样的一批零件或部件就称为具有互换性的零、部件。例如,汽车、摩托车和家用电器的零件,就是按互换性要求生产的。当汽车、摩托车和家用电器零件损坏以后,修理人员很快就可用同样规格的零件换上,恢复汽车、摩托车和家用电器的功能。

机械和仪器制造业中的互换性,通常包括几何参数(如尺寸)和机械性能(如硬度、强度)的互换,本课程仅讨论几何参数的互换。

所谓几何参数,一般包括尺寸大小,几何形状(宏观、微观),以及相互的位置关系等。为了满足互换性的要求,似乎在同规格的零、部件间,其几何参数都要做得完全一致。但在实践中这是不可能的。实际上,只要零、部件的几何参数保持一定的变动范围,就能达到互换的目的。

允许零件尺寸和几何参数的变动量就称为"公差"。

互换性生产对我国现代化建设具有非常重大的意义。现代化的机械工业,首先要求机械零件具有互换性,从而才有可能将一台机器中的成千上万个零、部件,分散到不同的车间、工厂进行高效率的专业化生产,然后又集中到一个工厂进行装配。因此零、部件的互换性为生产的专业化创造了条件,不但促进了自动化生产的发展,也有利于降低产品成本,提高产品质量,为现代化建设做出贡献。

零、部件在几何参数方面的互换性体现为公差标准。而公差标准又是机械和仪器制造业中的基础标准,它为机器的标准化、系列化、通用化提供了技术条件,从而缩短了机器设计时间,促进新产品的高速发展。

互换性生产可以减少修理机器的时间和费用。

零、部件的互换性,按其互换程度,可分为完全互换和不完全互换。在单件生产的机器中(特重型机器,特高精度的仪器),往往采用不完全互换。如对机器中的某个零件的某个尺寸进行配做或进行修配,或进行调整等。

在大批大量生产中,为了放宽零件尺寸的制造公差,有时用概率法来计算装配尺寸链。用这种计算法给定的零件尺寸,在装配后的产品中,合格率就不能保证100%,但能保证绝大多数的产品是合格的,这时的互换就叫大数互换。

又如,在滚动轴承生产中,由于滚动轴承外圈的内滚道和内圈的外滚道与滚动体配合的准确度要求很高,这时若采用完全互换法进行生产,则制造厂的工艺难于达到。因而只能采用分组装配的方法,即组内零件可以互换,这时滚动轴承生产厂内的这种互换就叫内互换。而滚动轴承内圈内径和轴径的配合,以及滚动轴承外圈外径与机壳孔之间的配合的互换就叫外互换。

二、公差与配合标准发展简介

随着生产的发展,要求企业内部有统一的公差与配合标准,以扩大互换性生产的规模和控制机器备件的供应。1902 年,英国伦敦以生产剪羊毛机为主的纽瓦(Newall)公司编辑出版了"极限表",即是最早的公差制。

1906 年,英国颁布了国家标准 B.S.27。1924 年,英国又制定了国家标准 B.S.164。1925 年,美国出版了包括公差制在内的美国标准 A.S.A.B 4a。上述标准即为初期的公差标准。

在公差标准的发展史上,德国的标准 DIN 占有重要位置,它在英、美初期公差制的基础上有了较大发展。其特点是采用了基孔制和基轴制,并提出公差单位的概念,将公差等级和配合分开,规定了标准温度(20℃)。1929 年,苏联也颁布了一个"公差与配合"标准。

由于生产的发展,国际间的交流也愈来愈多,1926 年,成立了国际标准化协会(ISA),其中第三技术委员会(ISA/TC3)负责制定公差与配合,秘书国为德国。在总结 DIN(德国),AFNOR(法国),BSS(英国),SNV(瑞士)等国公差制的基础上,1932 年,提出了国际制 ISA 的议案。1935 年,公布了国际公差制 ISA 的草案。直到 1940 年,才正式颁布国际公差标准 ISA。

第二次世界大战以后,1947 年 2 月,国际标准化组织重建,改名为 ISO,仍由第三技术委员会(ISO/TC3)负责公差配合标准,秘书国为法国。在 ISA 公差的基础上制定了新的 ISO 公差与配合标准。此标准于 1962 年公布,其编号为 ISO/R 286:1962 极限与配合制。以后又陆续公布了 ISO/R 1938:1971(光滑工件的检验);ISO 2768:1973(未注公差尺寸的允许偏差);ISO 1829:1975(一般用途公差带选择)等;即形成了现行国际公差标准。

在半封建半殖民地的旧中国,由于工业落后,加之帝国主义侵略,军阀割据,根本谈不上统一的公差标准。那时所采用的标准非常混乱,有德国标准 DIN、日本标准 JIS、美国标准 A.S.A、英国标准 B.S 以及国际标准 ISA。1944 年,旧经济部中央标准局,曾颁布过中国标准 CIS(完全借用 ISA),实际上也未执行。

解放以后,随着社会主义建设的发展,我国在吸收了一些国家在公差标准方面的经验以后,于 1955 年,由第一机械工业部颁布了第一个公差与配合的部颁标准。1959 年,由国家科委正式颁布了"公差与配合"国家标准(GB 159 ~ 174—59)。接着又陆续制定了各种结合件、传动件、表面光洁度以及表面形状和位置公差等标准。此后,我国的公差标准随着国际标准的不断更新,并结合我国的生产实际也在不断地审定、修改着。如将原有的"公差与配合"国家标准 GB/T 159 ~ 174—59 修订为 GB 1800 ~ 1804—79 标准。1996 年,又将该标准更名为《极限与配合》,并不断修订有关标准,如 GB/T 1800.1—1997、GB/T 1800.2 ~ 3—1998、GB/T 1800.4—1999、GB/T 1801—1999、GB/T 1803—2003、GB/T 1804—2000 等;其他公差标准,例如:形状与位置公差标准 GB/T 1182—1996、GB/T 1184—1996、GB/T 4249—1996、GB/T 16671—1996;表面粗糙度标准 GB/T 1031—1995;滚动轴承公差标准 GB/T 307.1—2005;圆锥公差标准 GB/T 11334—2005;普通螺纹公差标准 GB/T 197—2003;矩形花键公差标准 GB/T 1144—2001 以及圆柱齿轮传动公差标准 GB/T 10095.1 ~ 2—2001、GB/Z 18620.1 ~ 4—2002 等,均不断地进行修订。

随着科学技术和生产的发展,原有有关几何参数的公差标准体系已不适应新形势的要求,必须重新建立一个新的体系。为此,于 1996 年,国际标准化组织(ISO)将原来独立的 ISO/TC3

（极限与配合、尺寸公差及相关检测）、TC57（表面纹理与相关检测）和 TC10/SC5（几何公差与相关检测）三个技术委员会合并,成立一个新的技术委员会——"产品几何技术规范及认证技术委员会"（即 ISO/TC231）,并由该委员会着手建立一个基于信息技术,适应计算机辅助设计（CAD）和计算机辅助制造（CAM）技术要求的新的"产品几何技术规范与认证"体系。简称GPS。该体系包括公差标准、标注方法、精度控制到检验、测量在内的一系列标准和细则,由它和 CAD/CAM 相结合,也有利于计算机辅助公差（CAT）和计算机辅助测量（CAM）的发展与完善。

为适应国际间的交流与对口,我国也将有关的几个独立的标准化技术委员会合并,组建了"全国产品尺寸和几何技术规范标准化技术委员会"（SAC/TC240）,该委员会负责全国"产品几何技术规范与认证"（GPS）工作。该委员会成立后不久,就着手对我国原有的"极限与配合"、"几何公差"（原形位公差）以及"表面粗糙度"等标准按新的体系进行了修订。如:《产品几何技术规范（GPS）　极限与配合　第 1 部分:公差、偏差和配合基础》（GB/T 1800.1—2009）,《产品几何技术规范（GPS）　极限与配合　第 2 部分:标准公差等级和孔、轴极限偏差表》（GB/T 1800.2—2009）,《产品几何技术规范（GPS）　极限与配合　公差带和配合的选择》（GB/T 1801—2009）,《产品几何技术规范（GPS）　几何公差　形状、方向、位置和跳动公差标注》（GB/T 1182—2008）,《产品几何技术规范（GPS）　几何公差　最大实体要求、最小实体要求和可逆要求》（GB/T 16671—2009）,《产品几何技术规范（GPS）　公差原则》（GB/T 4249—2009）,《产品几何技术规范（GPS）　表面结构　轮廓法　术语、定义及表面结构参数》（GB/T 3505—2009）,《产品几何技术规范（GPS）　表面结构　轮廓法　表面粗糙度参数及其数值》（GB/T 1031—2009）等。用这些新体系标准去替代原有标准。

三、计量技术发展简介

要进行测量,首先就需要有计量单位和计量器具。长度计量在我国具有悠久的历史。早在我国商朝时期（至今 3100～3600 年）已有象牙制成的尺。到秦朝我国已统一了度量衡制度。公元九年,即西汉末王莽始建国元年已制成铜质的卡尺,它可测车轮轴径、板厚和槽深,其最小读数值为一分。但是由于我国长期的封建统治,科学技术未能得到发展,计量技术也停滞不前。

18 世纪末期,由于欧洲工业的发展,要求统一长度单位。1791 年,法国政府决定以通过巴黎的地球子午线的四千万分之一作为长度单位"米"。以后又制成 1 米的基准尺,称为档案尺。该尺的长度由两端面的距离决定。

1875 年,国际米尺会议决定制造具有刻线的基准尺,并用铂铱合金制成（含铂 90%,铱10%）。1888 年,国际计量局接收了一些工业发达的国家制造的共 31 根基准尺,并经与档案米尺进行比较,以其中 №6 最接近档案米尺。于是在 1889 年召开的第一届国际计量大会上规定该尺作为国际米原器（即米的基准）。

由于科学技术的发展,发现地球子午线有变化,米原器的金属结构也不够稳定,因而提出要从长期稳定的物理现象中找出长度的自然基准。1960 年 10 月召开的第十一届国际计量大会规定采用氪的同位素 ^{86}Kr 在真空中的波长定义米,即米等于 ^{86}Kr 原子在 $2p_{10}$ 和 $5d_5$ 能级之间跃迁所对应的辐射的谱线在真空中波长的 1 650 763.73 倍的长度。

　　随着科学技术的发展,已发现稳频激光的波长,比^{86}Kr波长更稳定、误差更小(甲烷稳定的激光系统,波长$3.39\mu m$,其准确度为1×10^{-11})。因此,以它作为米的新定义似乎更理想。但是,为了避免今后发现一种更稳定的光波又更改一次米的定义,在1983年第十七届国际计量大会上通过了以光速定义米的新定义,即:米是光在真空中于1/299 792 458s时间间隔内的行程长度。这就是目前所使用的米的定义。

　　伴随长度基准的发展,计量器具也在不断改进。1926年,德国Zeiss厂制成了小型工具显微镜,1927年,该厂又生产了万能工具显微镜。从此几何参数计量的准确度、计量范围,随着生产的发展而飞速发展。误差由$0.01mm$提高到$0.001mm$、$0.1\mu m$甚至$0.01\mu m$;测量范围由两维空间(如工具显微镜)发展到三维空间(如三坐标测量机);测量的尺寸范围从集成元件上的线条宽度到飞机的机架;测量自动化程度从人工对准刻度尺读数,发展到自动对准,计算机处理数据,自动打印或自动显示测量结果。

　　这里还应提到的是在20世纪80年代初期由Bining和Rohrer研制成功并于1986年获诺贝尔奖的隧道显微镜,该仪器的分辨率可达$0.01nm$(nano-meter),可测原子或分子的尺寸或形貌。这就为微尺寸的测量打开了新的篇章。

　　解放前,我国没有计量仪器制造厂。解放后,随着生产的迅速发展,新建和扩建了一批量仪制造厂。如哈尔滨量具刃具厂、成都量具刃具厂、上海光学仪器厂、新添光学仪器厂、北京量具刃具厂以及中原量仪厂等。这些厂为我国成批生产了诸如万能工具显微镜、万能渐开线检查仪、触针式粗糙度检查仪、接触式干涉仪、干涉显微镜、电感测微仪、气动量仪、圆度仪、三坐标测量机以及齿轮单啮仪等,满足了我国工业生产发展的需要。

　　为了做好计量管理和开展科学研究工作,1955年我国成立了国家计量局(现为国家质量监督检验检疫总局)。以后又设立中国计量科学研究院,各省、市、县也相应地成立了从事计量管理、检定和测试的机构。

　　解放以后,我国在计量、测试科学的研究工作中也取得了很大的成绩。自1962～1964年建立了^{86}Kr长度基准以来,又先后制成了激光光电光波比长仪、激光二坐标测量仪、激光量块干涉仪,从而使我国的线纹尺和量块测量技术达到世界先进水平。此外,我国研制成功并进行小批生产的激光丝杆动态检查仪、光栅式齿轮全误差测量仪等,均进入了世界先进行列。近年来,我国又相继开发出了隧道显微镜和原子力显微镜,在纳米测量技术方面也紧跟世界先进水平。

　　可以预言,随着现代化建设事业的推进,我国的计量测试技术将得到更大的发展。

四、优先数和优先数系

　　在生产中,为了满足用户各种各样的要求,同一种产品的同一个参数还要从大到小取不同的值,从而形成不同规格的产品系列。这个系列确定得是否合理,与所取的数值如何分档、分级直接有关。优先数和优先数系是一种科学的数值制度,它适用于各种数值的分级,是国际上统一的数值分级制度。目前我国的国家标准为GB 321—2005,国际标准为ISO 3, ISO 17,ISO 497(1973年)。

　　优先数系之所以要给它制定标准,是因为它有一系列的优点。工程技术上所采用的各项参数指标,特别是需要分等分档的参数指标,采用它可以防止数值传播的紊乱。它不仅适用于标准的制定,也适用于标准制定前的规划、设计,从而把产品品种的发展一开始就引向科学的标准化轨道。因此,优先数系是国际上统一的一个重要的基础标准。

优先数系由一些十进制等比数列构成,代号为 Rr（R 是 renard 的第一个字母,r 取 5,10,20,40,80 等）,其公比为 $q_r = \sqrt[r]{10}$,它的含义是在每个十进制数的区间（如 $1.0 \sim 10,10 \sim 100,\cdots$ 或 $1.0 \sim 0.1,0.1 \sim 0.01,\cdots$）各有 r 个优先数,也就是说在数列中,每隔 r 个数时其末位数与首位数之比增大 10 倍,如 R5,当第一个数为 a,公比为 q_5 时,其数列依次为 $a,aq_5,aq_5^2,aq_5^3,aq_5^4,aq_5^5$,则 $aq_5^5/a = 10,q_5 = \sqrt[5]{10} \approx 1.6$,若首位数为 1,则在 $1.0 \sim 10$ 区间的数为 1,1.6,2.5,4.0,6.3。同理,当为 R10 时,若首位数为 a,则末位数就是 $aq_{10}^{10},q_{10} = \sqrt[10]{10} \approx 1.25$,若首位数是 1,则在 $1.0 \sim 10$ 区间 R10 的数列为 1,1.25,1.6,2.0,2.5,3.15,4.0,5.0,6.3,8.0,以此类推。R20,R40 和 R80 的公比将分别为:$q_{20} \approx 1.12$,$q_{40} \approx 1.06$,$q_{80} \approx 1.03$。其相应的数列列于表绪—1 中。由于优先数的理论值多为无理数,表中的数是经过圆整的数（R80 未列出）。

另外,优先数系还可在分母中应用,即任何优先数系的倒数所组成的数列仍是优先数系,只是项值增大的方向相反,例如,R10 的倒数系列:$\frac{1}{1},\frac{1}{1.25},\frac{1}{1.6},\frac{1}{2.0},\frac{1}{2.5},\frac{1}{3.15},\frac{1}{4.0},\frac{1}{5.0},\frac{1}{6.3},\frac{1}{8.0}$,其值分别为 1,0.8,0.63,0.5,0.4,0.315,0.25,0.2,0.16,0.125 等。

此外,由于生产的需要,还有 Rr 的变形系列,即派生系列和复合系列。派生系列是指从 Rr 的系列中按一定的项差 p 取值所构成的系列,如 $Rr/p = R10/3$（即在 R10 系列中,每隔 3 项取 1 项的系列）,则其公比 $q_{10/3} = (\sqrt[10]{10})^3 = 2$,其数系为 1,2,4,8 等。复合系列是指由若干个等公比系列混合构成的多公比系列,如 10,16,25,35.5,50,71,100,125,160 就是由 R5,R20/3,R10 三个系列构成的复合系列。

数系应用的实例很多,如照相机的光圈就是采用 R20/3,而曝光时间采用 R10/3 的倒数系列,渐开线圆柱齿轮模数第 I 系列采用 R10。在公差标准中尺寸分段（250mm 以后）、形位公差、粗糙度参数等等,均采用优先数系。

表绪—1　优先数系的基本系列

R5	R10	R20	R40	R5	R10	R20	R40
1.00	1.00	1.00	1.00				1.90
			1.06		2.00	2.00	2.00
		1.12	1.12				2.12
			1.18			2.24	2.24
	1.25	1.25	1.25				2.36
			1.32	2.50	2.50	2.50	2.50
		1.40	1.40				2.65
			1.50			2.80	2.80
1.60	1.60	1.60	1.60				3.00
			1.70		3.15	3.15	3.15
		1.80	1.80				3.35

R5	R10	R20	R40	R5	R10	R20	R40
		3.55	3.55	6.30	6.30	6.30	6.30
			3.75				6.70
4.00	4.00	4.00	4.00			7.10	7.10
			4.25				7.50
		4.50	4.50		8.00	8.00	8.00
			4.75				8.50
	5.00	5.00	5.00			9.00	9.00
			5.30				9.50
		5.60	5.60	10.0	10.0	10.0	10.0
			6.00				

第一章 孔与轴的极限与配合

第一节 概 述

圆柱结合的"极限与配合"（公差与配合）是一项应用广泛、涉及面大的重要基础标准。

在机器制造业中，"极限"是用于协调零件的使用要求与制造经济性之间的矛盾；"配合"是反映机器零件之间有关功能要求的相互关系。"极限与配合"的标准化，有利于机器的设计制造、使用和维修，直接影响产品的精度、性能和使用寿命，是评定产品质量的重要技术标准。"极限与配合"标准，不仅是机械工业各部门进行产品设计、工艺设计和制定其他标准的基础，而且是广泛组织协作和专业化生产的重要依据。这个标准几乎涉及国民经济的各个部门，在机械工业中具有重要的作用。

20 世纪 50 年代末，我国参照苏联标准（ГОСТ）颁布了"公差与配合"国家标准。由于科技飞跃发展，产品精度不断提高，国际技术交流日益频繁，该标准已不适应生产发展的要求。20世纪 70 年代末，参照国际标准（ISO）制定了新的"公差与配合"国家标准。后来，经过几次修订，改名为"极限与配合"国家标准。这个标准包括下述内容。

"极限与配合"第 1 部分：公差、偏差和配合的基础（GB/T 1800.1—2009）；

"极限与配合"第 2 部分：标准公差等级和孔、轴极限偏差表（GB/T 1800.2—2009）；

"极限与配合"：公差带和配合的选择（GB/T 1801—2009）；

"极限与配合"：尺寸至 18mm 孔、轴公差带（GB/T 1803—2003）；

《一般公差 未注公差的线性和角度尺寸的公差》（GB/T 1804—2000）。

本章主要阐述极限与配合的构成规则和特征。

第二节 极限与配合的基本词汇

为了正确理解和应用"极限与配合"国家标准，必须了解以下基本术语和定义。

一、有关"尺寸"的术语和定义

1. 尺寸要素

尺寸要素是由一定大小的线性尺寸或角度尺寸确定的几何形状。

2. 尺寸

尺寸是以特定单位表示线性尺寸值的数值。

广义地说，尺寸也可包括以角度单位表示角度值的数值。

3. 孔和轴

孔：通常指工件的圆柱形内尺寸要素，也包括非圆柱形的内尺寸要素（由二平行平面或切面形成的包容面）。

轴:通常指工件的外尺寸要素,也包括非圆柱形的外尺寸要素(由二平行平面或切面形成的被包容面)。

如图1—1所示的各表面中,由D_1,D_2,D_3和D_4各尺寸确定的包容面,均称为孔,由d_1,d_2,d_3和d_4各尺寸确定的被包容面,均称为轴,而由L_1,L_2和L_3各尺寸确定的表面,则不是孔或轴。

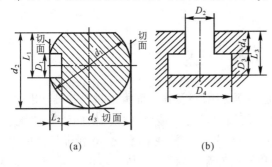

(a)   (b)

图1—1 孔和轴

实际尺寸是通过测量获得的尺寸。

由于测量误差的存在,所以,实际尺寸并非是被测尺寸的真值。同时,由于被测工件形状误差的影响和测量误差的随机性,零件同一表面不同部位的实际尺寸,往往是不相同的。

6. 提取组成要素的局部尺寸[①]

一切提取组成要素上两对应点距离的统称。可简称为提取要素的局部尺寸。

提取组成要素:根据规定方法,对实际(组成)要素测量有限点得到的实际(组成)要素的近似替代要素。

实际(组成)要素:是由无穷多个连续点所构成的要素,但只能用有限的测量点来近似的描述实际表面的组成要素。

7. 极限尺寸

极限尺寸是指尺寸要素允许尺寸变化的两个极限值。它包括上极限尺寸和下极限尺寸。

(1)上极限尺寸(或最大极限尺寸)是指尺寸要素允许的最大尺寸。

(2)下极限尺寸(或最小极限尺寸)是指尺寸要素允许的最小尺寸。

合格的工件应位于上、下极限尺寸之间。

二、有关"偏差和公差"的术语及定义

1. 尺寸偏差(简称偏差)

尺寸偏差是指某一尺寸(实际尺寸、极限尺寸等)减其公称尺寸所得的代数差。

实际尺寸减其公称尺寸所得的代数差,称为实际偏差。极限尺寸减其公称尺寸所得的代数差,称为极限偏差。

极限偏差包括上极限偏差和下极限偏差:

上极限偏差(或上偏差)是上极限尺寸减其公称尺寸所得的代数差。孔的上极限偏差用代号"ES"表示;轴的上极限偏差用代号"es"表示。

下极限偏差(或下偏差)是下极限尺寸减其公称尺寸所得的代数差。孔的下极限偏差用代

---

4. 公称尺寸(或基本尺寸)

由图样规范确定的理想形状要素的尺寸称为公称尺寸。

公称尺寸是设计零件时,根据使用要求,通过刚度、强度计算或工艺结构等方面的考虑,并按标准直径或标准长度圆整后所给定的尺寸。它是计算极限尺寸和极限偏差的起始尺寸。

5. 实际尺寸

注:① 参考GB/T 1800.1—2009。

号"EI"表示;轴的下极限偏差用代号"ei"表示。偏差可以为正值、负值或零值。

2. 尺寸公差(简称公差)

尺寸公差是指允许尺寸的变动量。

上极限尺寸减下极限尺寸之差,或上极限偏差减下极限偏差之差,称为尺寸公差。

尺寸公差是一个没有符号的绝对值。

有关尺寸、偏差和公差的关系,如图1—2所示。

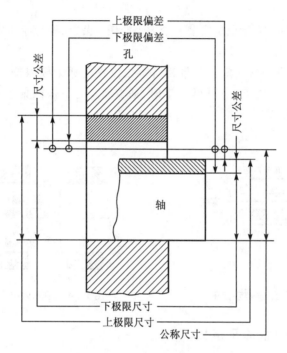

图 1—2　极限与配合示意图

【例 1—1】　公称尺寸为 $\phi 50\text{mm}$,上极限尺寸为 $\phi 50.008\text{mm}$,下极限尺寸为 $\phi 49.992\text{mm}$,试计算偏差和公差。

解:上极限偏差 = 上极限尺寸 – 公称尺寸

$$= \phi 50.008 - \phi 50 = +0.008\text{mm}$$

下极限偏差 = 下极限尺寸 – 公称尺寸

$$= \phi 49.992 - \phi 50 = -0.008\text{mm}$$

公差 = 上极限尺寸 – 下极限尺寸

$$= \phi 50.008 - 49.992 = 0.016\text{mm}$$

公差 = 上极限偏差 – 下极限偏差

$$= +0.008 - (-0.008) = 0.016\text{mm}$$

3. 零线与公差带

图1—2是极限与配合的示意图,它表明了两个相互结合的孔、轴的公称尺寸、极限尺寸、极限偏差与公差的相互关系。在实用中,为简便起见,一般用公差带图(图1—3)来表示。

零线:在极限与配合图解中,表示公称尺寸的一条直线,称为零线。以其为基准确定偏差和公差。

通常,零线沿水平方向绘制,正偏差位于零线上方,负偏差位于零线下方。

公差带:在公差带图解中,由代表上极限偏差和下极限偏差或上极限尺寸和下极限尺寸的两条直线所限定的一个区域,称为公差带(或尺寸公差带)。它是由公差大小和基本偏差来决定的(图1—3)。

公差带图:以公称尺寸为零线(即零偏差线),用适当比例,画出两极限偏差或两极限尺寸,以表示尺寸允许变动的界限,称为公差带图(或尺寸公差带图)。如图1—3所示。

4. 标准公差

在"极限与配合"国标中,用以确定公差带大小的任一公差,称为标准公差,用代号"IT"表示。

5. 基本偏差

在"极限与配合"国标中,确定公差带相对零线位置的那个极限偏差(图1—4),一般指靠近零线的那个偏差。当公差带位于零线以上时,基本偏差为下极限偏差;当公差位于零线以下时,基本偏差为上极限偏差。

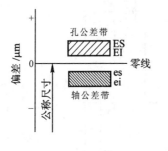

图1—3 公差带示意图

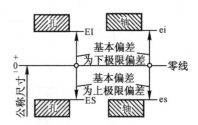

图1—4 基本偏差示意图

三、有关"配合"的术语及定义

1. 间隙和过盈

孔的尺寸减去相配合的轴的尺寸,所得之差为正时,此差值称为间隙,用代号"X"表示。

孔的尺寸减去相配合的轴的尺寸,所得之差为负时,此差值称为过盈,用代号"Y"表示。

2. 配合

公称尺寸相同的相互结合的孔和轴公差带之间的关系,称为配合。

国家标准对配合规定有两种基准制,即基孔制配合与基轴制配合。

基孔制配合:基本偏差为一定的孔公差带与不同基本偏差的轴公差带形成各种配合的一种制度。

基孔制配合的孔称为基准孔,标准规定基准孔的基本偏差(下极限偏差)为零(即 $EI = 0$),基准孔的代号为"H"。

基轴制配合:基本偏差为一定的轴公差带与不同基本偏差的孔公差带形成各种配合的一种制度。

基轴制配合的轴称为基准轴,标准规定基准轴的基本偏差(上极限偏差)为零(即 $es = 0$),基准轴的代号为"h"。

按照相互结合的孔、轴公差带相对位置的不同,两种基准制都可形成间隙配合、过渡配合和过盈配合三类,如图1—5所示。

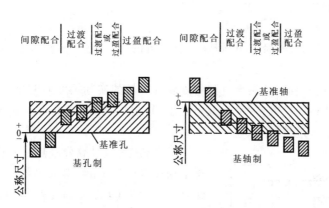

图 1—5 基孔制与基轴制配合

（1）间隙配合

孔的公差带在轴的公差带之上，保证具有间隙的配合（包括最小间隙等于零的配合），称为间隙配合。

由于孔、轴是有公差的，所以，实际间隙的大小将随着孔和轴的实际尺寸而变化。孔的上极限尺寸减轴的下极限尺寸，所得的代数差，称为最大间隙（X_{max}）。孔的下极限尺寸减轴的上极限尺寸所得的代数差，称为最小间隙（X_{min}）。

配合公差（或间隙公差）：是允许间隙的变动量，它等于最大间隙（X_{max}）与最小间隙（X_{min}）之差，也等于相配合的孔公差（T_H）与轴公差（T_S）之和。用代号"T_f"表示。

【例 1—2】 $\phi 50^{+0.039}_{0}$ 的孔与 $\phi 50^{-0.025}_{-0.050}$ 的轴相配合是基孔制间隙配合。

孔、轴公差带图如图 1—6 所示，各种计算见表 1—1。

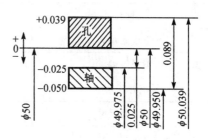

图 1—6 间隙配合孔、轴公差带图

表 1—1   mm

	孔	轴
公称尺寸	50	50
上极限偏差	ES = +0.039	es = −0.025（基本偏差）
下极限偏差	EI = 0（基本偏差）	ei = −0.050
标准公差	$T_H = 0.039$	$T_S = 0.025$
上极限尺寸	50.039	49.975
下极限尺寸	50.000	49.950
最大间隙	$X_{max} = 50.039 - 49.950 = 0.089$	
最小间隙	$X_{min} = 50.000 - 49.975 = 0.025$	
配合公差（间隙公差）	$T_f = X_{max} - X_{min} = 0.089 - 0.025 = 0.064$ 或 $T_f = T_H + T_S = 0.039 + 0.025 = 0.064$	

（2）过盈配合

孔的公差带在轴的公差带之下,保证具有过盈的配合(包括最小过盈等于零的配合),称为过盈配合。

由于孔、轴是有公差的,故实际过盈将随着孔和轴的实际尺寸而变化。孔的上极限尺寸减轴的下极限尺寸,所得的代数差,称为最小过盈(Y_{min})。孔的下极限尺寸减轴的上极限尺寸,所得的代数差,称为最大过盈(Y_{max})。

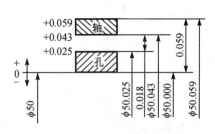

图 1—7　过盈配合孔、轴公差带图

配合公差(或过盈公差):是允许过盈的变动量,它等于最小过盈(Y_{min})与最大过盈(Y_{max})之差,也等于相配合的孔公差(T_H)与轴公差(T_S)之和。用代号"T_f"表示。

【例1—3】　$\phi 50^{+0.025}_{0}$的孔与$\phi 50^{+0.059}_{+0.043}$的轴相配合是基孔制过盈配合。

孔、轴公差带图如图1—7所示,各种计算见表1—2。

表 1—2　　　　　　　　　　　mm

	孔	轴
公称尺寸	50	50
上极限偏差	ES = +0.025	es = +0.059
下极限偏差	EI = 0(基本偏差)	ei = +0.043(基本偏差)
标准公差	$T_H = 0.025$	$T_S = 0.016$
上极限尺寸	50.025	50.059
下极限尺寸	50.000	50.043
最大过盈	$Y_{max} = 50.000 - 50.059 = -0.059$	
最小过盈	$Y_{min} = 50.025 - 50.043 = -0.018$	
配合公差 (过盈公差)	$T_f = Y_{min} - Y_{max} = -0.018 - (-0.059) = 0.041$	
	或 $T_f = T_H + T_S = 0.025 + 0.016 = 0.041$	

（3）过渡配合

在孔与轴配合中,由于两者的公差带相互交叠,任取一对孔和轴相配,可能具有间隙,也可能具有过盈的配合,称为过渡配合。

在过渡配合中,表示配合松紧程度的特征值是最大间隙(X_{max})和最大过盈(Y_{max})。

配合公差:就是最大间隙(X_{max})与最大过盈(Y_{max})之差的绝对值,也等于相配合的孔公差(T_H)与轴公差(T_S)之和。用代号"T_f"表示。

【例1—4】　$\phi 50^{+0.025}_{0}$的孔与$\phi 50^{+0.018}_{+0.002}$的轴相配合,是基孔制过渡配合。

过渡配合孔、轴公差带如图1—8所示,各种计算见表1—3。

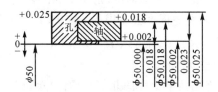

图1—8 过渡配合孔、轴公差带图

表 1—3   mm

	孔	轴
公称尺寸	50	50
上极限偏差	ES = +0.025	es = +0.018
下极限偏差	EI = 0(基本偏差)	ei = +0.002(基本偏差)
上极限尺寸	50.025	50.018
下极限尺寸	50.000	50.002
标准公差	$T_H = 0.025$	$T_S = 0.016$
最大间隙	$X_{max} = 50.025 - 50.002 = 0.023$	
最小间隙	$X_{min} = 50.000 - 50.018 = -0.018$(即最大过盈)	
配合公差	$T_f = X_{max} - Y_{max} = 0.023 - (-0.018) = 0.041$ 或 $T_f = T_H + T_S = 0.025 + 0.016 = 0.041$	

第三节　极限与配合国家标准

极限与配合国家标准是光滑圆柱体零件或长度单一尺寸的公差与配合的依据,也适用于其他光滑表面和相应结合尺寸的公差以及由它们组成的配合。

根据前述可知,配合是孔、轴公差带的组合。而孔、轴公差带是由公差带的大小和位置两个基本要素组成的。前者决定公差值的大小(即配合精度),后者决定配合的性质(即配合松紧)。为了实现互换性和满足各种使用要求,国家标准对不同公称尺寸,按标准公差系列(公差带大小或公差数值)标准化和基本偏差系列(公差带位置)标准化的原则来制定。下面阐述极限与配合的构成规则和特征。

一、标准公差系列

标准公差是国家标准规定的用以确定公差带大小的任一公差值。它的数值是由下列原则制定的。

1. 标准公差因子

零件的制造误差不仅与加工方法有关,而且与零件尺寸的大小有关,为了便于评定零件尺寸公差等级的高低,规定了标准公差因子。

标准公差因子是计算标准公差的基本单位,是制定标准公差系列值的基础。

当尺寸≤500mm时,国家标准的标准公差因子 i 按式(1—1)计算:

$$i = 0.45\sqrt[3]{D} + 0.001D \qquad (1—1)$$

式中　i——标准公差因子,单位为 μm;

　　　D——公称尺寸分段内首尾两个尺寸的几何平均值,单位为 mm。

式(1—1)表明,标准公差因子是公称尺寸的函数,式中第一项表示标准公差与公称尺寸关系符合立方抛物线的规律;第二项是考虑补偿与直径成正比的误差,包括由于测量偏离标准温度时以及量规的变形引起的测量误差。当直径很小时,第二项所占比例很少;当直径较大时,标准公差因子随直径增加而增大,即标准公差值相应增大。

当尺寸 >500mm ~3150mm 范围时,国家标准的标准公差因子 I 按式(1—2)计算:

$$I = 0.004D + 2.1 \qquad (1—2)$$

式中,I,D 含义及单位与前述相同。

对大尺寸而言,与直径成正比的误差因素,其影响增长很快,特别是温度变化影响大,而温度变化引起的误差随直径的增大呈线性关系,所以国家标准规定大尺寸的标准公差因子采用线性关系。

2. 标准公差等级

国家标准规定的标准公差等级是确定零件尺寸精度的等级。国家标准规定的标准公差是由公差等级系数和标准公差因子的乘积值来决定的。在公称尺寸一定的情况下,公差等级系数是决定标准公差大小的唯一参数。

国家标准将标准公差等级分为20级,它用符号"IT"(即国际公差 ISO tolerance 的缩写)和阿拉伯数字组成的代号表示,即 IT01,IT0,IT1,IT2,…,IT18。如 IT7 表示标准公差7级或7级标准公差。从 IT01 ~ IT18 级,公差等级依次降低,而相应的标准公差数值则依次增大。

当尺寸≤500mm,IT5 以下各级标准公差,按表1—4计算。

每一个公差等级有一个确定的公差等级系数,如表1—4 中的 7,10,16,…,2500 等数值,由该表可以看出,从 IT6 ~ IT18 级,公差等级系数按 R5 优先数系增加,公比为 $\sqrt[5]{10} \approx 1.6$,即每隔5个等级公差值增加10倍。

表1—4　尺寸≤500mm 的 IT5 至 IT18 级标准公差计算公式

标准公差等级	IT5	IT6	IT7	IT8	IT9	IT10	IT11	IT12	IT13	IT14	IT15	IT16	IT17	IT18
公差值/μm	$7i$	$10i$	$16i$	$25i$	$40i$	$64i$	$100i$	$160i$	$250i$	$400i$	$640i$	$1000i$	$1600i$	$2500i$

对尺寸≤500mm 的更高等级(如 IT01,IT0 和 IT1 等级),主要考虑测量误差,公差计算采用线性关系式。如表1—5所示。

表1—5　尺寸≤500mm 的 IT01 ~ IT1 级标准公差计算公式

标准公差等级	IT01	IT0	IT1
公差值/μm	$0.3 + 0.008D$	$0.5 + 0.012D$	$0.8 + 0.02D$

标准公差 IT2 ~ IT4 的数值,大约在 IT1 ~ IT5 级数值之间近似成几何级数,比值为 $\left(\dfrac{IT5}{IT1}\right)^{\frac{1}{4}}$,即 IT2,IT3,IT4 级的标准公差按式(1—3)、式(1—4)和式(1—5)计算:

$$IT2 = IT1 \times \left(\frac{IT5}{IT1}\right)^{\frac{1}{4}} \tag{1—3}$$

$$IT3 = IT2 \times \left(\frac{IT5}{IT1}\right)^{\frac{1}{4}} = IT1 \times \left(\frac{IT5}{IT1}\right)^{\frac{2}{4}} \tag{1—4}$$

$$IT4 = IT3 \times \left(\frac{IT5}{IT1}\right)^{\frac{1}{4}} = IT1 \times \left(\frac{IT5}{IT1}\right)^{\frac{3}{4}} \tag{1—5}$$

从上述情况可以看出,国家标准各级之间的公差分布规律性较强,便于向高、低等级延伸,如 IT17 和 IT18 就是在 ISO 公差制基础上延伸的。若需更高精度的公差,例如,常用尺寸段需要 IT02,亦可延伸。因为 IT01 至 IT1 的公差计算式中的系数均采用了优先数系 R10/2,由此可推出 IT02 的公差计算式为:

$$IT02 = 0.2 + 0.005D \quad (\mu m)$$

当有需要时,还可插入中间等级,例如 $IT6.5 = 1.25IT6 = 12.5i$,$IT7.5 = 1.25IT7 = 20i$,$IT8.5 = 1.25IT8 = 31.5i$ 等,即按优先数系 R10 插入,以满足广泛和特殊的需要。

当尺寸 >500mm ~3150mm 时,国家标准未规定出 IT01,IT0 级标准公差数值,IT1 ~ IT18 各级标准公差同样以公差等级系数和标准公差因子的乘积来计算,如表 1—6 所示。

表 1—6　尺寸 >500mm ~3150mm IT1 ~ IT18 级标准公差计算公式

标准公差等级	IT1	IT2	IT3	IT4	IT5	IT6	IT7	IT8	IT9	IT10	IT11	IT12	IT13	IT14	IT15	IT16	IT17	IT18
公差值/μm	2I	2.7I	3.7I	5I	7I	10I	16I	25I	40I	64I	100I	160I	2 500I	400I	640I	1 000I	1 600I	2 500I

3. 公称尺寸分段

根据标准公差计算公式,每有一个尺寸就应该有一个相对应的公差值。但在生产实践中公称尺寸太多,就会形成一个庞大的公差数值表,给生产带来很多困难。为了减少公差数目,统一公差值,简化公差表格,特别考虑到便于应用,国家标准对公称尺寸进行了分段。尺寸分段后,对同一尺寸分段内的所有公称尺寸,在相同公差等级的情况下,规定相同的标准公差。国家标准公称尺寸主段落和中间段落的分段如表 1—7 所示。

在公差表格中,一般使用主段落。对过盈或间隙比较敏感的配合,使用分段较密的一些中间段落。

在标准公差和基本偏差的计算公式中,公称尺寸 D 一律以所属尺寸分段内,首、尾两个尺寸的几何平均值来进行计算(在 ≤3mm 这一尺寸分段中,是用 1 和 3 的几何平均值计算)。例如,80mm ~120mm 公称尺寸分段的计算直径为 $\sqrt{80 \times 120} = 97.78mm$,只要属于这一尺寸分段的公称尺寸,其标准公差和基本偏差一律以 97.78mm 进行计算。

表1—7　公称尺寸分段　　　　　　　　　　　　　　　mm

主段落		中间段落		主段落		中间段落	
大于	至	大于	至	大于	至	大于	至
—	3			250	315	250 280	280 315
3	6	无细分段		315	400	315 355	355 400
6	10						
10	18	10 14	14 18	400	500	400 450	450 500
18	30	18 24	24 30	500	630	500 560	560 630
30	50	30 40	40 50	630	800	630 710	710 800
50	80	50 65	65 80	800	1000	800 900	900 1000
80	120	80 100	100 120	1000	1250	1000 1120	1120 1250
120	180	120 140 160	140 160 180	1250	1600	1250 1400	1400 1600
				1600	2000	1600 1800	1800 2000
180	250	180 200 225	200 225 250	2000	2500	2000 2240	2240 2500
				2500	3150	2500 2800	2800 3150

在尺寸分段方法上,对≤180mm尺寸分段,考虑到与国际公差(ISO)的一致,仍保留不均匀递增数系。对>180mm以上尺寸分段,采用十进几何数系——优先数系。主段落按优先数系R10分段,中间段落按优先数系R20分段。在>500mm～3 150mm的尺寸范围,也采用优先数系分段。

【例1—5】　公称尺寸ϕ25mm,求IT6和IT7。

解:25mm属于18mm～30mm尺寸分段。

几何平均值:　　　　　　　　　$D = \sqrt{18 \times 30} \approx 23.24\text{mm}$

标准公差因子:　　　　　　　　$i = 0.45\sqrt[3]{D} + 0.001D$

$$= 0.45\sqrt[3]{23.24} + 0.001 \times 23.24$$

$$\approx 1.31\mu\text{m}$$

$$\text{IT6} = 10i = 10 \times 1.31 = 13.1\mu\text{m} \approx 13\mu\text{m}$$

$$\text{IT7} = 16i = 16 \times 1.31 = 20.96\mu\text{m} \approx 21\mu\text{m}$$

按上述计算的公差值,必须按国家标准规定的尾数化整规则进行圆整。表1—8所列标准公差,即为圆整后的标准值。

二、基本偏差系列

根据前述,基本偏差是用来确定公差带相对于零线位置的上极限偏差或下极限偏差,一般指靠近零线的那个极限偏差。当公差带位于零线上方时,其基本偏差为下极限偏差;当公差带位于零线下方时,其基本偏差为上极限偏差。基本偏差是国家标准公差带位置标准化的重要指标。

孔与轴的极限与配合

表1—8 公称尺寸至3 150mm的标准公差数值（GB/T 1800.1—2009）

公称尺寸/mm	IT01	IT0	IT1	IT2	IT3	IT4	IT5	IT6	IT7	IT8	IT9	IT10	IT11	IT12	IT13	IT14	IT15	IT16	IT17	IT18
								/μm									/mm			
≤3	0.3	0.5	0.8	1.2	2	3	4	6	10	14	25	40	60	100	0.14	0.25	0.40	0.60	1.0	1.4
>3~6	0.4	0.6	1	1.5	2.5	4	5	8	12	18	30	48	75	120	0.18	0.30	0.48	0.75	1.2	1.8
>6~10	0.4	0.6	1	1.5	2.5	4	6	9	15	22	36	58	90	150	0.22	0.36	0.58	0.90	1.5	2.2
>10~18	0.5	0.8	1.2	2	3	5	8	11	18	27	43	70	110	180	0.27	0.43	0.70	1.10	1.8	2.7
>18~30	0.6	1	1.5	2.5	4	6	9	13	21	33	52	84	130	210	0.33	0.52	0.84	1.30	2.1	3.3
>30~50	0.6	1	1.5	2.5	4	7	11	16	25	39	62	100	160	250	0.39	0.62	1.00	1.60	2.5	3.9
>50~80	0.8	1.2	2	3	5	8	13	19	30	46	74	120	190	300	0.46	0.74	1.20	1.90	3.0	4.6
>80~120	1	1.5	2.5	4	6	10	15	22	35	54	87	140	220	350	0.54	0.87	1.40	2.20	3.5	5.4
>120~180	1.2	2	3.5	5	8	12	18	25	40	63	100	160	250	400	0.63	1.00	1.60	2.50	4.0	6.3
>180~250	2	3	4.5	7	10	14	20	29	46	72	115	185	290	460	0.72	1.15	1.85	2.90	4.6	7.2
>250~315	2.5	4	6	8	12	16	23	32	52	81	130	210	320	520	0.81	1.30	2.10	3.20	5.2	8.1
>315~400	3	5	7	9	13	18	25	36	57	89	140	230	360	570	0.89	1.40	2.30	3.60	5.7	8.9
>400~500	4	6	8	10	15	20	27	40	63	97	155	250	400	630	0.97	1.55	2.50	4.00	6.3	9.7
>500~630	—	—	9	11	16	22	30	44	70	110	175	280	440	700	1.10	1.75	2.8	4.4	7.0	11.0
>630~800	—	—	10	13	18	25	35	50	80	125	200	320	500	800	1.25	2.0	3.2	5.0	8.0	12.5
>800~1000	—	—	11	15	21	29	40	56	90	140	230	360	560	900	1.40	2.3	3.6	5.6	9.0	14.0
>1000~1250	—	—	13	18	24	34	46	66	105	165	260	420	660	1050	1.65	2.6	4.2	6.6	10.5	16.5
>1250~1600	—	—	15	21	29	40	54	78	125	195	310	500	780	1250	1.95	3.1	5.0	7.8	12.5	19.5
>1600~2000	—	—	18	25	35	48	65	92	150	230	370	600	920	1500	2.30	3.7	6.0	9.2	15.0	23.0
>2000~2500	—	—	22	30	41	57	77	110	175	280	440	700	1100	1750	2.80	4.4	7.0	11.0	17.5	28.0
>2500~3150	—	—	26	36	50	69	93	135	210	330	540	860	1350	2100	3.30	5.4	8.0	13.5	21.0	33.0

注1：基本尺寸小于或等于1mm时，无IT14～IT18。

注2：公称尺寸大于500mm的IT1～IT5的标准公差数值为试行的。

基本偏差系列见图1—9,基本偏差的代号用拉丁字母表示,大写代表孔,小写代表轴。在26个字母中,除去易与其他混淆的 I,L,O,Q,W(i,l,o,q,w)5个字母外,采用21个。再加上用两个字母 CD,EF,FG,ZA,ZB,ZC,Js(cd,ef,fg,za,zb,zc,js)表示的7个,共有28个代号,即孔和轴各有28个基本偏差。其中 Js 和 js 在各个公差等级中公差带对零线位置完全对称,因此,基本偏差可为上极限偏差(+ IT/2),也可为下极限偏差(− IT/2)。Js 和 js 将逐渐取代近似对称偏差 J 和 j,故在国家标准中,孔仅保留了 J6,J7,J8,轴仅保留了 j5,j6,j7,j8 等几种。

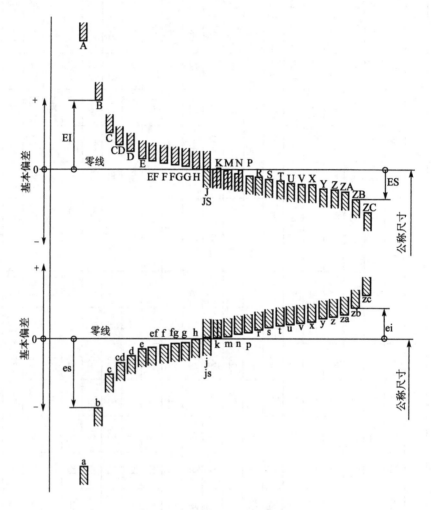

图 1—9   基本偏差系列示意图

由图1—9可以看出,在孔的基本偏差中,A ~ H 为下极限偏差 EI,其绝对值依次减小,J ~ ZC 为上极限偏差 ES(除 J 和 K 外);对轴的基本偏差,a ~ h 为上极限偏差 es,j ~ zc 为下极限偏差 ei(除 j 和 k 外)。其中 H 和 h 的基本偏差为零,分别表示基准孔和基准轴。

在基本偏差系列图中,仅绘出了公差带的一端,对公差带另一端未绘出,因为它取决于公差等级和这个基本偏差的组合。

1. 轴的基本偏差

轴的基本偏差是在基孔制配合的基础上制定的。通过试验与分析,总结出轴的基本偏差计算的一系列经验公式见表 1—9。

表 1—9　轴和孔的基本偏差公式

公称尺寸/mm		轴			公　　式	孔			公称尺寸/mm	
大于	至	基本偏差	符号（－或＋）	代号		代号	符号（－或＋）	基本偏差	大于	至
1	120	a	—	es	$265 + 1.3D$	EI	＋	A	1	120
120	500				$3.5D$				120	500
1	160	b	—	es	$\approx 140 + 0.85D$	EI	＋	B	1	160
160	500				$\approx 1.8D$				160	500
0	40	c	—	es	$52D^{0.2}$	EI	＋	C	0	40
40	500				$95 + 0.8D$				40	500
0	10	cd	—	es	C,c 和 D,d 值的几何平均值	EI	＋	CD	0	10
0	3150	d	—	es	$16D^{0.44}$	EI	＋	D	0	3150
0	3150	e	—	es	$11D^{0.41}$	EI	＋	E	0	3150
0	10	ef	—	es	E,e 和 F,f 值的几何平均值	EI	＋	EF	0	10
0	3150	f	—	es	$5.5D^{0.41}$	EI	＋	F	0	3150
0	10	fg	—	es	F,f 和 G,g 值的几何平均值	EI	＋	FG	0	10
0	3150	g	—	es	$2.5D^{0.34}$	EI	＋	G	0	3150
0	3150	h	无符号	es	偏差 ＝0	EI	无符号	H	0	3150
0	500	j			无公式			J	0	500
0	3150	js	＋	es	$0.5\text{IT}n$	EI	＋	JS	0	3150
			－	ei		ES	－			
0	500	k	＋	ei	$0.6\sqrt[3]{D}$	ES	－	K	0	500
500	3150		无符号		偏差 ＝0		无符号		500	3150
0	500	m	＋	ei	IT7—IT6	ES	－	M	0	500
500	3150				$0.024D + 12.6$				500	3150
0	500	n	＋	ei	$5D^{0.34}$	ES	－	N	0	500
500	3150				$0.04D + 21$				500	3150

续表

公称尺寸/mm		轴				孔			公称尺寸/mm	
大于	至	基本偏差	符号(−或+)	代号	公 式	代号	符号(−或+)	基本偏差	大于	至
0	500	p	+	ei	IT7 +0 至 5	ES	−	P	0	500
500	3150				$0.072D + 37.8$				500	3150
0	3150	r	+	ei	P,p 和 S,s 值的几何平均值	ES	−	R	0	3150
0	50	s	+	ei	IT8 +1 至 4	ES	−	S	0	50
50	3150				$IT7 + 0.4D$				50	3150
24	3150	t	+	ei	$IT7 + 0.63D$	ES	−	T	24	3150
0	3150	u	+	ei	$IT7 + D$	ES	−	U	0	3150
14	500	v	+	ei	$IT7 + 1.25D$	ES	−	V	14	500
0	500	x	+	ei	$IT7 + 1.6D$	ES	−	X	0	500
18	500	y	+	ei	$IT7 + 2D$	ES	−	Y	18	500
0	500	z	+	ei	$IT7 + 2.5D$	ES	−	Z	0	500
0	500	za	+	ei	$IT8 + 3.15D$	ES	−	ZA	0	500
0	500	zb	+	ei	$IT9 + 4D$	ES	−	ZB	0	500
0	500	zc	+	ei	$IT10 + 5D$	ES	−	ZC	0	500

注1:公式中 D 是公称尺寸段的几何平均值 mm;基本偏差的计算结果以 μm 计。

注2:j,J 只在表1—10、表1—11 中给出其值。

注3:公称尺寸至500mm 轴的基本偏差 k 的计算公式仅适用于标准公差等级 IT4 ~ IT7,对所有其他公称尺寸和所有其他标准公差等级的基本偏差 k = 0;孔的基本偏差 K 的计算公式仅适用于标准公式等级小于或等于 IT8,对所有其他公称尺寸和所有其他标准公差等级的基本偏差 K = 0。

   a ~ h 用于间隙配合,基本偏差的绝对值等于最小间隙。其中 a,b,c 用于大间隙和热动配合,考虑发热膨胀的影响采用与直径成正比关系的公式计算(其中 c 适用于直径大于 40mm)。d,e,f 主要用于旋转运动,为了保证良好的液体摩擦,最小间隙应与直径成平方根关系,但考虑到表面粗糙度的影响,间隙应适当减小,故 d,e,f 的计算公式是按此要求确定的。g 主要用于滑动和半液体摩擦,或用于定位配合,间隙要小,所以直径的指数有所减小。基本偏差 cd,ef,fg 的绝对值,分别按 c 与 d,e 与 f,f 与 g 的绝对值的几何平均值确定,适用于尺寸较小的旋转运动。

   j ~ n 主要用于过渡配合,由于所得间隙和过盈均不太大,可以保证孔、轴配合时,有较好的对中性。其中 j,主要用于与轴承相配的轴,它的基本偏差根据经验数据确定。对于 k,规定了 k4 ~ k7 的基本偏差 $ei = +0.6\sqrt[3]{D}$,其值较小,对其余的公差等级,均取 $ei = 0$。对于 m,是按 m6 的上偏差与 H7(最常用的基准孔)的上偏差相当来确定的。所以 m 的基本偏差 $ei = +(IT7 - IT6) \approx +2.8\sqrt[3]{D}$。对于 n,按它与 H6 配合为过盈配合,而与 H7 配合为过渡配合来考虑的,所以,n 的数值大于 IT6 而小于 IT7,取 $ei = +5D^{0.34}$。

p ~ zc 按过盈配合来规定,从保证配合的主要特性——最小过盈来考虑,常按相配基准孔的标准公差(多数为 H7)和所需的最小过盈来确定其基本偏差数值。p 和 H7 配合时要求有几微米的最小过盈,所以 $ei = IT7 + (0 ~ 5\mu m)$。基本偏差 r 按 p 与 s 的几何平均值确定。对于 s,当 $D \leqslant 50mm$ 时,要求与 H8 配合有几个微米的最小过盈,故 $ei = IT8 + (0 ~ 4\mu m)$。从 $D > 50mm$ 的 s 起,包括 t,u,v,x,y,z 等,要求它们与 H7 相配时,最小过盈依次为 $0.4D,0.63D,D,1.25D,1.6D,2D,2.5D$,而 za,zb,zc 分别与 H8,H9,H10 配合时,最小过盈依次为 $3.15D,4D,5D$,以上最小过盈的系数符合优先数系,规律性较好,便于应用。

轴的另一个偏差(上极限偏差或下极限偏差),根据轴的基本偏差和标准公差,按下列关系式计算:

$$ei = es - IT \tag{1—6}$$

或

$$es = ei + IT \tag{1—7}$$

尺寸 >500 ~ 3150mm,轴的基本偏差仍按表 1—9 的公式计算,其数值见表 1—10。

2. 孔的基本偏差

孔的基本偏差按表 1—9 中给出的公式计算,由该表中的公式可见,对同一字母的孔的基本偏差与轴的基本偏差相对于零线是完全对称的,即孔、轴基本偏差的绝对值相等而符号相反,即:

$$EI = -es$$
$$ES = -ei$$

这一规则适用于所有的基本偏差,但下列情况除外。

(1)公称尺寸 >3 ~ 500mm 标准公差等级为 IT9 ~ IT16 的基本偏差 N,其数值(ES)等于零。

(2)公称尺寸 >3 ~ 500mm,标准公差等级 ≤IT8 (IT8,IT7,IT6…)的基本偏差,K,M,N 以及标准公差等级 ≤IT7(IT7,IT6,IT5…)的基本偏差P ~ ZC,在计算孔的基本偏差时,应附加一个"Δ"值。

在较高公差等级中,孔比同级轴加工困难,在生产中常采用孔比轴低一级相配,并要求按基轴制和基孔制形成的配合(如 H7/p6 和 P7/h6),具有相同的极限间隙或过盈,由图 1—10 可知:

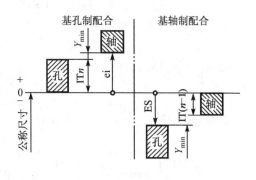

图 1—10

基孔制最小过盈 $Y_{min} = ES - ei = (+ ITn) - ei$

基轴制最小过盈 $Y_{min} = ES - ei = ES - [-IT(n-1)]$

因为 $ES + IT(n-1) = ITn - ei$

由此,得出孔的基本偏差为:

$$ES = -ei + [ITn - IT(n-1)]$$
$$ES = -ei + \Delta \tag{1—8}$$

式中 ITn——某一级孔的标准公差;

$IT(n-1)$——比某一级孔高一级的轴的标准公差。

孔的另一个偏差(上极限偏差或下极限偏差)按下列关系式计算:

$$EI = ES - IT \qquad (1—9)$$
$$ES = EI + IT \qquad (1—10)$$

轴的基本偏差数值见表1—10,孔的基本偏差数值见表1—11。

【例1—6】 确定 $\phi 25H7/f6$,$\phi 25F7/h6$ 孔与轴的极限偏差。

解:按例1—5求得:

几何平均直径 $\qquad\qquad\qquad D \approx 23.24\mathrm{mm}$

标准公差因子 $\qquad\qquad\qquad i \approx 1.31\mu\mathrm{m}$

标准公差 $\qquad\quad IT6 = 10i = 10 \times 1.31 \approx 13\mu\mathrm{m}$

$$IT7 = 16i = 16 \times 1.31 \approx 21\mu\mathrm{m}$$

轴 f 的基本偏差为上极限偏差 es,查表1—9得:

$$es = -5.5D^{0.41} = -5.5 \times (23.24)^{0.41} \approx -20\mu\mathrm{m}$$

f6 的下极限偏差 ei

$$ei = es - IT6 = -20 - 13 = -33\mu\mathrm{m}$$

基准孔 H7 的基本偏差 EI,查表1—11得:

$$EI = 0$$

孔 H7 的上极限偏差 ES

$$ES = EI + IT7 = 0 + 21 = +21\mu\mathrm{m}$$

孔 F7 的基本偏差为 EI

$$EI = -es = +20\mu\mathrm{m}$$

孔 F7 的上极限偏差 ES

$$ES = EI + IT7 = +20 + 21 = +41\mu\mathrm{m}$$

基准轴 h6 的基本偏差为 es

$$es = 0$$

轴 h6 的下极限偏差 ei

$$ei = es - IT6 = 0 - 13 = -13\mu\mathrm{m}$$

故得:$\phi 25H7\begin{pmatrix} +0.021 \\ 0 \end{pmatrix}$; $\quad \phi 25f6\begin{pmatrix} -0.020 \\ -0.033 \end{pmatrix}$;

$\qquad\quad \phi 25F7\begin{pmatrix} +0.041 \\ +0.020 \end{pmatrix}$; $\quad \phi 25h6\begin{pmatrix} 0 \\ -0.013 \end{pmatrix}$。

【例1—7】 确定 $\phi 25H8/p8$,$\phi 25P8/h8$ 孔与轴的极限偏差。

解:$IT8 = ai = 25 \times 1.31 \approx 33\mu\mathrm{m}$

轴 p 的基本偏差为下极限偏差 ei,查表1—10得:

$$ei = +22\mu\mathrm{m}$$

轴 p8 的上极限偏差 es $\quad es = ei + IT8 = +22 + 33 = +55\mu\mathrm{m}$

孔 H8 的下极限偏差 EI $\qquad\qquad EI = 0\mu\mathrm{m}$

孔 H8 的上极限偏差 ES $\qquad ES = EI + IT8 = +33\mu\mathrm{m}$

孔 P8 的基本偏差为上极限偏差 ES,查表1—11得:

$$ES = -22\mu\mathrm{m}$$

μm

表 1—10　轴的基本偏差数值（GB/T 1800.1—2009）

基本尺寸/mm		基本偏差数值（上极限偏差 es）所有标准公差等级											
大于	至	a	b	c	cd	d	e	ef	f	fg	g	h	js
—	3	-270	-140	-60	-34	-20	-14	-10	-6	-4	-2	0	偏差 = ±ITn/2，式中 ITn 是 IT 值数
3	6	-270	-140	-70	-46	-30	-20	-14	-10	-6	-4	0	
6	10	-280	-150	-80	-56	-40	-25	-18	-13	-8	-5	0	
10	14	-290	-150	-95		-50	-32		-16		-6	0	
14	18												
18	24	-300	-160	-110		-65	-40		-20		-7	0	
24	30												
30	40	-310	-170	-120		-80	-50		-25		-9	0	
40	50	-320	-180	-130									
50	65	-340	-190	-140		-100	-60		-30		-10	0	
65	80	-360	-200	-150									
80	100	-380	-220	-170		-120	-72		-36		-12	0	
100	120	-410	-240	-180									
120	140	-460	-260	-200		-145	-85		-43		-14	0	
140	160	-520	-280	-210									
160	180	-580	-310	-230									
180	200	-660	-340	-240		-170	-100		-50		-15	0	
200	225	-740	-380	-260									
225	250	-820	-420	-280									
250	280	-920	-480	-300		-190	-110		-56		-17	0	
280	315	-1050	-540	-330									
315	355	-1200	-600	-360		-210	-125		-62		-18	0	
355	400	-1350	-680	-400									
400	450	-1500	-760	-440		-230	-135		-68		-20	0	
450	500	-1650	-840	-480									
500	560					-260	-145		-76		-22	0	
560	630					-290							
630	710					-320	-160		-80		-24	0	
710	800												
800	900					-350	-170		-86		-26	0	
900	1000												
1000	1120					-390	-195		-98		-28	0	
1120	1250												
1250	1400					-430	-220		-110		-30	0	
1400	1600												
1600	1800					-480	-240		-120		-32	0	
1800	2000												
2000	2240					-520	-260		-130		-34	0	
2240	2500												
2500	2800						-290		-145		-38	0	
2800	3150												

续表

基本偏差数值（下极限偏差 ei）　所有标准公差等级

基本尺寸/mm		j			k		m	n	p	r	s	t	u	v	x	y	z	za	zb	zc
大于	至	IT5和IT6	IT7	IT8	IT4~IT7	≤IT3 >IT7														
—	3	−2	−4	−6	0	0	+2	+4	+6	+10	+14		+18		+20		+26	+32	+40	+60
3	6	−2	−4		+1	0	+4	+8	+12	+15	+19		+23		+28		+35	+42	+50	+80
6	10	−2	−5		+1	0	+6	+10	+15	+19	+23		+28		+34		+42	+52	+67	+97
10	14	−3	−6		+1	0	+7	+12	+18	+23	+28		+33		+40		+50	+64	+90	+130
14	18	−3	−6		+1	0	+7	+12	+18	+23	+28		+33	+39	+45		+60	+77	+108	+150
18	24	−4	−8		+2	0	+8	+15	+22	+28	+35		+41	+47	+54	+63	+73	+98	+136	+188
24	30	−4	−8		+2	0	+8	+15	+22	+28	+35	+41	+48	+55	+64	+75	+88	+118	+160	+218
30	40	−5	−10		+2	0	+9	+17	+26	+34	+43	+48	+60	+68	+80	+94	+112	+148	+200	+274
40	50	−5	−10		+2	0	+9	+17	+26	+34	+43	+54	+70	+81	+97	+114	+136	+180	+242	+325
50	65	−7	−12		+2	0	+11	+20	+32	+41	+53	+66	+87	+102	+122	+144	+172	+226	+300	+405
65	80	−7	−12		+2	0	+11	+20	+32	+43	+59	+75	+102	+120	+146	+174	+210	+274	+360	+480
80	100	−9	−15		+3	0	+13	+23	+37	+51	+71	+91	+124	+146	+178	+214	+258	+335	+445	+585
100	120	−9	−15		+3	0	+13	+23	+37	+54	+79	+104	+144	+172	+210	+254	+310	+400	+525	+690
120	140	−11	−18		+3	0	+15	+27	+43	+63	+92	+122	+170	+202	+248	+300	+365	+470	+620	+800
140	160	−11	−18		+3	0	+15	+27	+43	+65	+100	+134	+190	+228	+280	+340	+415	+535	+700	+900
160	180	−11	−18		+3	0	+15	+27	+43	+68	+108	+146	+210	+252	+310	+380	+465	+600	+780	+1000
180	200	−13	−21		+4	0	+17	+31	+50	+77	+122	+166	+236	+284	+350	+425	+520	+670	+880	+1150
200	225	−13	−21		+4	0	+17	+31	+50	+80	+130	+180	+258	+310	+385	+470	+575	+740	+960	+1250
225	250	−13	−21		+4	0	+17	+31	+50	+84	+140	+196	+284	+340	+425	+520	+640	+820	+1050	+1350
250	280	−16	−26		+4	0	+20	+34	+56	+94	+158	+218	+315	+385	+475	+580	+710	+920	+1200	+1550
280	315	−16	−26		+4	0	+20	+34	+56	+98	+170	+240	+350	+425	+525	+650	+790	+1000	+1300	+1700
315	355	−18	−28		+4	0	+21	+37	+62	+108	+190	+268	+390	+475	+590	+730	+900	+1150	+1500	+1900
355	400	−18	−28		+4	0	+21	+37	+62	+114	+208	+294	+435	+530	+660	+820	+1000	+1300	+1650	+2100
400	450	−20	−32		+5	0	+23	+40	+68	+126	+232	+330	+490	+595	+740	+920	+1100	+1450	+1850	+2400
450	500	−20	−32		+5	0	+23	+40	+68	+132	+252	+360	+540	+660	+820	+1000	+1250	+1600	+2100	+2600
500	560				0	0	+26	+44	+78	+150	+280	+400	+600							
560	630				0	0	+26	+44	+78	+155	+310	+450	+660							
630	710				0	0	+30	+50	+88	+175	+340	+500	+740							
710	800				0	0	+30	+50	+88	+185	+380	+560	+840							
800	900				0	0	+34	+56	+100	+210	+430	+620	+940							
900	1000				0	0	+34	+56	+100	+220	+470	+680	+1050							
1000	1120				0	0	+40	+66	+120	+250	+520	+780	+1150							
1120	1250				0	0	+40	+66	+120	+260	+580	+840	+1300							
1250	1400				0	0	+48	+78	+140	+300	+640	+960	+1450							
1400	1600				0	0	+48	+78	+140	+330	+720	+1050	+1600							
1600	1800				0	0	+58	+92	+170	+370	+820	+1200	+1850							
1800	2000				0	0	+58	+92	+170	+400	+920	+1350	+2000							
2000	2240				0	0	+68	+110	195	+440	+1000	+1500	+2300							
2240	2500				0	0	+68	+110	195	+460	+1100	+1650	+2500							
2500	2800				0	0	+76	+135	+240	+550	+1250	+1900	+2900							
2800	3150				0	0	+76	+135	+240	+580	+1400	+2100	+3200							

注：基本尺寸小于或等于 1mm 时，基本偏差 a 和 b 均不采用。公差带 js7～js11，若 IT_n 值数是奇数，则取偏差 $= \pm\dfrac{IT_{n-1}}{2}$。

表1—11 孔的基本偏差数值(GB/T 1800.1—2009)

μm

基本偏差数值

公称尺寸/mm 大于	至	下极限偏差 EI (所有标准公差等级) A	B	C	CD	D	E	EF	F	FG	G	H	JS	上极限偏差 ES J IT6	J IT7	J IT8	K ≤IT8	K >IT8	M ≤IT8	M >IT8	N ≤IT8	N >IT8	P至ZC ≤IT7
—	3	+270	+140	+60	+34	+20	+14	+10	+6	+4	+2	0	偏差=±ITn/2,式中ITn是IT值数	+2	+4	+6	0	0	-2	-2	-4	-4	在大于IT7的相应数值上增加一个Δ值
3	6	+270	+140	+70	+46	+30	+20	+14	+10	+6	+4	0		+5	+6	+10	-1+Δ	0	-4+Δ	-4	-8+Δ	0	
6	10	+280	+150	+80	+56	+40	+25	+18	+13	+8	+5	0		+5	+8	+12	-1+Δ	0	-6+Δ	-6	-10+Δ	0	
10	14	+290	+150	+95		+50	+32		+16		+6	0		+6	+10	+15	-1+Δ	0	-7+Δ	-7	-12+Δ	0	
14	18	+290	+150	+95		+50	+32		+16		+6	0		+6	+10	+15	-1+Δ	0	-7+Δ	-7	-12+Δ	0	
18	24	+300	+160	+110		+65	+40		+20		+7	0		+8	+12	+20	-2+Δ	0	-8+Δ	-8	-15+Δ	0	
24	30	+300	+160	+110		+65	+40		+20		+7	0		+8	+12	+20	-2+Δ	0	-8+Δ	-8	-15+Δ	0	
30	40	+310	+170	+120		+80	+50		+25		+9	0		+10	+14	+24	-2+Δ	0	-9+Δ	-9	-17+Δ	0	
40	50	+320	+180	+130		+80	+50		+25		+9	0		+10	+14	+24	-2+Δ	0	-9+Δ	-9	-17+Δ	0	
50	65	+340	+190	+140		+100	+60		+30		+10	0		+13	+18	+28	-2+Δ	0	-11+Δ	-11	-20+Δ	0	
65	80	+360	+200	+150		+100	+60		+30		+10	0		+13	+18	+28	-2+Δ	0	-11+Δ	-11	-20+Δ	0	
80	100	+380	+220	+170		+120	+72		+36		+12	0		+16	+22	+34	-3+Δ	0	-13+Δ	-13	-23+Δ	0	
100	120	+410	+240	+180		+120	+72		+36		+12	0		+16	+22	+34	-3+Δ	0	-13+Δ	-13	-23+Δ	0	
120	140	+460	+260	+200		+145	+85		+43		+14	0		+18	+26	+41	-3+Δ	0	-15+Δ	-15	-27+Δ	0	
140	160	+520	+280	+210		+145	+85		+43		+14	0		+18	+26	+41	-3+Δ	0	-15+Δ	-15	-27+Δ	0	
160	180	+580	+310	+230		+145	+85		+43		+14	0		+18	+26	+41	-3+Δ	0	-15+Δ	-15	-27+Δ	0	
180	200	+660	+340	+240		+170	+100		+50		+15	0		+22	+30	+47	-4+Δ	0	-17+Δ	-17	-31+Δ	0	
200	225	+740	+380	+260		+170	+100		+50		+15	0		+22	+30	+47	-4+Δ	0	-17+Δ	-17	-31+Δ	0	
225	250	+820	+420	+280		+170	+100		+50		+15	0		+22	+30	+47	-4+Δ	0	-17+Δ	-17	-31+Δ	0	
250	280	+920	+480	+300		+190	+110		+56		+17	0		+25	+36	+55	-4+Δ	0	-20+Δ	-20	-34+Δ	0	
280	315	+1050	+540	+330		+190	+110		+56		+17	0		+25	+36	+55	-4+Δ	0	-20+Δ	-20	-34+Δ	0	
315	355	+1200	+600	+360		+210	+125		+62		+18	0		+29	+39	+60	-4+Δ	0	-21+Δ	-21	-37+Δ	0	
355	400	+1350	+680	+400		+210	+125		+62		+18	0		+29	+39	+60	-4+Δ	0	-21+Δ	-21	-37+Δ	0	
400	450	+1500	+760	+440		+230	+135		+68		+20	0		+33	+43	+66	-5+Δ	0	-23+Δ	-23	-40+Δ	0	
450	500	+1650	+840	+480		+230	+135		+68		+20	0		+33	+43	+66	-5+Δ	0	-23+Δ	-23	-40+Δ	0	
500	560					+260	+145		+76		+22	0					0		-26		-44		
560	630					+260	+145		+76		+22	0					0		-26		-44		
630	710					+290	+160		+80		+24	0					0		-30		-50		
710	800					+290	+160		+80		+24	0					0		-30		-50		
800	900					+320	+170		+86		+26	0					0		-34		-56		
900	1000					+320	+170		+86		+26	0					0		-34		-56		
1000	1120					+350	+195		+98		+28	0					0		-40		-66		
1120	1250					+350	+195		+98		+28	0					0		-40		-66		
1250	1400					+390	+220		+110		+30	0					0		-48		-78		
1400	1600					+390	+220		+110		+30	0					0		-48		-78		
1600	1800					+430	+240		+120		+32	0					0		-58		-92		
1800	2000					+430	+240		+120		+32	0					0		-58		-92		
2000	2240					+480	+260		+130		+34	0					0		-68		-110		
2240	2500					+480	+260		+130		+34	0					0		-68		-110		
2500	2800					+520	+290		+145		+38	0					0		-76		-135		
2800	3150					+520	+290		+145		+38	0					0		-76		-135		

续表

公称尺寸/mm		基本偏差数值 上极限偏差 ES（标准公差等级大于 IT7）												Δ值 标准公差等级					
大于	至	P	R	S	T	U	V	X	Y	Z	ZA	ZB	ZC	IT3	IT4	IT5	IT6	IT7	IT8
—	3	−6	−10	−14		−18		−20		−26	−32	−40	−60	0	0	0	0	0	0
3	6	−12	−15	−19		−23		−28		−35	−42	−50	−80	1	1.5	1	3	4	6
6	10	−15	−19	−23		−28		−34		−42	−52	−67	−97	1	1.5	2	3	6	7
10	14	−18	−23	−28		−33		−40		−50	−64	−90	−130	1	2	3	3	7	9
14	18	−18	−23	−28		−33	−39	−45		−60	−77	−108	−150	1	2	3	3	7	9
18	24	−22	−28	−35		−41	−47	−54	−63	−73	−98	−136	−188	1.5	2	3	4	8	12
24	30	−22	−28	−35	−41	−48	−55	−64	−75	−88	−118	−160	−218	1.5	2	3	4	8	12
30	40	−26	−34	−43	−48	−60	−68	−80	−94	−112	−148	−200	−274	1.5	3	4	5	9	14
40	50	−26	−34	−43	−54	−70	−81	−97	−114	−136	−180	−242	−325	1.5	3	4	5	9	14
50	65	−32	−41	−53	−66	−87	−102	−122	−144	−172	−226	−300	−405	2	3	5	6	11	16
65	80	−32	−43	−59	−75	−102	−120	−146	−174	−210	−274	−360	−480	2	3	5	6	11	16
80	100	−37	−51	−71	−91	−124	−146	−178	−214	−258	−335	−445	−585	2	4	5	7	13	19
100	120	−37	−54	−79	−104	−144	−172	−210	−254	−310	−400	−525	−690	2	4	5	7	13	19
120	140	−43	−63	−92	−122	−170	−202	−248	−300	−365	−470	−620	−800	3	4	6	7	15	23
140	160	−43	−65	−100	−134	−190	−228	−280	−340	−415	−535	−700	−900	3	4	6	7	15	23
160	180	−43	−68	−108	−146	−210	−252	−310	−380	−465	−600	−780	−1000	3	4	6	7	15	23
180	200	−50	−77	−122	−166	−236	−284	−350	−425	−520	−670	−880	−1150	3	4	6	9	17	26
200	225	−50	−80	−130	−180	−258	−310	−385	−470	−575	−740	−960	−1250	3	4	6	9	17	26
225	250	−50	−84	−140	−196	−284	−340	−425	−520	−640	−820	−1050	−1550	3	4	6	9	17	26
250	280	−56	−94	−158	−218	−315	−385	−475	−580	−710	−920	−1200	−1700	4	4	7	9	20	29
280	315	−56	−98	−170	−240	−350	−425	−525	−650	−790	−1000	−1300	−1900	4	4	7	9	20	29
315	355	−62	−108	−190	−268	−390	−475	−590	−730	−900	−1150	−1500	−2100	4	5	7	11	21	32
355	400	−62	−114	−208	−294	−435	−530	−660	−820	−1000	−1300	−1650	−2400	4	5	7	11	21	32
400	450	−68	−126	−232	−330	−490	−595	−740	−920	−1100	−1450	−1850	−2600	5	5	7	13	23	34
450	500	−68	−132	−252	−360	−540	−660	−820	−1000	−1250	−1600	−2100	−2600	5	5	7	13	23	34
500	560	−78	−150	−280	−400	−600													
560	630	−78	−155	−310	−450	−660													
630	710	−88	−175	−340	−500	−740													
710	800	−88	−185	−380	−560	−840													
800	900	−100	−210	−430	−620	−940													
900	1000	−100	−220	−470	−680	−1050													
1000	1120	−120	−250	−520	−780	−1150													
1120	1250	−120	−260	−580	−840	−1300													
1250	1400	−140	−300	−640	−960	−1450													
1400	1600	−140	−330	−720	−1050	−1600													
1600	1800	−170	−370	−820	−1200	−1850													
1800	2000	−170	−400	−920	−1350	−2000													
2000	2240	−195	−440	−1000	−1500	−2300													
2240	2500	−195	−460	−1100	−1650	−2500													
2500	2800	−240	−550	−1250	−1900	−2900													
2800	3150	−240	−580	−1400	−2100	−3200													

注1：公称尺寸小于或等于 1mm 时，基本偏差 A 和 B 及大于 IT8 的 N 均不采用。公差带 JS7 和 JS11，若 IT_n 值数是奇数，则取偏差 $= \pm \dfrac{IT_{n-1}}{2}$。

注2：对小于或等于 IT8 的 K、M、N 和小于或等于 IT7 的 P 至 ZC，所需 Δ 值从表内右侧选取。例如：18mm~30mm 段的 K7，Δ = 8μm，所以 ES = −2 + 8 = 6μm；18mm~30mm 段的 S6，Δ = 4μm，所以 ES = −35 + 4 = −31μm。特殊情况：250mm~315mm 段的 M6，ES = −9μm（代替 −11μm）。

孔 P8 的下极限偏差 EI　　EI = ES − IT8 = − 22 − 33 = − 55 μm

轴 h8 的上极限偏差 es　　　　　　　　es = 0

轴 h8 的下极限偏差 ei　　ei = es − IT8 = 0 − 33 = − 33 μm

故得：$\phi 25\text{H8}\binom{+0.033}{0}$；$\phi 25\text{p8}\binom{+0.055}{+0.022}$；$\phi 25\text{P8}\binom{-0.022}{-0.055}$；$\phi 25\text{h8}\binom{0}{-0.033}$。

【例 1—8】　确定 $\phi 25\text{H7/p6}$，$\phi 25\text{P7/h6}$ 孔与轴的极限偏差。

解：从例 1—6 得知：IT6 = 13 μm，IT7 = 21 μm

h6 的上极限偏差　　　　　　　　es = 0

h6 的下极限偏差　　　　ei = es − IT6 = − 13 μm

H7 的下极限偏差　　　　　　　EI = 0

H7 的上极限偏差　　　　ES = EI + IT7 = + 21 μm

轴 p6 的基本偏差为下极限偏差 ei，查表 1—10 得：

$$ei = + 22 \mu m$$

轴 p6 的上极限偏差 es

$$es = ei + IT6 = 22 + 13 = + 35 \mu m$$

孔 P7 的基本偏差为上极限偏差 ES，查表 1—11 得：

$$\Delta = 8 \mu m$$

$$ES = − ei + \Delta = − 22 + 8 = − 14 \mu m$$

孔 P7 的下极限偏差 EI，EI = ES − IT7 = − 14 − 21 = − 35 μm

由此可得：$\phi 25\text{H7}\binom{+0.021}{0}$；$\phi 25\text{p6}\binom{+0.035}{+0.022}$；$\phi 25\text{P7}\binom{-0.014}{-0.035}$；$\phi 25\text{h6}\binom{0}{-0.013}$。

上述例 1—6，例 1—7，例 1—8 的公差带分别见图 1—11（a），（b），（c）。

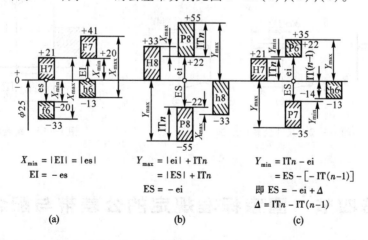

图 1—11　孔、轴配合公差带图

用公式计算标准公差和基本偏差时，其计算结果需按规定化整。

在实际使用中，直接采用国家标准表列数值，不必进行计算。

尺寸 >500mm ~ 3150mm 孔的基本偏差同样参照表1—9计算,其数值列于表1—11。

当尺寸 >3 150mm ~ 10 000mm 时,"极限与配合"国家标准中,《公差与配合的选择》的国家标准(GB/T 1801—2009),推荐了IT6 ~ IT18级的标准公差数值;同时也分别推荐了轴、孔各14种基本偏差数值。由于篇幅关系,编写从略,希望读者自行参考上述国家标准。

三、公差、偏差与配合的表示

根据前述,将孔、轴的基本偏差代号与标准公差等级代号组合,就组成孔、轴的公差带代号。例如,孔公差带代号H7,F8,…,轴公差带代号 f6,h7,…。

将孔和轴的公差带代号组合,就组成配合代号,用分数形式表示。例如,$\dfrac{H7}{f6}$,$\dfrac{F8}{h7}$。

一般标注方法如下:

零件图上,在公称尺寸之后,标注所要求的公差带或(和)上、下极限偏差,如图1—12(a)、(b)、(c)所示。实际生产中一般采用后两种标注方法。

装配图上,在孔、轴相同公称尺寸后,标注配合代号,分子代表孔公差带,分母代表轴公差带。其标注方法如下:例如,$\phi25\dfrac{H7}{f6}$ 或 $\phi25\ H7/f6$;$\phi25\ \dfrac{H7\binom{+0.021}{0}}{f6\binom{-0.020}{-0.033}}$ 或 $\phi25\ H7\binom{+0.021}{0}/f6$

$\binom{-0.020}{-0.033}$;$\phi25\ \dfrac{\binom{+0.021}{0}}{\binom{-0.020}{-0.033}}$ 或 $\phi25\binom{+0.021}{0}\Big/\binom{-0.020}{-0.033}$(见图1—13)。

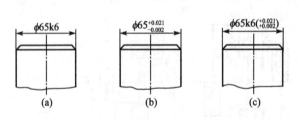

图1—12　尺寸公差标注法

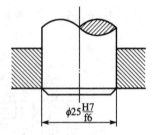

图1—13　配合标注方法

第四节　国家标准规定的公差带与配合

根据"极限与配合"第1部分:公差、偏差和配合的基础(GB/T 1800.1—2009)国家标准规定的20个标准公差等级和孔、轴各28个基本偏差,孔、轴可以得到很多不同大小和位置的公差带(孔有 $20 \times 27 + 3 = 543$ 种,轴有 $20 \times 27 + 4 = 544$ 种)。由孔、轴公差带又能组成大量的配合,具有广泛选用公差带与配合的可能性。但是,在生产实践中,公差带数量使用太多,势必使标准庞杂和繁琐,不利于生产。从经济性出发,减少定值刀、量具及工艺装备的品种和规格,参考国际标准(ISO)并结合我国实际国家标准(GB/T 1801—2009)对公差带与配合的选择,做了进一步的限制。

公称尺寸≤500mm,国家标准规定了一般、常用和优先孔公差带105种(表1—12)轴公差带116种(表1—13)。其中圆圈内的(孔、轴各13种)为优先公差带,方框内的(孔44种,轴59种)为常用公差带,其他为一般用途的公差带。各孔、轴公差带的极限偏差数值,参考"极限与配合"第2部分:标准公差等级和孔、轴极限偏差表(GB/T 1800.2—2009)国家标准。

表 1—12　公称尺寸≤500mm 一般、常用和优先的孔公差带

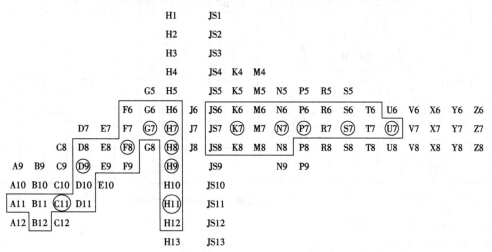

表 1—13　公称尺寸≤500mm 一般、常用和优先的轴公差带

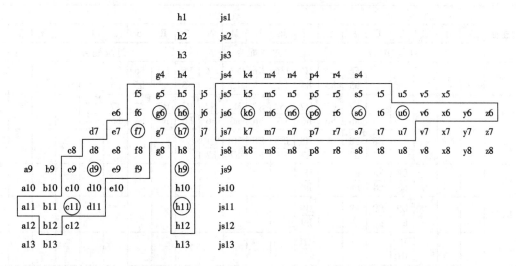

国家标准在上述孔、轴公差带的基础上,规定了基孔制常用配合59种,其中优先配合13种(见表1—14)。规定了基轴制常用配合47种,其中优先配合13种(见表1—15)。

表 1—14　基孔制优先、常用配合

基准孔	轴																				
	a	b	c	d	e	f	g	h	js	k	m	n	p	r	s	t	u	v	x	y	z
	间隙配合								过渡配合				过盈配合								
h6						H6/f5	H6/g5	H6/h5	H6/js5	H6/k5	H6/m5	H6/n5	H6/p5	H6/r5	H6/s5	H6/t5					
H7						H7/f6	H7/g6	H7/h6	H7/js6	H7/k6	H7/m6	H7/n6	H7/p6	H7/r6	H7/s6	H7/t6	H7/u6	H7/v6	H7/x6	H7/y6	H7/z6
H8					H8/e7	H8/f7	H8/g7	H8/h7	H8/js7	H8/k7	H8/m7	H8/n7	H8/p7	H8/r7	H8/s7	H8/t7	H8/u7				
H8				H8/d8	H8/e8	H8/f8		H8/h8													
H9			H9/c9	H9/d9	H9/e9	H9/f9		H9/h9													
H10			H10/c10	H10/d10				H10/h10													
H11	H11/a11	H11/b11	H11/c11	H11/d11				H11/h11													
H12		H12/b12						H12/h12													

注1：$\dfrac{H6}{n5}$，$\dfrac{H7}{p6}$在公称尺寸小于或等于 3mm 和 $\dfrac{H8}{r7}$ 在小于或等于 100mm 时，为过渡配合。

注2：标注▰的配合为优先配合。

注3：摘自 GB/T 1801—2009。

表 1—15　基轴制优先、常用配合

基准轴	孔																				
	A	B	C	D	E	F	G	H	JS	K	M	N	P	R	S	T	U	V	X	Y	Z
	间隙配合								过渡配合				过盈配合								
h5						F6/h5	G6/h5	H6/h5	JS6/h5	K6/h5	M6/h5	N6/h5	P6/h5	R6/h5	S6/h5	T6/h5					
h6						F7/h6	G7/h6	H7/h6	JS7/h6	K7/h6	M7/h6	N7/h6	P7/h6	R7/h6	S7/h6	T7/h6	U7/h6				
h7					E8/h7	F8/h7		H8/h7	JS8/h7	K8/h7	M8/h7	N8/h7									
h8				D8/h8	E8/h8	F8/h8		H8/h8													
h9				D9/h9	E9/h9	F9/h9		H9/h9													
h10				D10/h10				H10/h10													
h11	A11/h11	B11/h11	C11/h11	D11/h11				H11/h11													
h12		B12/h12						H12/h12													

注1：标注▰的配合为优先配合。

注2：摘自 GB/T 1801—2009。

基孔制与基轴制优先配合公差带图分别见图 1—14 和图 1—15。

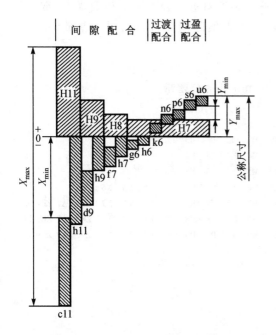

图 1—14 基孔制优先配合公差带图

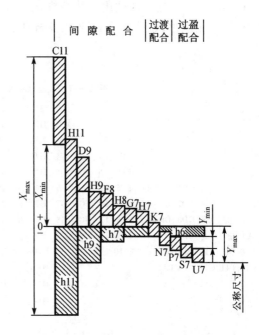

图 1—15 基轴制优先配合公差带图

必须注意,在表 1—14 中,当轴的标准公差≤IT7 级时,是与低一级的孔相配合,大于或等于 IT8 级时,与同级的基准孔相配合。在表 1—15 中,当孔的标准公差小于 IT8 级或少数等于 IT8 级时,是与高一级的基准轴相配合,其余是孔、轴同级相配合。

在精度设计时,应该按照优先、常用和一般用途公差带的顺序选用,组成所要求的配合。当一般公差带不能满足要求时,允许由标准公差和基本偏差组成所需的公差带与配合。

公称尺寸 >500mm ~3150mm,国家标准(GB/T 1801—2009)规定了 31 种常用的孔公差带(见表 1—16),41 种常用的轴公差带(见表 1—17),没有推荐配合。

表 1—16　公称尺寸 >500mm ~3150mm 孔的常用公差带

		G6	H6	JS6	K6	M6	N6
		G7	H7	JS7	K7	M7	N7
		F7					
D8	E8	F8	H8	JS8			
D9	E9	F9	H9	JS9			
D10			H10	JS10			
D11			H11	JS11			
			H12	JS12			

表 1—17　公称尺寸 >500mm ~3150mm 轴的常用公差带

		g6	h6	js6	k6	m6	n6	p6	r6	s6	t6	u6
		g7	h7	js7	k7	m7	n7	p7	r7	s7	t7	u7
		f7										
d8	e8	f8	h8	js8								
d9	e9	f9	h9	js9								
d10			h10	js10								
d11			h11	js11								
			h12	js12								

公称尺寸至 18mm，GB/T 1803—2003 规定了孔公差带 154 种（见表 1—18），轴公差带 169 种（表 1—19）。它主要适用于精密机械和钟表工业。标准对这些公差带未指明优先、常用和一般的选用顺序，也未推荐配合。各行业、各工厂可根据实际情况自行选用公差带，并组成配合。

表 1—18　公称尺寸至 18mm 孔的公差带

A	B	C	CD	D	E	EF	F	FG	G	H	J	JS	K	M	N	P	R	S	U	V	X	Z	ZA	ZB	ZC
										H1		JS1													
										H2		JS2													
						EF3	F3	FG3	G3	H3		JS3	K3	M3	N3	P3	R3								
						EF4	F4	FG4	G4	H4		JS4	K4	M4	N4	P4	R4								
					E5	EF5	F5	FG5	G5	H5		JS5	K5	M5	N5	P5	R5	S5							
			CD6	D6	E6	EF6	F6	FG6	G6	H6	J6	JS6	K6	M6	N6	P6	R6	S6	U6	V6	X6	Z6			
			CD7	D7	E7	EF7	F7	FG7	G7	H7	J7	JS7	K7	M7	N7	P7	R7	S7	U7	V7	X7	Z7	ZA7	ZB7	ZC7
	B8	C8	CD8	D8	E8	EF8	F8	FG8	G8	H8	J8	JS8	K8	M8	N8	P8	R8	S8	U8	V8	X8	Z8	ZA8	ZB8	ZC8
A9	B9	C9	CD9	D9	E9	EF9	F9	FG9	G9	H9		JS9	K9	M9	N9	P9	R9	S9	U9		X9	Z9	ZA9	ZB9	ZC9
A10	B10	C10	CD10	D10	E10	EF10				H10		JS10			N10										
A11	B11	C11		D11						H11		JS11													
A12	B12	C12								H12		JS12													
										H13		JS13													

表 1—19　公称尺寸至 18mm 轴的公差带

a	b	c	cd	d	e	ef	f	fg	g	h	j	js	k	m	n	p	r	s	u	v	x	z	za	zb	zc
										h1		js1													
										h2		js2													
						ef3	f3	fg3	g3	h3		js3	k3	m3	n3	p3	r3								
						ef4	f4	fg4	g4	h4		js4	k4	m4	n4	p4	r4	s4							
		c5	cd5	d5	e5	ef5	f5	fg5	g5	h5	j5	js5	k5	m5	n5	p5	r5	s5	u5	v5	x5	z5			
		c6	cd6	d6	e6	ef6	f6	fg6	g6	h6	j6	js6	k6	m6	n6	p6	r6	s6	u6	v6	x6	z6	za6		
		c7	cd7	d7	e7	ef7	f7	fg7	g7	h7	j7	js7	k7	m7	n7	p7	r7	s7	u7	v7	x7	z7	za7	zb7	zc7
	b8	c8	cd8	d8	e8	ef8	f8	fg8	g8	h8		js8	k8	m8	n8	p8	r8	s8	u8	v8	x8	z8	za8	zb8	zc8
a9	b9	c9	cd9	d9	e9	ef9	f9	fg9	g9	h9		js9	k9	m9	n9	p9	r9	s9	u9		x9	z9	za9	zb9	zc9
a10	b10	c10	cd10	d10	e10	ef10	f10			h10		js10	k10												
a11	b11	c11		d11						h11		js11													
a12	b12	c12								h12		js12													
a13	b13	c13								h13		js13													

第五节　公差与配合的选用

公差制是伴随互换性生产而产生和发展的。"极限与配合"标准是实现互换性生产的重要基础。合理地选用公差与配合，不但更好地促进互换性生产，而且有利于提高产品质量，降低生产成本。

在设计工作中，公差与配合的选用主要包括：确定基准制、公差等级与配合种类。分别阐述如下。

一、基准制的选用

选择基准制时,应从结构、工艺、经济几方面来综合考虑,权衡利弊。

(1)一般情况下,应优先选用基孔制。加工孔比加工轴要困难些,而且所用的刀、量具尺寸规格也多些。采用基孔制,可大大缩减定值刀、量具的规格和数量。只有在具有明显经济效果的情况下,如用冷拔钢作轴,不必对轴加工,或在同一公称尺寸的轴上要装配几个不同配合的零件时,才采用基轴制。

(2)与标准件配合时,基准制的选择通常依标准件而定。例如,与滚动轴承内圈配合的轴应按基孔制;与滚动轴承外圈配合的孔应按基轴制。

(3)为了满足配合的特殊需要,允许采用任一孔、轴公差带组成配合,例如,C616 车床床头箱中齿轮轴筒和隔套的配合(图 1—16)。由于齿轮轴筒的外径已根据和滚动轴承配合的要求选定为 $\phi60js6$,而隔套的作用只是隔开两个滚动轴承,作轴向定位用,为了装拆方便,它只要松套在齿轮轴筒的外径上即可,公差等级也可选用更低,故其公差带选为 $\phi60\ D10$,它的公差与配合图解见图 1—17。同样,另一个隔套与床头箱孔的配合用 $\phi95\dfrac{K7}{d11}$。这类配合就是用不同公差等级的非基准孔公差带和非基准轴公差带组成的。

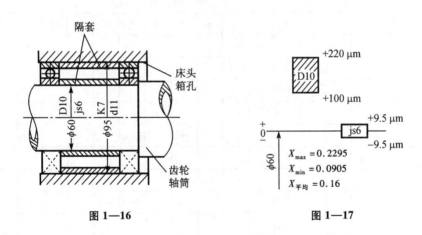

图 1—16   图 1—17

二、公差等级的选用

合理地选择公差等级,对解决机器零件的使用要求与制造工艺及成本之间的矛盾,起着决定性的作用。一般选用的原则如下。

(1)对于公称尺寸≤500mm 的较高等级的配合,由于孔比同级轴加工困难,当标准公差≤IT8 时,国家标准推荐孔比轴低一级相配合,但对标准公差 > IT8 级或公称尺寸 >500mm的配合,由于孔的测量精度比轴容易保证,推荐采用同级孔、轴配合。

(2)选择公差等级,既要满足设计要求,又要考虑工艺的可能性和经济性。也就是说:在满足使用要求的情况下,尽量扩大公差值,亦即选用较低的公差等级。

国家标准推荐的各公差等级的应用范围如下。

IT01,IT0,IT1 级一般用于高精度量块和其他精密尺寸标准块的公差。它们大致相当于量块的 1,2,3 级精度的公差。

IT2～IT5 级用于特别精密零件的配合及精密量规。

IT5～IT12 级用于配合尺寸公差。其中 IT5(孔到 IT6)级用于高精度和重要的配合处。例如,精密机床主轴的轴颈,主轴箱体孔与精密滚动轴承的配合,车床尾座孔和顶尖套筒的配合,内燃机中活塞销与活塞销孔的配合等。

IT6(孔到 IT7)级用于要求精密配合的情况。例如,机床中一般传动轴和轴承的配合,齿轮、皮带轮和轴的配合,内燃机中曲轴与轴套的配合。这个公差等级在机械制造中应用较广,国标推荐的常用公差带也较多。

IT7～IT8 级用于一般精度要求的配合。例如,一般机械中速度不高的轴与轴承的配合,在重型机械中用于精度要求稍高的配合,在农业机械中则用于较重要的配合。

IT9～IT10 级常用于一般要求的地方,或精度要求较高的槽宽的配合。

IT11～IT12 级用于不重要的配合。

IT12～IT18 级用于未注尺寸公差的尺寸精度,包括冲压件、铸锻件的公差等。

国家标准各公差等级与加工方法的大致关系可参看表 1—20。

表 1—20　各种加工方法的合理加工精度

加工方法	公　差　等　级　（IT）																
	01	0	1	2	3	4	5	6	7	8	9	10	11	12	13	14	15	16
研磨	—	—	—	—	—	—	—										
珩						—	—	—	—								
圆磨							—	—	—	—							
平磨							—	—	—	—							
金刚石车							—	—	—								
金刚石镗							—	—	—								
拉削							—	—	—								
铰孔								—	—	—	—	—					
车								—	—	—	—	—					
镗								—	—	—	—	—					
铣									—	—	—	—					
刨、插												—	—				
钻孔												—	—	—	—		
滚压、挤压												—	—				
冲压												—	—	—	—		
压铸													—	—	—	—	
粉末冶金成型								—	—	—							
粉末冶金烧结									—	—	—						
砂型铸造、气割																	—
锻造																—	

三、配合的选用

在设计中,根据使用要求,应尽可能地选用优先配合和常用配合。如果优先配合与常用配合不能满足要求时,可选标准推荐的一般用途的孔、轴公差带,按使用要求组成需要的配合。若仍不能满足使用要求,还可以从国家标准所提供的 544 种轴公差带和 543 种孔公差带中选取合用的公差带,组成所需要的配合。

确定了基准制以后,选择配合就是根据使用要求——配合公差(间隙或过盈)的大小,确定与基准件相配的孔、轴的基本偏差代号,同时确定基准件及配合件的公差等级。

对间隙配合,由于基本偏差的绝对值等于最小间隙,故可按最小间隙确定基本偏差代号;对过盈配合,在确定基准件的公差等级后,即可按最小过盈选定配合件的基本偏差代号,并根据配合公差的要求确定孔、轴公差等级。

机器的质量大多取决于对其零部件所规定的配合及其技术条件是否合理,许多零件的尺寸公差,都是由配合的要求决定的,一般选用配合的方法有下列三种。

(1)计算法:就是根据一定的理论和公式,计算出所需的间隙或过盈。对间隙配合中的滑动轴承,可用流体润滑理论来计算保证滑动轴承处于液体摩擦状态所需的间隙,根据计算结果,选用合适的配合;对过盈配合,可按弹塑性变形理论,计算出必需的最小过盈,选用合适的过盈配合,并按此验算在最大过盈时是否会使工件材料损坏。由于影响配合间隙量和过盈量的因素很多,理论的计算也是近似的,所以,在实际应用时还需经过试验来确定。

(2)试验法:就是对产品性能影响很大的一些配合,往往用试验法来确定机器工作性能的最佳间隙或过盈,例如,风镐锤体与镐筒配合的间隙量对风镐工作性能有很大影响,一般采用试验法较为可靠,但这种方法,须进行大量试验,成本较高。

(3)类比法:就是按同类型机器或机构中,经过生产实践验证的已用配合的实用情况,再考虑所设计机器的使用要求,参照确定需要的配合。

在生产实际中,广泛应用的选择配合的方法是类比法。要掌握这种方法,首先必须分析机器或机构的功用、工作条件及技术要求,进而研究结合件的工作条件及使用要求,其次要了解各种配合的特性和应用。下面分别加以阐述。

1.分析零件的工作条件及使用要求

为了充分掌握零件的具体工作条件和使用要求,必须考虑下列问题,工作时结合件的相对位置状态(如运动速度、运动方向、停歇时间、运动精度等),承受负荷情况,润滑条件,温度变化,配合的重要性,装卸条件,以及材料的物理机械性能等。根据具体条件不同,结合件配合的间隙量或过盈量必须相应地改变,表 1—21 可供参考。

表 1—21 工作情况对过盈或间隙的影响

具 体 情 况	过盈应增大或减小	间隙应增大或减小
材料许用应力小	减小	—
经常拆卸	减小	—
工作时,孔温高于轴温	增大	减小
工作时,轴温高于孔温	减小	增大

续表

具 体 情 况	过盈应增大或减小	间隙应增大或减小
有冲击载荷	增大	减小
配合长度较大	减小	增大
配合面形位误差较大	减小	增大
装配时可能歪斜	减小	增大
旋转速度高	增大	增大
有轴向运动	—	增大
润滑油粘度增大	—	增大
装配精度高	减小	减小
表面粗糙度数值大	增大	减小

2. 了解各类配合的特性和应用

间隙配合的特性,是具有间隙。它主要用于结合件有相对运动的配合(包括旋转运动和轴向滑动),也可用于一般的定位配合。

过盈配合的特性,是具有过盈。它主要用于结合件没有相对运动的配合。过盈不大时,用键联结传递扭矩;过盈大时,靠孔轴结合力传递扭矩。前者可以拆卸,后者是不能拆卸的。

过渡配合的特性,是可能具有间隙,也可能具有过盈,但所得到的间隙和过盈量,一般是比较小的。它主要用于定位精确并要求拆卸的相对静止的联结。

表1—22是轴的基本偏差的特性和应用。表1—23是优先配合的配合特性和应用。可供选择配合时参考。

表1—22　轴的基本偏差选用说明

配合	基本偏差	特 性 及 应 用
间隙配合	a,b	可得到特别大的间隙,应用很少
	c	可得到很大的间隙,一般适用于缓慢、松弛的动配合。用于工作条件较差(如农业机械),受力变形,或为了便于装配,而必须保证有较大的间隙时,推荐配合为H11/c11,其较高等级的H8/c7配合,适用于轴在高温工作的紧密动配合,如内燃机排气阀和导管
	d	一般用于IT 7~11级,适用于松的转动配合,如密封盖、滑轮、空转皮带轮等与轴的配合,也适用于大直径滑动轴承配合,如透平机、球磨机、轧滚成型和重型弯曲机,以及其他重型机械中的一些滑动轴承
	e	多用于IT7,8,9级,通常用于要求有明显间隙,易于转动的轴承配合,如大跨距轴承、多支点轴承等配合,高等级的e轴适用于大的、高速、重载支承,如涡轮发电机、大型电动机及内燃机主要轴承、凸轮轴轴承等配合
	f	多用于IT6,7,8级的一般转动配合,当温度影响不大时,被广泛用于普通润滑油(或润滑脂)润滑的支承,如齿轮箱、小电动机、泵等的转轴与滑动轴承的配合
	g	配合间隙很小,制造成本高,除很轻负荷的精密装置外,不推荐用于转动配合。多用于IT5,6,7级,最适合不回转的精密滑动配合,也用于插销等定位配合,如精密连杆轴承、活塞及滑阀、连杆销等
	h	多用于IT4~11级。广泛用于无相对转动的零件,作为一般的定位配合。若没有温度、变形影响,也用于精密滑动配合

续表

配合	基本偏差	特 性 及 应 用
过渡配合	js	偏差完全对称(±IT/2),平均间隙较小的配合,多用于IT 4～7级,要求间隙比h轴小,并允许略有过盈的定位配合。如联轴节、齿圈与钢制轮毂,可用木锤装配
	k	平均间隙接近于零的配合,适用于IT 4～7级,推荐用于稍有过盈的定位配合。如为了消除振动用的定位配合。一般用木锤装配
	m	平均过盈较小的配合,适用于IT4～7级,一般可用木锤装配,但在最大过盈时,要求相当的压入力
	n	平均过盈比m轴稍大,很少得到间隙,适用于IT4～7级,用锤或压入机装配,通常推荐用于紧密的组件配合。H6/n5配合时为过盈配合
过盈配合	p	与H6或H7配合时是过盈配合,与H8孔配合时则为过渡配合。对非铁类零件,为较轻的压入配合,当需要时易于拆卸。对钢、铸铁或铜、钢组件装配是标准压入配合
	r	对铁类零件为中等打入配合,对非铁类零件,为轻打入的配合,当需要时可以拆卸。与H8孔配合,直径在100mm以上时为过盈配合,直径小时为过渡配合
	s	用于钢和铁制零件的永久性和半永久性装配,可产生相当大的结合力。当用弹性材料,如轻合金时,配合性质与铁类零件的p轴相当。如套环压装在轴上、阀座等的配合。尺寸较大时,为了避免损伤配合表面,需用热胀或冷缩法装配
过盈配合	t	过盈较大的配合。对钢和铸铁零件适于作永久性结合,不用键可传递力矩,需用热胀或冷缩法装配。如联轴节与轴的配合
	u	这种配合过盈大,一般应验算在最大过盈时,工件材料是否损坏,要用热胀或冷缩法装配。如火车轮毂和轴的配合
	v,x y,z	这些基本偏差所组成配合的过盈量更大,目前使用的经验和资料还很少,须经试验后才能应用。一般不推荐

表 1—23   优先配合选用说明

优先配合		说 明
基孔制	基轴制	
$\dfrac{H11}{c11}$	$\dfrac{C11}{h11}$	间隙非常大,用于很松的、转动很慢的动配合;要求大公差与大间隙的外露组件;要求装配方便的很松的配合
$\dfrac{H9}{d9}$	$\dfrac{D9}{h9}$	间隙很大的自由转动配合,用于精度非主要要求时,或有大的温度变化、高转速或大的轴颈压力时的配合
$\dfrac{H8}{f7}$	$\dfrac{F8}{h7}$	间隙不大的转动配合,用于中等转速与中等轴颈压力的精确转动;也用于装配较易的中等定位配合
$\dfrac{H7}{g6}$	$\dfrac{G7}{h6}$	间隙很小的滑动配合,用于不希望自由转动,但可自由移动和滑动并精密定位的配合;也可用于要求明确的定位配合

优先配合		说　明
基孔制	基轴制	
$\dfrac{H7}{h6}$	$\dfrac{H7}{h6}$	均为间隙定位配合,零件可自由装拆,而工作时一般相对静止不动。在最大实体条件下的间隙为零,在最小实体条件下的间隙由公差等级决定
$\dfrac{H8}{h7}$	$\dfrac{H8}{h7}$	
$\dfrac{H9}{h9}$	$\dfrac{H9}{h9}$	
$\dfrac{H11}{h11}$	$\dfrac{H11}{h11}$	
$\dfrac{H7}{k6}$	$\dfrac{K7}{h6}$	过渡配合,用于精密定位的配合
$\dfrac{H7}{n6}$	$\dfrac{N7}{h6}$	过渡配合,允许有较大过盈的更精密定位的配合
$\dfrac{H7}{p6}$	$\dfrac{P7}{h6}$	过盈定位配合,即小过盈配合,用于定位精度特别重要时,能以最好的定位精度达到部件的刚性及对中性要求,而对内孔承受压力无特殊要求,不依靠配合的紧固性传递摩擦负荷的配合
$\dfrac{H7}{s6}$	$\dfrac{S7}{h6}$	中等压入配合,适用于一般钢件,或用于薄壁件的冷缩配合,用于铸铁件可得到最紧的配合
$\dfrac{H7}{u6}$	$\dfrac{U7}{h6}$	压入配合,适用于可以承受高压入力的零件,或不宜承受大压入力的冷缩配合

第六节　配　制　配　合

公称尺寸 >500mm 的零件,除采用互换性生产外,根据制造特点可采用配制配合。"极限与配合"国家标准(GB/T 1801—2009)提出了有关配制配合的正确理解和使用。

配制配合:是以一个零件的实际尺寸为基数,来配制另一个零件的一种工艺措施。一般用于公差等级较高,单件小批生产的配合零件。是否采用配制配合,由设计人员根据零件生产和使用情况来决定。

一、对配制配合零件的基本要求

(1)先按互换性生产选取配合,配制的结果应满足此配合公差。

(2)一般选择较难加工,但能得到较高测量精度的那个零件(多数情况下是孔)作为先加工件,给它一个比较容易达到的公差或按"线性尺寸的未注公差"加工。

(3)配制件(多数情况下是轴)的公差,可按所定的配合公差来选取。所以,配制件的公差比采用互换性生产时单个零件的公差要大些。配制件的偏差和极限尺寸以先加工件的实际尺寸为基数来确定。

(4)配制配合是关于尺寸极限方面的技术规定,不涉及其他技术要求,如零件的形状和位置公差、表面粗糙度等,不因采用配制配合而降低。

(5)测量对保证配合性质有很大关系。要注意各种误差对测量结果的影响,配制配合应采用尺寸相互比较的测量方法。在同样条件下测量,使用同基准装置或校对量具,由同一组计量人员进行测量,以提高测量精度。

二、图样上的标注方法

配制配合用代号"MF"(Matched Fit)表示。借用基准孔的代号"H"或基准轴的代号"h"表示先加工件。在装配图和零件图的相应部位均应标出。装配图上还要标明按互换性生产时的配合要求。

举例:公称尺寸为 $\phi3\ 000$mm 的孔和轴,要求配合的最大间隙为 0.45mm,最小间隙为 0.14mm,按互换性生产可选用 $\phi3\ 000$ H6/f6 或 $\phi3\ 000$ F6/h6,其 $X_{max} = 0.415$mm,$X_{min} = 0.145$mm。现确定采用配制配合。

(1)在装配图上标注为:

$\phi3\ 000$ H6/f6 MF(先加工件为孔);或 $\phi3\ 000$ F6/h6 MF(先加工件为轴)。

(2)若先加工件为孔,给一个较容易达到的公差,例如 H8,在零件图上标注为:

$$\phi3\ 000\ H8\ MF$$

若按"线性尺寸未注公差"加工,则标注为:

$$\phi3\ 000\ MF$$

(3)配制件为轴,根据已确定的配合公差选取合适的公差带,例如 f7,则其 $X_{max} = 0.355$mm,$X_{min} = 0.145$mm,轴上标注为:

$$\phi3\ 000f7\ MF\ 或\ \phi3\ 000\ _{-0.355}^{-0.145}MF$$

三、配制件极限尺寸的计算

根据上述举例,用尽可能准确的测量方法测出先加工件(孔)的实际尺寸,例如 $\phi3\ 000.195$mm,则配制件(轴)的极限尺寸计算如下:

$$上极限尺寸 = 3\ 000.195 - 0.145 = 3\ 000.05mm$$
$$下极限尺寸 = 3\ 000.195 - 0.355 = 2\ 999.84mm$$

第七节　线性尺寸的未注公差

零件上各个要素的尺寸、形状和各要素间的位置都有一定的功能要求,在加工时,各要素的尺寸、形状和相互位置,都会有一定的误差。因此,图样上所有要素都应受到一定公差的约束。这些要求,不一定都要逐项单独予以标注,可以采用一般公差来处理。

一般公差,就是图样上不单独注出公差(极限偏差)或公差带代号,而是在图样上、技术文件或标准(企业标准或行业标准)中,做出总的说明的公差要求。它是在车间普通工艺条件下,机床设备一般加工能力可保证的公差,在正常维护和操作情况下,它代表经济加工精度。

零件上无特殊要求的尺寸、精度较低的非配合尺寸以及由工艺方法保证的尺寸,可给予一般公差。这样,不仅有利于简化制图、节省设计时间和减少产品检验要求,而且,突出了有公差要求的重要尺寸,以便在加工和检验时引起足够的重视。

《一般公差　未注公差的线性和角度尺寸的公差》(GB/T 1804—2000)国家标准,规定了未注公差的线性和角度尺寸的一般公差的公差等级和极限偏差数值。

一般公差分为四个等级,即:精密 f、中等 m、粗糙 c、最粗 v,按未注公差的线性尺寸和角度尺寸分别给出了各公差等级的极限偏差数值。

1. 线性尺寸

表1—24 给出线性尺寸的极限偏差数值;表1—25 给出倒圆半径和倒角高度尺寸的极限偏差数值。

表1—24　未注公差线性尺寸的极限偏差数值(GB/T 1804—2000)　　mm

公差等级	尺 寸 分 段							
	0.5 ~ 3	>3 ~ 6	>6 ~ 30	>30 ~ 120	>120 ~ 400	>400 ~ 1000	>1000 ~ 2000	>2000 ~ 4000
精密 f	±0.05	±0.05	±0.1	±0.15	±0.2	±0.3	±0.5	—
中等 m	±0.1	±0.1	±0.2	±0.3	±0.5	±0.8	±1.2	±2
粗糙 c	±0.2	±0.3	±0.5	±0.8	±1.2	±2	±3	±4
最粗 v	—	±0.5	±1	±1.5	±2.5	±4	±6	±8

表1—25　倒圆半径与倒角高度尺寸的极限偏差数值(GB/T 1804—2000)　　mm

公差等级	尺 寸 分 段			
	0.5 ~ 3	>3 ~ 6	>6 ~ 30	>30
精密 f	±0.2	±0.5	±1	±2
中等 m				
粗糙 c	±0.4	±1	±2	±4
最粗 v				

注:倒圆半径与倒角高度的含义参见 GB/T 6403.4—2008(零件倒圆与倒角)。

2. 角度尺寸

表1—26 给出了角度尺寸的极限偏差数值,其值按角度短边长度确定,对圆锥角按圆锥素线长度确定。

表1—26　角度尺寸的极限偏差数值

公差等级	长度分段/mm				
	~ 10	>10 ~ 50	>50 ~ 120	>120 ~ 400	>400
精密 f	±1°	±30′	±20′	±10′	±5′
中等 m					
粗糙 c	±1°30′	±1°	±30′	±15′	±10′
最粗 v	±3°	±2°	±1°	±30′	±20′

　　对于相互垂直的两要素,应该在技术文件明确规定采用未注角度公差(未注 90°),还是未注垂直度公差。因为控制的要求是不相同的。前者是不控制形成该角度(90°)的两要素的形状误差(直线度或平面度误差)。后者需指明基准(通常为长边),且以垂直度公差带控制被测要素的形状误差(直线度或平面度误差)。

　　采用 GB/T 1804—2000 规定的一般公差,在图样上、技术文件或标准中,用该标准号和公差等级符号表示,例如,选取中等级时,可表示为 GB/T 1804—2000—m。

　　国标规定的线性尺寸的未注公差,它适用于金属切削加工的尺寸,也适用于冲压加工的尺寸。非金属材料和其他工艺方法加工的尺寸可参照使用。

第二章 长度测量基础

第一节 测量的基本概念

测量就是以确定量值为目的的一组操作。在测量中假设 L 为被测量值，E 为所采用的计量单位，那么它们的比值为：

$$q = \frac{L}{E} \tag{2—1}$$

这个公式的物理意义说明，在被测量值 L 一定的情况下，比值 q 的大小完全决定于所采用的计量单位 E，而且是成反比关系。同时它也说明计量单位的选择决定于被测量值所要求的准确程度，这样经比较而得的被测量值为：

$$L = qE$$

由上可知，任何一个测量过程必须有被测的对象和所采用的计量单位。此外，还有二者是怎样进行比较和比较以后它的准确程度如何的问题，即测量的方法和测量的准确度问题。这样，测量过程就包括：测量对象、计量单位、测量方法及测量准确度四个要素。

测量对象：这里主要指几何量，包括长度、角度、表面粗糙度以及形位误差等。由于几何量的特点是种类繁多，形状又各式各样，因此对于它们的特性，被测参数的定义，以及标准等都必须加以研究和熟悉，以便进行测量。

计量单位：我国国务院于 1977 年 5 月 27 日颁发的《中华人民共和国计量管理条例（试行）》第三条规定中重申："我国的基本计量制度是米制（即公制），逐步采用国际单位制。"1984年 2 月 27 日正式公布中华人民共和国法定计量单位，确定米制为我国的基本计量制度。在长度计量中单位为米（m），其他常用单位有毫米（mm）和微米（μm）。在角度测量中以度、分、秒为单位。

测量方法：是指在进行测量时所用的按类叙述的一组操作逻辑次序。对几何量的测量而言，则是根据被测参数的特点，如公差值、大小、轻重、材质、数量等，并分析研究该参数与其他参数的关系，最后确定对该参数如何进行测量的操作方法。

测量的准确度：是指测量结果与真值的一致程度。由于任何测量过程总不可避免地会出现测量误差，误差大说明测量结果离真值远，准确度低。因此，准确度和误差是两个相对的概念。由于存在测量误差，任何测量结果都是以一近似值来表示。

第二节 尺 寸 传 递

以上已经说过，长度单位为米。米的定义为平面电磁波在真空中 1/299 792 458 s 时间内所行进的距离。

目前在实际工作中使用下述两种实体基准：线纹尺和量块，它由米的定义传递到基准光波的波长,再由光波波长传递到基准线纹尺和一等量块,然后再由它们逐次传递到工件,以保证量值准确一致。如图2—1所示。

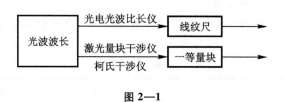

图 2—1

一、量块及其传递系统

量块在机械制造和仪器制造中应用很广。在长度计量中作为实物标准,用以体现测量单位,并作为尺寸传递的媒介。此外,还广泛用于检定和校准计量器具;比较测量中用于调整仪器的零位;也可用于加工中机床的调整和工件的检验等。

量块的形状为长方形平面六面体,如图2—2所示。它有两个测量面和四个非测量面。两相互平行的测量面之间的距离即为量块的工作长度,称为标称长度(公称尺寸)。量块一般用铬锰钢或线膨胀系数小、性质稳定、耐磨以及不易变形的其他材料制造。标称长度小于10mm的量块,其截面尺寸为30mm×9mm;标称长度大于10mm至1 000mm的量块,其截面尺寸为35mm×9mm。

按 GB/T 6093—2001 的规定,量块按制造技术要求分为5级,即k,0,1,2,3级。分级的主要根据是量块长度极限偏差、量块长度变动允许值、测量面的平面度、量块的研合性及测量面的表面粗糙度等。

量块长度是指量块上测量面上一点到与此量块下测量面相研合的辅助体(如平晶)表面之间的垂直距离。如图2—3所示。

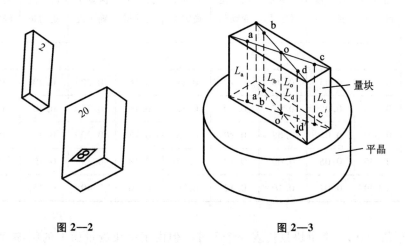

图 2—2   图 2—3

量块长度变动量是指量块的最大量块长度与最小量块长度之差。

在计量测试部门中,量块常作为尺寸传递的工具。按我国 JJG 146—2003《量块检定规程》,将量块分为5等,即1,2,3,4,5。其中一等量块技术要求最高,5等技术要求最低。低一等的量块尺寸是由高一等的量块传递而来(图2—4)。因此,按等使用量块时,是用量块的实际尺寸,而不是量块的标称尺寸。此时影响量块使用的准确度就不再是量块长度的极限偏差,而是检定量块时的测量总不确定度。

表2—1和表2—2分别列出了量块按级和按等划分时有关技术要求的部分数值。

表 2—1

标称长度范围/mm		k 级		0 级		1 级		2 级		3 级	
		量块长度的极限偏差	长度变动量允许值	量块长度的极限偏差	长度变动量允许值	量块长度的极限偏差	长度变动量允许值	量块长度的极限偏差	长度变动量允许值	量块长度的极限偏差	长度变动量允许值
大于	至	μm									
—	10	±0.20	0.05	±0.12	0.10	±0.20	0.16	±0.45	0.30	±1.0	0.50
10	25	±0.30	0.05	±0.14	0.10	±0.30	0.16	±0.60	0.30	±1.2	0.50
25	50	±0.40	0.06	±0.20	0.10	±0.40	0.18	±0.80	0.30	±1.6	0.55
50	75	±0.50	0.06	±0.25	0.12	±0.50	0.18	±1.00	0.35	±2.0	0.55
75	100	±0.60	0.07	±0.30	0.12	±0.60	0.20	±1.20	0.35	±2.5	0.60

表 2—2

标称长度范围/mm		1 等		2 等		3 等		4 等		5 等	
		测量不确定度	长度变动量	测量不确定度	长度变动量	测量不确定度	长度变动量	测量不确定度	长度变动量	测量不确定度	长度变动量
大于	至	μm									
—	10	0.022	0.05	0.06	0.10	0.11	0.16	0.22	0.30	0.6	0.5
10	25	0.025	0.05	0.07	0.10	0.12	0.16	0.25	0.30	0.6	0.5
25	50	0.030	0.06	0.08	0.10	0.15	0.18	0.30	0.30	0.8	0.55
50	75	0.035	0.06	0.09	0.12	0.18	0.18	0.35	0.35	0.9	0.55
75	100	0.040	0.07	0.10	0.12	0.20	0.20	0.40	0.35	1.0	0.60

量块是单值量具,一个量块只代表一个尺寸。但由于量块测量面上的粗糙度数值和平面度误差很小,当测量表面留有一层极薄的油膜(约0.02μm)时,在切向推合力的作用下,由于分子之间的吸引力,两量块能研合在一起。这样,就可使用不同尺寸的量块组合成所需的尺寸。量块是按成套生产的,共有17种套别。其每套数目分别为91,83,46,38,10,8,6,5等。以83块一套为例,其尺寸如下:

间隔 0.01mm，从 1.01，1.02，……到 1.49，共 49 块；

间隔 0.1mm，从 1.5，1.6，……到 1.9，共 5 块；

间隔 0.5mm，从 2.0，2.5，……到 9.5，共 16 块；

间隔 10mm，从 10，20，……到 100，共 10 块；

1.005，1，0.5mm 各 1 块。

选用不同尺寸的量块组成所需尺寸时，为了减少量块的组合误差，应尽力减少量块的数目，一般不超过 4 块。选用量块时，应从消去所需尺寸最小尾数开始，逐一选取。例如，若需从 83 块一套的量块中组成所需要的尺寸 28.785mm，其步骤如下：

$$\begin{array}{r} 28.785 \\ -1.005 \quad \text{第 1 块量块} \\ \hline 27.78 \\ -1.28 \quad \text{第 2 块量块} \\ \hline 26.50 \\ -6.5 \quad \text{第 3 块量块} \\ \hline 20 \quad \text{第 4 块量块} \end{array}$$

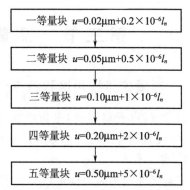

一等量块　$u=0.02\mu m+0.2\times10^{-6}l_n$

二等量块　$u=0.05\mu m+0.5\times10^{-6}l_n$

三等量块　$u=0.10\mu m+1\times10^{-6}l_n$

四等量块　$u=0.20\mu m+2\times10^{-6}l_n$

五等量块　$u=0.50\mu m+5\times10^{-6}l_n$

注:各等量块长度测量不确定度允许值u的计算公式，如图中所示。式中的l_n为量块长度，单位为mm。量块长度和量块长度变动量的测量允许采用各种量块干涉仪；光学、电感和电容等形式的比较仪；测长机；各等标准量块组。1等量块应采用光干涉方法直接测量；3，4，5等量块可应用比较方法测量。

图 2—4

二、角度传递系统

角度也是机械制造中重要几何参数之一。由于一个圆周角定义为 360°，因此角度不需要和长度一样再建立一个自然基准。但是在计量部门，为了工作方便，仍以分度盘或多面棱体作

图 2—5

为角度量的基准。我国目前作为角度量的最高基准是分度值为 0.1″的精密测角仪。机械制造业中的一般角度标准则是角度量块、测角仪或分度头。

在过去相当长的时间里，常用角度量块作为基准，并以它进行角度传递。随着对角度准确度要求不断提高，这种单值的角度量块已难于满足要求，因而出现了多面棱体。目前生产的多面棱体有 4，6，8，12，24，36，72 面等。图 2—5 所示为八面棱体，在任一横切面上其相邻两面法线间的夹角为 45°。用它作基准可以测 $n\times45°$ 的角度（$n=1,2,3\cdots\cdots$）。

以多面棱体作角度基准的量值传递系统，如图 2—6 所示。

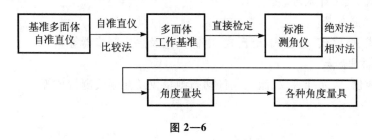

图 2—6

第三节 测量仪器与测量方法的分类

一、测量仪器按用途和特点分类

测量仪器(计量器具)是指单独地或连同辅助设备一起用以进行测量的器具。在几何量测量中,按用途和特点可将它分为以下几种。

1. 实物量具

它是指在使用时以固定形态复现或提供给定量的一个或多个已知值的器具。如量块、直角尺、各种曲线样板及标准量规等。

2. 极限量规

它是指一种没有刻度的专用检验工具,用这种工具不能得出被检验工件的具体尺寸,但能确定被检验工件是否合格,如光滑极限量规、螺纹极限量规等。

3. 显示式测量仪器

它是指显示示值的测量仪器。其显示可以是模拟的(连续或非连续)或数字的,可以是多个量值同时显示,也可提供记录。如模拟式电压表、数字频率计,千分尺等。

4. 测量系统

它是指组装起来以进行特定测量的全套测量仪器和其他设备,测量系统可以包含实物量具。固定安装着的测量系统称为测量装备。

二、几何量测量仪器按构造的特点分类

几何量测量仪器根据构造上的特点还可分为以下几种。

1. 游标式测量仪器

如游标卡尺、游标高度尺及游标量角器等。

2. 微动螺旋副式测量仪器

如外径千分尺、内径千分尺及公法线千分尺等。

3. 机械式测量仪器

如百分表、千分表、杠杆比较仪及扭簧比较仪等。

4. 光学机械式测量仪器

如光学计、测长仪、投影仪、接触干涉仪、干涉显微镜、光切显微镜、工具显微镜及测长机等。

5. 气动式测量仪器

如流量计式、气压计式等。

6. 电学式测量仪器

如电接触式、电感式、电容式、磁栅式、电涡流式及感应同步器等。

7. 光电式测量仪器

如激光干涉仪、激光准直仪、激光丝杆动态测量仪及光栅式测量仪等。

三、几何量测量中测量方法分类

几何量测量中,测量方法可以按各种不同的形式进行分类。如直接测量与间接测量,综合测量与单项测量,接触测量与非接触测量,在线测量与离线测量,静态测量与动态测量等。

1. 直接测量

无需对被测量与其他实测量进行一定函数关系的辅助计算而直接得到被测量值的测量。

直接测量又可分为绝对测量与相对(比较)测量。

若由仪器刻度尺上读出被测参数的整个量值,这种测量方法称为绝对测量,如用游标尺、千分尺测量零件的尺寸。

若由仪器刻度尺上读出的值是被测参数对标准量的偏差,这种测量方法称为相对(比较)测量。如用量块调整比较仪测量零件尺寸。

2. 间接测量

通过直接测量与被测参数有已知函数关系的其他量而得到该被测参数量值的测量。例如,在测量大型圆柱零件直径 D 时,可以先直接量出圆周长 L,然后通过函数式 $D = L/\pi$ 计算零件的直径 D。

间接测量的准确度将取决于有关参数的测量准确度,并与所依据的计算公式有关。

3. 综合测量

同时测量工件上的几个有关参数,从而综合地判断工件是否合格。其目的在于限制被测工件的轮廓应在规定的极限内,以保证互换性的要求。如用螺纹极限量规的通规检验螺纹。

4. 单项测量

单个地、彼此没有联系地测量工件的单项参数。例如,测量圆柱体零件某一剖面的直径,或分别测量螺纹的中径、牙型半角和螺距等。加工中为了分析造成加工疵品的原因时,常采用单项测量。

5. 接触测量

仪器的测量头与工件的被测表面直接接触,并有机械作用的测力存在。

6. 不接触测量

仪器的测量头与工件的被测表面之间没有机械的测力存在(如光学投影仪和气动量仪测量等)。

接触测量对零件表面油污、切削液、灰尘等不敏感,但由于有测力存在,会引起零件表面、测量头以及测量仪器传动系统的弹性变形。

7. 在线测量

零件在加工过程中进行的测量。此时测量结果直接用来控制零件的加工过程,决定是否继续加工或需调整机床或采取其他措施。因此,它能及时防止与消灭废品。

由于在线测量具有一系列优点,因此是测量技术的主要发展方向,它的推广应用将使测量技术和加工工艺最紧密地结合起来,从根本上改变测量技术的被动局面。

8. 离线测量

零件加工后在检验站进行的测量。此时测量结果仅限于发现并剔除废品。

9. 静态测量

被测表面与测量头是相对静止的。如千分尺测量零件的直径。

10. 动态测量

被测表面与测量头之间是有相对运动的,它能反映被测参数的变化过程。如用激光比长仪测量精密线纹尺,用激光丝杆动态检查仪测量丝杆等。

动态测量也是测量技术的发展方向之一。它能较大地提高测量效率和保证测量准确度。

第四节　测量技术的部分常用术语

1. 标尺间距

沿标尺长度的同一条线测得的两相邻标尺标记之间的距离。标尺间距用长度单位表示,而与被测量的单位和标在标尺上的单位无关。

2. 分度值(标尺间隔)

对应两相邻标尺标记的两个值之差。它用标在标尺上的单位表示。

3. 测量范围(工作范围)

测量仪器的误差处在规定极限内的一组被测量的值。

4. 灵敏度

测量仪器的响应变化除以对应的激励变化。当激励和响应为同一类量时,灵敏度也可称为"放大比"或"放大倍数"。

5. 稳定性

测量仪器保持其计量特性随时间恒定的能力。它可用计量特性经规定的时间所发生的变化来定量表示。

6. 鉴别力阈

使测量仪器产生未察觉的响应变化的最大激励变化,这种激励变化应缓慢而单调地进行。鉴别力阈也可称为灵敏阈或灵敏限。

7. 分辨力

测量仪器显示装置的分辨力是指显示装置能有效辨别的最小的示值差。一般认为模拟式指示装置其分辨力为标尺间隔的一半。对于数字式显示装置,这就是当变化一个末位有效数字时其示值的变化。

8. 测量结果的重复性

在相同测量条件下,对同一被测量进行连续多次测量所得结果之间的一致性。重复性可以用测量结果的分散性定量地表示。

9. 测量仪器的示值

测量仪器所给出的量的值。对于实物量具,示值就是它所标出的值。

10. 测量仪器的示值误差

测量仪器的示值与对应输入量的真值(参考量值)之差。由于真值不能确定,实际上用的是约定真值。

对于显示式仪器: $\qquad\qquad \delta = v_i - v_t$

对于实物量具: $\qquad\qquad \delta = v_n - v_t$

式中　δ——测量仪器的示值误差;

　　　v_i——显示式仪器的示值;

v_n——实物量具所标出的值;

v_t——输入量的(被测量的)真值(参考量值)。

11. 测量仪器的最大允许误差

对给定的测量仪器,规范、规程等所允许的误差极限值。有时也称测量仪器的允许误差限。随着不确定度概念的普及,仪器的允许误差将会逐渐被仪器测量的不确定度所替代,即它是测量仪器引起的测量不确定度的分量。

12. 修正值

用代数方法与未修正测量结果相加,以补偿其系统误差的值。修正值等于负的系统误差,由于系统误差不能完全获知,因此这种补偿并不完全。

13. 测量不确定度

表征合理地赋予被测量之值的分散性,与测量结果相联系的参数。此参数可以用诸如标准偏差(即标准差)或其倍数,或说明了置信水准的区间的半宽度来表示。以标准偏差表示的测量不确定度,称为标准不确定度。测量不确定度由多个分量组成,其中一些分量可用对观测列进行统计分析的方法来评定的标准不确定度,称为不确定度的 A 类评定;另一些分量则可用不同于观测列进行统计分析的方法,来评定标准不确定度,称为不确定度的 B 类评定。获得 B 类标准不确定度的信息来源,一般可以是以前的观测数据,生产部门提供的技术资料文件,校准证书、检定证书、手册提供的不确定度以及目前暂在使用的极限误差等。当测量结果是由若干个其他量的值求得时,按其他各量的方差或(和)协方差算得的标准不确定度,称为合成标准不确定度。不确定度一词指可疑程度,广而言之,测量不确定度意为对测量结果正确性的可疑程度。它恒为正值。

第五节　常用长度测量仪器

长度测量仪器的种类较多,采用的原理也各式各样,这里就生产中常用的仪器做简单介绍。

一、机械式量仪

游标尺、千分尺、百分表等常用计量器具在生产劳动中已经熟悉,这里主要介绍杠杆齿轮比较仪和扭簧比较仪。

1. 杠杆齿轮比较仪

杠杆齿轮比较仪种类较多,图 2—7 所示为成都量具刃具厂生产的这类仪器。图 2—7(a)是仪器的外形图,图 2—7(b)是仪器结构原理图。由图可知,测量时,测杆将向上或向下移动,从而使杠杆短臂 R_4 发生摆动。杠杆的长臂 R_3 是一个扇形齿轮,当扇形齿轮摆动时带动小齿轮转动,从而使与小齿轮连接的指针 R_1 偏转。这种比较仪的分度值一般为 0.001mm,刻度尺的示值范围为 ±0.1mm。其放大倍数为:

$$K = \frac{R_1}{R_2} \times \frac{R_3}{R_4} = \frac{50}{1} \times \frac{100}{5} = 1\ 000$$

2. 扭簧比较仪

扭簧比较仪的原理如图 2—8 所示。仪器的主要元件是横截面为 0.01mm × 0.25mm 的弹簧片由中间向两端左、右弯曲而成的扭簧片,如图中 3 所示。扭簧片的一端连接在机壳的连接柱上,另一端连接在弹性杠杆 2 的一个支臂上。杠杆 2 的另一端与测杆 1 的上部接触。指针 4

粘在扭簧片的中部。测量时,测杆 1 向上或向下移动。从而推动杠杆 2 摆动。当杠杆 2 摆动时将使扭簧片 3 拉伸或缩短,引起扭簧片转动,因而使指针 4 偏转。扭簧比较仪的灵敏度很高,其分度值一般为 0.001,0.000 5,0.000 2,0.000 1mm 和 0.000 02mm,相应的示值范围为 ±0.03,±0.015,±0.006,±0.003mm 和 ±0.001mm。

上述两种比较仪一般均装在支座上应用。有时也装在专用仪器上使用(如万能测齿仪)。

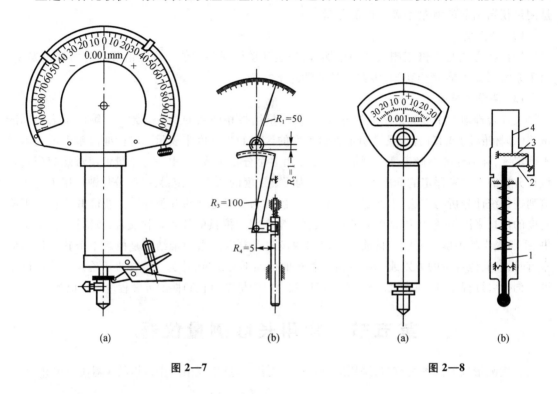

图 2—7   图 2—8

二、电学式量仪

电学式量仪种类很多,一般可分为电接触式、电感式、电容式、电涡流式和感应同步器等。下面仅介绍电感式量仪的一般原理。

电感式量仪的传感器一般分为电感式和互感式两种。电感式又可分为气隙式、截面式和螺管式三种。互感式也可分为气隙式和螺管式两种。

图 2—9 是电感式传感器的工作原理,它由线圈 1,铁心 2,衔铁 3 组成。铁心与衔铁间有一个空气隙,其厚度为 δ。仪器测杆与衔铁连接在一起。当工件尺寸发生变化时,测杆向上,或向下移动,从而改变气隙厚度 δ[如图 2—9(a)],或改变通磁气隙面积 S[因测杆移动 Δb,导磁面积 S 也发生变化,如图 2—9(b)]。

根据磁路的基本原理可知,电感量可按式(2—2)计算:

$$L = \frac{W^2}{R_m} \tag{2—2}$$

式中　W——线圈 1 的匝数;

　　　R_m——磁路的总磁阻。

图 2—9(a)、(b)中磁路的总磁阻 R_m 可按式(2—3)计算:

$$R_\mathrm{m} = \sum \frac{l_\mathrm{i}}{\mu_\mathrm{i} S_\mathrm{i}} + \frac{2\delta}{\mu_0 S} \qquad (2\text{—}3)$$

式中　l_i——导磁体的长度（即铁心 2 和衔铁 3 的总长）；

　　μ_i——导磁体导磁系数；

　　S——导磁体的截面积（$a \times b$）；

　　δ——空气隙厚度；

　　μ_0——空气的导磁系数。

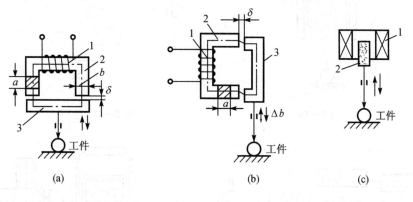

图 2—9

因为一般导磁体的磁阻比空气的磁阻小得多,计算时可以忽略,则电感量为:

$$L \approx \frac{W^2 \mu_0 S}{2\delta} \qquad (2\text{—}4)$$

由式(2—4)可以看出,电感量与气隙 δ 成反比,与通磁气隙面积 S 成正比。因此,改变气隙 δ 或改变通磁气隙面积 S 均能使电感量发生变化。用改变气隙而使电感量发生变化的原理制成的传感器,称为气隙式电感传感器,如图 2—9(a);用改变通磁气隙的面积而使电感量发生变化的原理制成的传感器,称为截面式电感传感器,如图 2—9(b)。

图 2—9(c)所示为螺旋管式传感器,图中 1 是线圈,2 是与测杆相连的衔铁,当衔铁向上或向下移动时,电感量发生变化。

上述三种形式传感器中,不论哪一种形式,在实践中均作成差接式(即传感器有上、下两个线圈,其感应信号均接入放大电路)。这样可改善环境温度与电源电压波动对测量准确度的影响,以及改善测杆的位移与电感量的非线性关系。

图 2—10 所示为差接式螺管式传感器工作原理。1 是线圈(共两个)、2 是衔铁、3 是铁芯。

电感式量仪的测量电路一般都采用桥式电路。即通过此电路把电感量的变化变换成电压(或电流)信号,以便送入放大器进行放大,如图 2—11 所示。Z_1,Z_2 二臂为测头的两线圈阻抗。另两臂为变压器次级线圈的两半(每半电势为 $e/2$)。这种线路又称差动电路。当工件尺寸发生变化时,测杆向上或向下移动,使两线圈中的电感 L_1 和 L_2 发生变化,从而使阻抗 Z_1 和 Z_2 值发生变化,则电桥对角线上有电位差,即有信号输出。

电感式量仪电路方框图如图 2—12 所示。测量工件时,由传感器来的信号进入电桥,由电桥输出 $U_\text{出}$,经放大器放大,相敏整流器整流,最后到指示器,或整流后经功率放大器放大,然后到记录器或控制器,或经 A/D 转换,到数字显示器。

图 2—13 所示为我国生产的 DGS–20C/A 电感式比较仪。图中右边是夹持有旁测式测量头的比较仪座。测量信号经测量头(传感器)转变为电信号送入左图的电器箱。

该仪器的分度值分为 $0.5\mu m$ 和 $5\mu m$ 两挡,示值范围分别为 $\pm 10\mu m$ 和 $\pm 50\mu m$,示值误差分别为 $\pm 0.25\mu m$ 和 $\pm 1.3\mu m$。

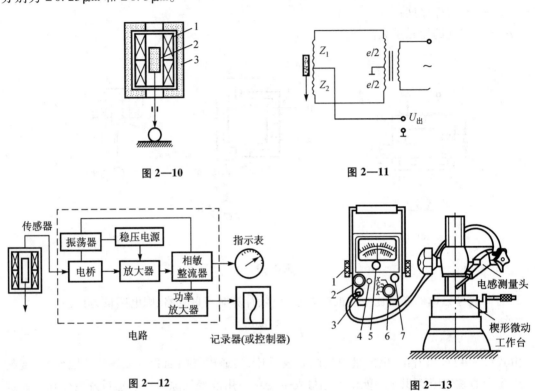

图 2—10   图 2—11

图 2—12   图 2—13

三、气动式量仪

气动量仪是利用气体在流动过程中某些物理量(流量、压力、流速等)的变化来实现长度测量的一种装置。一般由下述四个部分组成:过滤器、稳压器、指示器和测量头等。过滤器是将气源来的压缩空气进行过滤,清除其中的灰尘、水和油分,使空气干燥和清洁;稳压器是使空气的压力保持恒定;指示器是将工件尺寸变化转变为压力(或流量)变化,并指出尺寸变化大小;测量头是用来感受被测尺寸的变化。

气动量仪一般可分为气压计式和流量计式两类。前者是用气压计指示工件尺寸的变化,后者是用气体流量计指示工件尺寸的变化。

流量计式气动量仪是将工件尺寸变化转换成气体流量的变化,然后通过浮标在锥形玻璃管中浮动的位置进行读数。其工作原理如图 2—14 所示。清洁、干燥和恒压的空气由锥形玻璃管下端引入,经浮标与玻璃锥管间的间隙,由锥

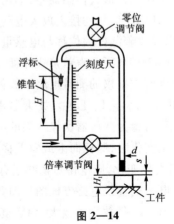

图 2—14

形玻璃管上端,再经连接管由测量喷嘴进入大气。当被测工件尺寸发生变化时,测量喷嘴与工件间的间隙 s 发生变化,因而使流过喷嘴的气体流量 Q 也发生变化,从而引起浮标位置变化。当流过浮标与锥管间的空气流量与从测量喷嘴流出的气体流量相等时,浮标就停止不动。我们即可从浮标相对于玻璃管上刻度尺的位置,读出读数。若流量为 Q、测量喷嘴直径为 d、测量间隙为 s,则:

$$Q = f(\pi ds)$$

当测量喷嘴选定后,流量 Q 仅与间隙 s 的变化有关,即 $Q = f(s)$。它说明间隙 s 的变化将引起气体流量的改变。

我国中原量仪厂生产的浮标式气动量仪分单管式、双管式和三管式三种。仪器的放大倍数一般为 2 000 倍、5 000 倍和 10 000 倍,其相应的示值范围分别为:0.09,0.035 和 0.018mm,相应的分度值分别为:0.002,0.001 和 0.000 5mm。

气动量仪喷嘴可装在比较仪座上做长度测量,也可以装上气动塞规(测孔量头)和气动卡规(测轴量头)分别检验孔、轴直径。

四、光学机械式量仪

光学机械式测量仪器在机械制造和仪器制造中应用比较广泛,其种类和型号也各式各样。但在长度测量中,光学计、测长仪、测长机、接触式干涉仪是具有代表性的仪器。

1. 立式光学计

这种仪器的外形如图 2—15 所示。该仪器用于比较测量,其使用方法也类似于机械式比较仪。带有特殊螺纹的立柱 2 固定在仪器底座 1 上。悬臂 3 借助于螺母 7 可在立柱上做上、下移动,并可用制动器 8 固定在需要的位置。直角形光管装在悬臂 3 前端的配合孔中,并可通过微调手轮 9 进行微调,或用制动器 10 将它固定。仪器的光学系统装在直角形光管中。

仪器的主要原理是用光学自准原理和机械的正切杠杆原理。如图 2—16 所示,在物镜焦平面上的焦点 c 发出的光,经物镜后变成一束平行光到达平面反射镜 P,若平面反射镜与光轴垂直,则经过平面反射镜反射的光由原路回到发光点 c,即发光点 c 与像点 c′ 重合。若反射镜与光轴不垂直而偏转一个 α 角成为 P₁,则反射光束与入射光束间的夹角为 2α。反射光束汇聚于像点 c″,c 与 c″ 之间的距离,可按下式计算:

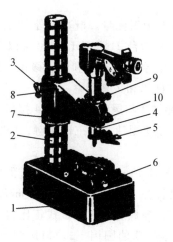

图 2—15

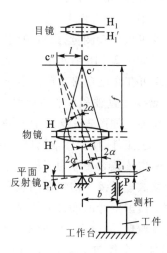

图 2—16

$$l = f\tan 2\alpha$$

式中 f——物镜的焦距；

　　α——反射镜偏转角度。

反射镜角度的偏转是由光学计的测杆来推动。测杆的一端与平面反射镜 P 相接触。当测杆移动时,推动反射镜 P 绕支点 o 摆动,测杆移动一个距离 s,则反射镜偏转一个 α 角,其关系为:

$$s = b\tan\alpha$$

式中,b 为测杆到支点 o 的距离。

这样,测杆的微小移动 s 就可以通过正切杠杆机构和光学装置放大,变成光点和像点间的距离 l。其放大倍数为:

$$K = \frac{l}{s} = \frac{f\tan 2\alpha}{b\tan\alpha} \approx \frac{2f}{b}$$

当 $f = 200\text{mm}$,臂长 $b = 5\text{mm}$ 时,放大倍数 $K = 80$。由于光学计的目镜放大倍数为 12 倍,故光学计的总放大倍数为 $12 \times 80 = 960$ 倍。

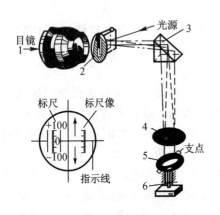

图 2—17

光学计的分度值为 0.001mm,示值范围为 ± 0.1mm。

仪器光路如图 2—17 所示。光源由侧面射入,经棱镜反射照亮分划板 2 上的刻度尺。刻度尺共有 ± 100 格,它位于物镜 4 的焦平面上,并处于主光轴的一侧,而反射回的刻度尺像位于另一侧(如图中左下角所示)。测量时,经光源照亮的标尺光束由直角棱镜 3 折转 90° 到达物镜 4 和反射镜 5,再返回到分划板 2,从目镜中可观察到刻度尺像(刻度尺被遮去)。若测杆 6 移动时,则反射镜 5 偏转,从而使返回的刻度尺像相对于指示线产生相应的移动,因而可以进行读数。

除上述立式光学计外,在生产中也常使用卧式光学计、投影光学计和超级光学计等。

2. 卧式测长仪

卧式测长仪可做比较测量,也可做刻度尺范围内的绝对测量。既可测外尺寸,也可测内尺寸。仪器的外形如图 2—18 所示。它由底座 6、万能工作台 2、测座 1、尾座 4 以及附件组成。测座 1 和尾座 4 可在底座 6 的导轨上移动和锁紧。工作台 2 的升降和前后移动,可分别借助手轮 9 和 8,工作台绕垂直轴和水平轴转动,可分别用杠杆 3 和 7 来调整。

仪器的工作原理如图 2—19 所示。测量前先将测轴 2 与尾座中的测砧 4 接触,从读数显微镜 3 中读数。装上工件,使工件与测砧 4 接触。然后移动测轴 2 与工件接触,并再次从读数显微镜 3 读数。两次读数之差即为工件尺寸。

测轴 2 和读数显微镜 3 均装在测座 1 上,如图 2—18 所示。测轴中装有精密刻度尺,且和测轴一起移动。我国生产的卧式测长仪,一般刻度尺长为 100mm,分度值为 1mm,读数显微镜采用平面螺旋线原理,如图 2—20 所示。径向线 r(OM)与螺旋线转角 φ 成正比,当 φ 角由零转动 360° 时,r 增加一个径向位移 s。若在螺旋线内中心为 O 的圆周上,均匀地刻上 100 条等分

线,则当螺旋线转过圆周上的 n' 条刻线时,则得:

$$s' = \frac{s}{100} \times n' \tag{2—5}$$

图 2—21 是这种读数显微镜的示意图。光源发出的光照亮刻度尺 3,刻度尺 3 上的刻度间距为 1mm。固定分划板 2 上有 11 条刻线(10 个间距)。刻度尺 3 上的 1mm 间距通过物镜 4 成像以后正好等于固定分划板上的 10 个刻线间距。因此,固定分划板 2 上的每个刻线间距代表 0.1mm。图中,1 是刻有一双平面螺旋线的可动(转动)分划板,在与可动分划板同心的圆周上均匀地刻上 100 条刻线。可动分划板与固定分划板靠得很近,使两分划板刻线位于目镜 5 的焦距附近内。当从目镜 5 中观测时,可见到 3 组刻线,即刻度尺 3 上的毫米刻线、固定分划板 2 上的 0.1mm 刻线和平面螺旋线分划板 1 上的圆周刻线,如图 2—22 所示。由于平面螺旋线的径向间距 s 正好等于固定分划板 2 上的一个间距,因此一个 s 代表 0.1mm。

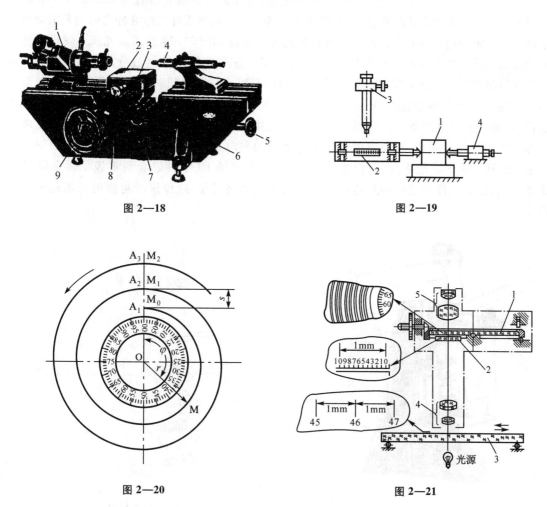

图 2—18

图 2—19

图 2—20

图 2—21

由式(2—5)可知,当分划板 1 转动 1 个圆周刻度时($n' = 1$),则平面螺旋线在半径方向移动距离为:

$$s' = \frac{0.1}{100} \times 1 = 0.001\,\text{mm}$$

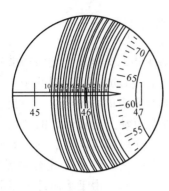

图 2—22

这种读数显微镜的读数方法如下：在目镜视场内先读毫米读数（如图2—22中的46），然后按毫米刻线（如46）的位置在固定分划板2上读出零点几毫米数（图2—22中读0.3），再转动平面螺旋线分划板1，使一双平面螺旋线夹住毫米刻线。再从圆周分划板读出尾数（图2—22中为62μm）。所以图2—22中的读数为46.362mm。

3. 干涉仪

干涉仪主要用于精密测量，如测量量块等。在生产中常用的是接触式干涉仪。其外形如图2—23所示。它主要由底座14、立柱13、悬臂10以及T型干涉光管2组成。该仪器主要用于比较测量，其用途与一般比较仪相似。工件1装在工作台11上，干涉光管2下端的测头22与被测工件接触。被测工件与标准件之间的差值即可从干涉光管2前端的目镜8中读出。这种仪器的光学系统如图2—24所示。光源1发出的光经过聚光镜2滤色片3射入分光镜4。光束从分光镜上分成两束：一束透过分光镜4、补偿镜5到达和仪器测杆连在一起的反射镜6，然后从反射镜返回，穿过补偿镜5、到分光镜4；另一束光在分光镜上反射至参考镜7，再由参考镜7反射回分光镜4。此两束光相遇后产生干涉。从目镜10即可看到干涉条纹。测量前先装上滤光片3（以该滤光片波长作为标准），然后调整参考镜7与光轴的倾角，从而可以调整干涉条纹的方向与宽度，并可定出此状态下的刻度尺9的分度值。取下滤光片，再用白光照明。此时，在目镜10中可以看到零级干涉条纹是一条黑线，以此黑线作为仪器指针进行读数。由上述光路可知，这种仪器是按迈克尔逊干涉原理设计的。

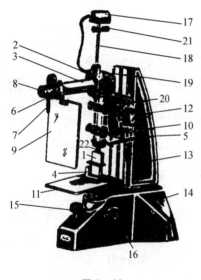

图 2—23

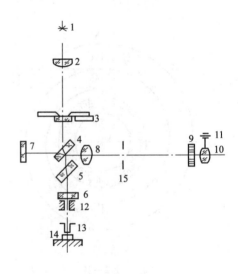

图 2—24

除上述接触干涉仪外，在计量部门和量块制造厂还常用柯氏干涉仪。该仪器可用标准的单色光波波长作基准，用小数重合法进行绝对测量，也可用白光做光源进行比较测量。

第六节　坐标测量机中的光栅与激光测量原理

坐标测量机是一个不断发展的概念。比如测长机、测长仪可称为单坐标测量机;工具显微镜可称为两坐标测量机。随着生产的发展,要求测量机能测出工件的空间尺寸,这就发展成三坐标测量机。有的坐标测量机带有许多附件,其测量范围更广,又称万能测量机或测量中心。

在老式的坐标测量机中,常用光学刻度尺作为检测元件。随着生产的发展,光学刻度尺的使用越来越少。目前,坐标测量机和数控机床中广泛使用光栅、磁栅、感应同步器和激光作为检测元件,其优点是能采用脉冲计数、数字显示和便于实现自动测量等。

一、光栅装置

光栅种类较多,这里主要介绍计量中应用的光栅(计量光栅)。这种光栅一般分为长光栅和圆光栅。长光栅就相当于一根刻度尺,只是线纹密度更大。常用的是1mm刻25条、50条、100条或者更多。圆光栅就相当于一个分度盘,只是线纹密度更大。常用的圆光栅是在一个圆周上刻上5 400条、10 800条或21 600条线纹。如果在不同的圆周上刻上线纹密度不同的光栅,这种圆光栅称为循环码码盘。

1. 莫尔条纹

将两块栅距相同的长光栅(同样也可用两块圆光栅)叠放在一起,使两光栅线纹间保持0.01～0.1mm的间距,并使两块光栅的线纹相交一个很小角度。即得如图2—25所示的莫尔条纹。从几何学的观点来看,莫尔条纹就是同类(明的或暗的)线纹交点的连线。由于光栅的衍射现象而实际得到的莫尔条纹如图2—26所示。

根据图2—25的几何关系可得光栅栅距(线纹间距)W、莫尔条纹宽度B和两光栅线纹交角θ之间的关系为:

$$\tan\theta = \frac{W}{B} \qquad\qquad (2-6)$$

当交角很小时:

$$B = W\frac{1}{\theta} \qquad\qquad (2-7)$$

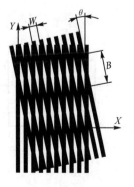

图 2—25

图 2—26

由于 θ 是弧度值,是一个较小的小数,因而 $1/\theta$ 是一个较大的数。这样我们测量莫尔条纹宽度就比测量光栅线纹宽度容易得多,由此可知莫尔条纹起着放大的作用。

图 2—25 中,当两光栅尺沿 X 方向产生相对移动时,莫尔条纹大约在和 X 相垂直的 Y 方向也产生移动。当光栅移动一个栅距时,莫尔条纹随之移动一个条纹间距。当光栅尺按相反方向移动时,莫尔条纹的移动方向也相反。

莫尔条纹除有放大作用外,还有平均作用。由图 2—25 可知,每条莫尔条纹都是由许多光栅线纹的交点组成。当线纹中有一条线纹有误差时(间距不等,或歪斜),这条有误差的线纹和另一光栅线纹的交点位置将产生变化。但是一条莫尔条纹是由许多光栅线纹的交点组成,因此一条线纹交点位置的变化,对一条莫尔条纹来讲影响就非常小,因而莫尔条纹具有平均效应。

2. 计数原理

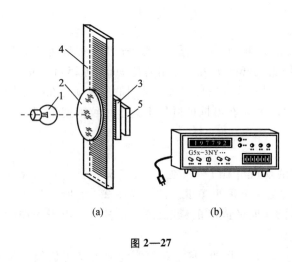

(a)　　　　(b)

图 2—27

光栅计数装置种类较多,读数头结构、细分方法以及倍频数等也各不相同。图 2—27(a)是一种简单的光栅头示意图,图 2—27(b)是其数字显示装置。光源 1 发出的光经透镜 2 成一束平行光。这束光穿过标尺光栅 4 和指示光栅 3 后形成莫尔条纹。在指示光栅后安放一个四分硅光电池 5(目前多采用相位指示光栅,即指示光栅是依秩刻了四组线纹来构成,每组线纹之间在位置上错开 1/4 线纹宽度,并将硅光电池更换成光电三极管来接收信号)。调整指示光栅相对于标尺光栅的夹角 θ,使条纹宽度 B 等于四分光电池的宽度。当莫尔条纹信号落到光电池上后,则由四分光电池引出四路光电信号,且相邻两信号的相位相差 90°。当指示光栅相对于标尺光栅移动时,可逆计数器就能进行计数,其计数电路方框图如图 2—28 所示。由硅光电池引出的四路信号分别送入两个差动放大器,然后差动放大器分别输出相位相差 90° 的两路信号,再经整形、倍频和微分后,经门电路到可逆计数器,最后由数字显示器显示出两光栅尺相对移动的距离。

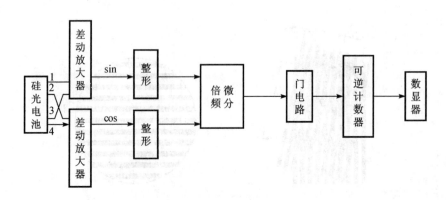

图 2—28

二、激光装置

激光在长度测量中的应用越来越广,不但可用干涉法测量线位移,还可用双频激光干涉法测量线位移和小角度,环形激光测量圆周分度,以及用激光束做基准测直线度误差等。这里介绍应用较广泛的 He－Ne 激光测量线位移的基本原理。

用激光测量线位移,其实质是采用迈克尔逊干涉原理。当干涉仪某一个臂的反射镜产生位移后,两光程差发生变化,出现干涉条纹移动,然后用光电元件接收干涉条纹移动信号,并经电路处理(包括有理化),最后用数字显示装置显示出位移量。它和普通干涉仪不同点在于为了减少导轨加工的难度,将平面反射镜改为立体直角棱镜,如图 2—29 所示。棱镜由四个面组成。abd,acd 和 bdc 三个反射面彼此相互垂直,d 为锥顶,abc 是入射面(也是出射面)。当光束 A 由 abc 面射入,经 acd,abd,bdc 三个面三次反射后经 abc 面射出。当锥体棱镜的准确度达到一定时,在棱镜有某些偏转的情况下,入射光束 A 和出射光束 B 仍将保持平行,因而可降低对导轨直线度的要求。

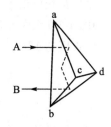

图 2—29

图 2—30 所示为 JDJ 1000 型激光测长机。该测长机主要由底座 1、干涉仪 2、测座 3、工作台 4 以及尾座 5 等几个部分组成。测量前先将测座 3 移至仪器左端,使测座的测杆与尾座 5 的支承杆相接触,并将仪器数显全部置零。移动测座向右,将被测工件放在工作台 4 上,使之与尾座 5 的支承杆接触。再将测座 3 向左移动,使测杆与工件接触,此时即可从数显装置中读出工件尺寸。仪器测座 3 的移动是由拖动机构完成。驱动马达带动变速箱 6 中的传动轴,并通过皮带传动带动钢带 7,钢带 7 通过电磁离合器 8 带动测座 3。激光器 11 装在仪器右端干涉仪的后方。固定立体直角棱镜 9 装在仪器左端尾座的后方。活动立体直角棱镜 10 装在测座 3 内。光路如图 2—31 所示。从氦氖激光器 5 射出的光束经反射镜 6 和 7 到达准直光管 8。从准直光管射出的平行光,经移相分光镜 10 分成两路:一路由移相分光镜反射,经反射镜 3、光楔 2 到固定立体直角棱镜 1,再由固定立体直角棱镜经原路返回到移相分光镜 10;另一路光束透过分光镜到活动立体直角棱镜,再由立体直角棱镜返回到移相分光镜 10。这两路光分别在移

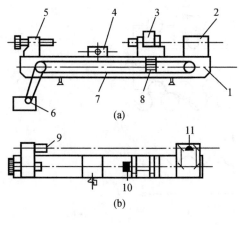

(a)

(b)

图 2—30

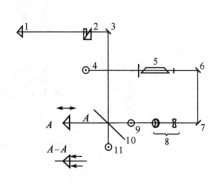

图 2—31

相分光镜 10 上透射和反射,从而在分光镜前、后形成两组干涉带。通过控制移相分光镜 10 的镀膜层厚度,可使两组干涉条纹相位相差 90°,并分别由硅光电三极管 9 和 11 接收,将光信号转变成电信号输入计数器电路。图中硅光电三极管 4 是激光器 5 的稳频吸收器。当激光器频率发生变化时,输出功率也发生变化。稳频接收器 4 将激光器的功率变化转变成电信号,并将此信号放大后用以控制激光器腔长变化,从而稳定激光的波长。光路中光楔 2 用于补偿因立体直角棱镜角度误差引起的反射光束的偏斜。

　　JDJ 1000 型激光测长机的测量范围为 0 ~ 1 000mm。目前我国已生产出双频激光测长机,其测量长度达 12m。

第七节　探针扫描显微镜简介

　　随着纳米技术的发展,纳米测量技术也越来越受到人们的关注。

　　自 1982 年,由 G. Binning 和 H. Rohrer 发明了隧道显微镜以后,测量纳米尺寸的测量仪器也不断的出现,例如,有原子力显微镜、光探针扫描外差干涉仪、法布里——伯罗干涉仪和 X 射线干涉仪等。

　　下面简单介绍一下隧道显微镜和原子力显微镜。

　　1. 隧道显微镜(STM)

　　其工作原理是:当一根金属的很尖的探针与一金属的被测试件表面靠近在 1 ~ 3nm 而不接触时,探针与被测试件原子的电子云就会交叠。若此时在探针与被测试件之间加上几十毫伏的偏压,则探针与被测试件之间就会产生隧道电流。而探针与被测试件之间距离的大小,对隧道电流的强度影响十分明显,成指数函数变化。因此,在探针扫描过程中,同步地测出隧道电流的强度,就能获得试件表面的形貌(表面几何形状)。当然,在探针扫描过程中,也可控制隧道电流的强度不变,而获得探针与被测试件之间的距离,同样可测出被测试件的形貌。如图 2—32 所示。图(a)是在 xy 平面扫描时(图中仅表示出 x 方向),在恒电流模式下测量形貌示意图。图(b)是在恒高度的情况下测量形貌示意图。

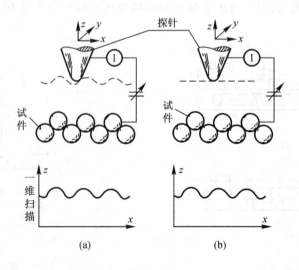

(a)　　　　　　　　　　　(b)

图 2—32

仪器的电路框图如图 2—33 所示。试件与探针之间的距离由步进电机通过机构做粗调整,由压电陶瓷做微调。

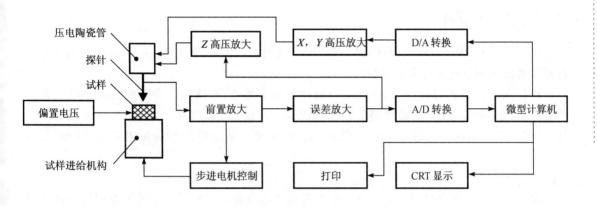

图 2—33

隧道显微镜的特点是分辨率很高,纵向可达 0.01nm,横向可达 0.1nm。

2. 原子力显微镜

为了测量非导电的被测试件(如粗糙度玻璃刻线样板)。1986 年,G. Bining 又研制成功了原子力显微镜,其原理是:当探针与被测试件之间在 3nm 以内时,在探针与被测试件之间便会产生排斥的原子力,这样就可通过力传感器获得相应的测量信号,再将此信号经电路处理后,也可获得被测试件表面形貌。

第八节　测量误差和数据处理

一、测量误差的基本概念

在进行测量的过程中,由于基准件(如相对测量中使用的量块,仪器中的刻线尺)有误差、测量方法不完善、测量仪器设计时有理论误差、仪器制造时的制造、安装和调整时有误差、测力引起的变形误差、操作时的对准误差以及环境条件(如温度等)引起的误差等,使得测量不准确,从而存在测量误差。

测量误差是指测量结果减去被测量的真值,即:

$$\delta = l - L \tag{2—8}$$

式中　δ——测量误差;

　　　L——被测量的真值;

　　　l——测量结果。

若要对大小不同的同类量进行测量,要比较其准确度,就需要采用测量误差的另一种表示方法——相对误差,即测量误差除以被测量的真值:

$$f = \frac{\delta}{L}$$

式中 f——相对误差。

由于真值不能确定,实际上 L 用的是约定真值。为了和相对误差相区别,有时又将 δ 称为测量的绝对误差。

二、误差的分类

由前述得知,为了提高测量准确度就必须减少测量误差。因而进一步了解误差的性质及其规律就成为测量技术的重要课题之一。

根据误差出现的规律,可以将误差分成两种基本类型:系统误差和随机误差。过去常将测量中出现的差错,比如读数读错了或记数记错了或仪器出现不正常等主、客观原因产生差错,造成测量结果的不正常称为粗大误差,显然,这种测量出现的差错在测量结果中应避免出现。

1. 随机误差

在重复测量中按不可预见方式变化的测量误差的分量。随机误差参考值是对同一被测量进行无限多次重复测量所得的平均值,随机误差等于误差减去系统误差。因为测量只能进行有限次数,故可能确定的只是随机误差的估计值。随机误差导致重复观测中的分散性。

随机误差主要是由一些随机因素,如环境变化、仪器中油膜变化以及对线、读数不一致等所引起。它在单次测量中,误差的出现是无规律可循的,即它的大小、正负是不可预知的。但若进行多次重复测量时,误差服从统计规律,因此常用概率论和统计原理对它进行处理。

2. 系统误差

在重复测量中保持不变或按可预见方式变化的测量误差的分量。系统误差等于测量误差减去随机误差。它可进行修正。由于系统误差及其原因不能完全获知,因此通过修正值对系统误差只能有限程度的补偿。当测量结果以代数和与修正值相加之后,其系统误差之模会比修正前的要小,但不可能为零。

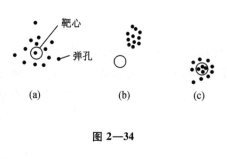

图 2—34

现以射击打靶为例,说明系统误差和随机误差的关系,如图 2—34 所示。图中小圆圈代表靶心,小黑点代表弹孔。由图(a)表明系统误差小而随机误差大,因为这时弹孔很分散,但其弹孔的平均值靠近靶心。图(b)表明系统误差大而随机误差小,因为这时弹孔比较集中,但其弹孔的平均值距靶心远。图(c)表明系统误差和随机误差均小,因为弹孔较集中,其平均值距靶心最近。所以,也可以说其准确度最高。

三、随机误差

1. 随机误差的分布及其特征

如进行以下实验:对一个工件的某一部位用同一方法进行 150 次重复测量,测得 150 个不同的读数(这一系列的测得值,常称为测量列),然后将测得的尺寸进行分组,从 7.131mm 到 7.141mm 每隔 0.001mm 为一组,共分十一组,其每组的尺寸范围如表 2—3 中第 1 列所示。每

组出现的次数 n_i 列于该表第 3 列。若零件总的测量次数用 N 表示,则可算出各组的相对出现次数 n_i/N,列于该表第 4 列。将这些数据画成图,横坐标表示测得值 x_i,纵坐标表示相对出现的次数 n_i/N,则得图 2—35(a)所示的图形,称频率直方图。连接每个小方图的上部中点,得一折线,称实际分布曲线。由作图步骤可知,此图形的高矮将受分组间隔 Δx 的影响。当间隔 Δx 大时,图形变高;而 Δx 小时,图形变矮。为了使图形不受 Δx 的影响,可用纵坐标 $\dfrac{n_i}{N\Delta x}$ 代替纵坐标 n_i/N,此时图形高矮不再受 Δx 取值的影响。$\dfrac{n_i}{N\Delta x}$ 即为概率论中所知的概率密度。如果将上述实验的测量次数 N 无限增大($N\to\infty$),而间隔 Δx 取得很小($\Delta x\to0$),且用误差 δ 来代替尺寸 x,则得图 2—35(b)所示光滑曲线,即随机误差的正态分布曲线。从这一分布曲线可以看出,此种随机误差有如下四个特点:

(1)绝对值相等的正误差和负误差出现的次数大致相等,即对称性;

(2)绝对值小的误差比绝对值大的误差出现的次数多,即单峰性;

(3)在一定条件下,误差的绝对值不会超过一定的限度,即有界性;

(4)对同一量在同一条件下进行重复测量,其随机误差的算术平均值,随测量次数的增加而趋近于零,即抵偿性。

表 2—3

测量值范围	测量中值 x_i	出现次数 n_i	相对出现次数 n_i/N
7.1305～7.1315	$x_1=7.131$	$n_1=1$	0.007
7.1315～7.1325	$x_2=7.132$	$n_2=3$	0.020
7.1325～7.1335	$x_3=7.133$	$n_3=8$	0.054
7.1335～7.1345	$x_4=7.134$	$n_4=18$	0.120
7.1345～7.1355	$x_5=7.135$	$n_5=28$	0.187
7.1355～7.1365	$x_6=7.136$	$n_6=34$	0.227
7.1365～7.1375	$x_7=7.137$	$n_7=29$	0.193
7.1375～7.1385	$x_8=7.138$	$n_8=17$	0.113
7.1385～7.1395	$x_9=7.139$	$n_9=9$	0.060
7.1395～7.1405	$x_{10}=7.140$	$n_{10}=2$	0.013
7.1405～7.1415	$x_{11}=7.141$	$n_{11}=1$	0.007

根据概率论原理可知,正态分布曲线可用下列数学公式表示,即:

$$y=\frac{1}{\sigma\sqrt{2\pi}}e^{-\frac{\delta^2}{2\sigma^2}}\qquad(2—9)$$

式中　y——概率分布密度;

　　　σ——标准差(后面介绍);

e——自然对数的底,等于 2.718 28;

δ——随机误差。

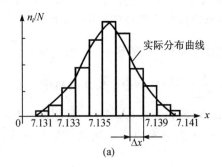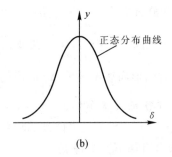

图 2—35

2. 评定随机误差的尺度——标准差

由式(2—9)可知,该式与随机误差 δ 和标准差 σ 有关。随机误差即指在没有系统误差的条件下,测得值与真值之差,即:

$$\delta = l - L$$

由式(2—9)可知,当 $\delta = 0$ 时,正态分布的概率密度最大,即 $y_{max} = \dfrac{1}{\sigma \sqrt{2\pi}}$。若 $\sigma_1 < \sigma_2 < \sigma_3$,则

$y_{1max} > y_{2max} > y_{3max}$,另一方面,当 σ 减小时,e 的指数 $\left(-\dfrac{\delta^2}{2\sigma^2} \right)$ 的绝对值增大,曲线下降快,曲线越陡,说明随机误差分布越集中,测量方法的精密度越高;反之,σ 越大,说明随机误差分布越分散,测量方法的精密度越低。在图 2—36 所示的图中,表示三个不同标准差的正态分布曲线,即 $\sigma_1 < \sigma_2 < \sigma_3$。

由上述可知,不存在系统误差时,测量方法精密度的高低可用标准差 σ 的大小来表示:

$$\sigma = \sqrt{\frac{\delta_1^2 + \delta_2^2 + \cdots + \delta_n^2}{n}} = \sqrt{\frac{\sum\limits_{i=1}^{n} \delta_i^2}{n}} \qquad (2—10)$$

式中　σ——测量列中单次测量的标准差;

δ_i——测量列中相应各次测得值与真值之差。

式(2—10)说明在重复性条件下(测量条件不变)测量获得的测量列中,单次测量的标准差 σ,等于该系列测得值的随机误差平方和,除以被测量次数 n 所得商的平方根。

按照概率论原理,正态分布曲线所包含的面积等于其相应区间确定的概率,即:

$$p = \int_{-\infty}^{+\infty} y \mathrm{d}\delta = \int_{-\infty}^{+\infty} \frac{1}{\sigma \sqrt{2\pi}} e^{-\frac{\delta^2}{2\sigma^2}} \mathrm{d}\delta = 1$$

误差落在区间 $(-\infty, +\infty)$ 之中,则其概率 $p = 1$;如果我们研究误差落在区间 $(-\delta, +\delta)$ 之中的概率,则上式可改写为:

$$p = \int_{-\delta}^{+\delta} y \mathrm{d}\delta = \int_{-\delta}^{+\delta} \frac{1}{\sigma \sqrt{2\pi}} e^{-\frac{\delta^2}{2\sigma^2}} \mathrm{d}\delta$$

将上式进行变量置换,设 $t = \dfrac{\delta}{\sigma}$,则:

$$\mathrm{d}t = \frac{\mathrm{d}\delta}{\sigma}$$

即:

$$p = \frac{1}{\sqrt{2\pi}} \int_{-t}^{+t} \mathrm{e}^{-\frac{t^2}{2}} \mathrm{d}t \tag{2—11}$$

这样我们就可求出积分值 p。为了应用方便,其积分值一般列成表格的形式,称为概率函数积分值表,供大家查用。由于函数是对称的,因此表中列出的值是由 $0 \sim t$ 的积分值 $\phi(t)$,而整个面积的积分值 $p = 2\phi(t)$。当 t 值一定时,$\phi(t)$ 值可由概率函数积分表中查出。

现已查出 t(置信系数)分别等于 $1,2,3,4$ 的几个特殊的积分值,并分别求出单次测量的随机误差 δ 不超出 $\pm t\sigma$ 区间的置信概率 p,以及超出 $\pm t\sigma$ 区间的概率 $p' = 1 - p$,如表 2—4 所示。表中第 1 列为置信系数 t,第 2 列为 $t\sigma$,第 3 列为根据 t 值在概率函数积分值表中查出的积分值 $\phi(t)$,第 4 列为不超出 $\pm t\sigma$ 的概率值 $p = 2\phi(t)$,第 5 列为超出 $\pm t\sigma$ 的概率值 $p' = 1 - p$。从表中所列数据,可以得到下列结果:若我们进行 100 次重复条件下的测量,当置信系数 $t = 1$ 时,可能有 32 次测量值的随机误差超出 $\pm\sigma$ 的范围;当置信系数 $t = 2$ 时,可能有 4.5 次测量值的随机误差超出 $\pm 2\sigma$ 的范围;当置信系数 $t = 3$ 时,可能有 0.27 次测量值的随机误差超出 $\pm 3\sigma$ 的范围;当置信系数 $t = 4$ 时,可能有 0.064 次测量值的随机误差超出 $\pm 4\sigma$ 的范围。由于超出 $\pm 3\sigma$ 的范围的概率已经很小,故在实践中常认为 $\pm 3\sigma$ 的概率 $p \approx 1$,从而将 $\pm 3\sigma$ 称为极限误差 δ_{lim}。如图 2—37 所示。

表 2—4

t	$\delta = t\sigma$	$\phi(t)$	不超出 δ 的概率 p	超出 δ 的概率 $p' = 1 - p$
1	σ	0.341 3	0.682 6	0.317 4
2	2σ	0.477 2	0.954 4	0.045 6
3	3σ	0.498 65	0.997 3	0.002 7
4	4σ	0.499 968	0.999 36	0.000 64

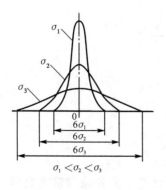

图 2—36

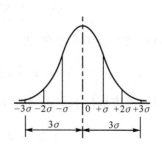

图 2—37

如果我们将上述分析就看成是一次测量实验的分析,并且获得了它的测量的标准差为 σ,那么,用上述测量方法进行测量时,其测量的不确定度 u 就可以确定。若用上述方法测量获得的测量值为 l,则其标准不确定度 $u = \sigma$,其扩展不确定度等于标准不确定度乘以一个包含因子 k_p(即上述的置信系数)来确定,即 $u_p = k_p \sigma$,当 k_p 取 2 时,则 $U_{95.44} = 2\sigma$;当取 $k_p = 3$ 时,则 $U_{99.73} = 3\sigma$。当测得值 l 的扩展不确定度不是按标准差 σ 的整倍数给出,而是按置信概率 p 为 90%、95% 或 99% 给出时,则扩展不确定度的包含因子 k_p 分别为 1.64,1.96 和 2.58。其相应的扩展不确定度为:$U_{90} = 1.64\sigma$,$U_{95} = 1.96\sigma$,$U_{99} = 2.58\sigma$。

3. 算术平均值

对某一量进行一系列重复条件下的测量时,由于随机误差的存在,其测量值均不相同,此时应以算术平均值作为最后的测量结果,即:

$$\overline{L} = \frac{1}{n}(l_1 + l_2 + \cdots + l_n) = \frac{1}{n}\sum_{i=1}^{n} l_i \tag{2—12}$$

式中　$\overline{L}$——算术平均值;

　　　l_i——第 i 个测量值;

　　　n——测量次数。

由正态分布的第四个基本性质可知,当测量次数 n 增大时,算术平均值愈趋近于真值。因此,用算术平均值作为最后测量结果比用其他任一测量值作为测量结果更可靠。

4. 由残余误差求标准差

由于随机误差 δ 难于得到(因真值 L 难于获得)故用公式(2—10)求标准差则较难,实践中常用残余误差来求标准差。

由式(2—8)可知:

$$\delta_i = l_i - L$$

当等式右端加一个 $\overline{L}$,并减去一个 $\overline{L}$ 时,得:

$$\delta_i = (l_i - \overline{L}) + (\overline{L} - L) = v_i + \Delta L \tag{2—13}$$

式中　v_i——残余误差;

　　　ΔL——算术平均值与真值之差;

　　　其他代号同前。

对式(2—13)的系列值求和,得:

$$\Delta L = \frac{1}{n}\sum_{i=1}^{n}\delta_i \qquad (因 \sum_{i=1}^{n} v_i = 0) \tag{2—14}$$

对式(2—13)系列值求平方和,得:

$$\sum_{i=1}^{n}\delta_i^2 = \sum_{i=1}^{n} v_i^2 + n\Delta L^2 \qquad (因 2\Delta L \times \sum_{i=1}^{n} v_i = 0)$$

将式(2—14)平方后代入上式,经整理后得:

$$\sigma = \sqrt{\frac{1}{(n-1)}\sum_{i=1}^{n} v_i^2} \tag{2—15}$$

即单次测量标准差 σ 等于系列测量结果的残余误差平方和除测量次数减 1 的商的平方根。此式又称贝塞尔公式。

在生产实践中,测量次数不可能无限多,因此用贝塞尔公式算出的标准差,称为实验标准

差,常用 s 表示,即:

$$s = \sqrt{\dfrac{\sum\limits_{i=1}^{n}(l_i - \overline{L})^2}{n-1}}$$

或

$$s = \sqrt{\dfrac{\sum\limits_{i=1}^{n} v_i^2}{n-1}} \qquad\qquad (2\text{—}16)$$

上述讨论的是随机误差服从正态分布的情况,有的情况其随机误差不服从正态分布,它可能是均匀分布、三角分布、反正弦分布等。但在误差合成中,相互独立分量较多时,合成误差也近似正态分布。

四、系统误差

系统误差的数值往往比较大,因而在测量结果中如何发现它和消除它是提高测量准确度的一个重要问题。发现系统误差的方法有多种,直观的方法是"残余误差观察法",即根据系列测得值的残余误差,列表或作图进行观察,若残余误差大体正负相间,无显著变化规律,如表2—5中所列数据,则可认为不存在系统误差;若残余误差数值有规律地递增或递减,则存在线性系统误差;若残余误差有规律地逐渐由负变正或由正变负,则存在周期性系统误差。当然这种方法不能发现定值系统误差。

表 2—5

序号	l_i	$v_i = l_i - \overline{L}$	v_i^2
1	30.049	+ 0.001	0.000 001
2	30.047	− 0.001	0.000 001
3	30.048	0	0
4	30.046	− 0.002	0.000 004
5	30.050	+ 0.002	0.000 004
6	30.051	+ 0.003	0.000 005
7	30.043	− 0.005	0.000 025
8	30.052	+ 0.004	0.000 016
9	30.045	− 0.003	0.000 009
10	30.049	+ 0.001	0.000 001
	$\sum l_i = 300.48$	$\sum v_i = 0$	$\sum v_i^2 = 0.000\ 07$
	$\overline{L} = \sum l_i/n = 30.048$		

若发现系统误差的存在,且知道其大小和正负号,则可采用修正的方法加以消除或减小。若知道系统误差存在,但不知道其大小和正负,则无法进行修正,这时可采用抵偿的方法或误差分离的方法来消除或减小它。

1. 误差修正法

如果知道测量结果(即未修正的结果)中包含有系统误差,且误差的大小、正负均已知道,则可将测量结果减去已知系统误差值。从而获得不含(或少含)系统误差的测量结果(已修正结果)。当然,也可将已知系统误差取相反的符号,变成修正值,并用代数法将此修正值与未修正测量结果相加,而算出已修正的测量结果。

例如,用比较仪测量零件。测量开始时,比较仪的零位是用标准件(或量块)调整的,而测量零件的测量结果是由标准件尺寸加仪器的示值而得到。因此,标准件的误差就带入了测量结果。为了修正此系统误差,可用高等级的量块(作约定真值),对标准件进行检定,获得标准件的误差。并将此误差反号作为修正值,加到零件的测量结果中,从而得到修正了系统误差的测量结果。

2. 误差抵偿法

生产中,要得到系统误差的大小和正负号非常麻烦,有的情况下还无法得到,但通过分析发现,在有的测量结果中包含的系统误差和另一个测量结果中包含的系统误差其大小相等,而符号则相反。因此,可用此两测量结果相加取平均,可抵消其系统误差。

例如,在螺纹的单项测量中(第九章),被测螺纹的轴心线与仪器的纵向导轨不平行,此时测得的螺纹中径、螺距以及牙型半角等的测量结果中,都会含有系统误差,如果此时将螺纹单项测量的项目在另一边(如果原来测的是牙侧左边现在测牙侧右边)重测一次,将两次测量结果相加取平均,则可消除此系统误差(详见《互换性与技术测量实验指导书》,中国质检出版社,2011)。

3. 误差分离法

误差分离法常用在形状误差测量中,例如,直线度、平面度、圆度的测量,有时也用于齿轮周期误差的测量。因为这些项目的测量往往需要有高准确度的基准,如基准轴系(测圆度、齿轮周期误差等),基准平面,基准直线等。由于基准存在误差,所以测得的测量结果中也包含系统误差。对这类系统误差则可采用误差分离的方法,将其分离,使测量得到的测量结果中不包含系统误差。误差分离法就是采用反向测量或多步测量或多测头测量等的测量方法,使之获得较多的测量信息(结果),然后通过某一种计算方法将其分离,从而获得准确的测量结果。

五、函数误差

如在大型轴的加工中,用"弦长弓高法"间接测量轴的直径是一个二元函数的例子(如:第229页习题中,图2—2),根据几何学知:

$$D = \frac{l^2}{4h} + h$$

式中　　D——被测轴的直径;

　　　　l——直接测得的弦长;

　　　　h——直接测得的弓高。

间接测量就是根据测得的弦长 l 和弓高 h 按它们与轴直径 D 的函数关系算出被测轴的直径。从误差的角度来说，就是研究当弦长 l 和弓高 h 有误差时，如何估算函数 D 的误差。

二元函数的一般表达式为：

$$y = f(x_1, x_2)$$

设直接测量的尺寸 x_1, x_2 有测量误差 $\delta_{x_1}, \delta_{x_2}$（将它视为变量的增量）时，函数有测量误差 δ_y，则：

$$y + \delta_y = f(x_1 + \delta_{x_1}, x_2 + \delta_{x_2})$$

多元函数的增量可近似地用函数的全微分表示，则：

$$\delta_y = \frac{\partial f}{\partial x_1} \delta_{x_1} + \frac{\partial f}{\partial x_2} \delta_{x_2} \tag{2—17}$$

即两个自变量的函数测量误差，等于该函数对各自变量在给定点上的偏导数（误差传递系数）与其相应直接测得值误差的乘积之和。式（2—17）表示各自变量直接测量的系统误差与函数系统误差的关系。

由于随机误差的数量指标是标准偏差，因此它不能由式（2—17）算得。

由于自变量在给定点上的偏导数 $\frac{\partial f}{\partial x_1}, \frac{\partial f}{\partial x_2}$ 是确定值，若以 K_1, K_2 代之，则式（2—17）变为：

$$\delta_y = K_1 \delta_{x_1} + K_2 \delta_{x_2}$$

当进行系列测量时，得一组方程式：

$$\left. \begin{array}{l} \delta_{y_1} = K_1 \delta_{x_{11}} + K_2 \delta_{x_{21}} \\ \delta_{y_2} = K_1 \delta_{x_{12}} + K_2 \delta_{x_{22}} \\ \cdots\cdots\cdots\cdots\cdots\cdots\cdots\cdots \\ \delta_{y_n} = K_1 \delta_{x_{1n}} + K_2 \delta_{x_{2n}} \end{array} \right\} \tag{2—18}$$

将式（2—18）两边平方相加，并同除以 n，得：

$$\frac{1}{n} \sum_{i=1}^{n} \delta_{y_i}^2 = K_1^2 \frac{1}{n} \sum_{i=1}^{n} \delta_{x_{1i}}^2 + K_2^2 \frac{1}{n} \sum_{i=1}^{n} \delta_{x_{2i}}^2 + 2K_1 K_2 \frac{1}{n} \sum_{i=1}^{n} \delta_{x_{1i}} \delta_{x_{2i}}$$

由概率论知：$\frac{1}{n} \sum_{i=1}^{n} \delta_{x_1} \delta_{x_2}$ 叫相关矩（协方差），若随机变量是独立的，其相关矩等于零，故：

$$\frac{1}{n} \sum_{i=1}^{n} \delta_{y_i}^2 = K_1^2 \frac{1}{n} \sum_{i=1}^{n} \delta_{x_{1i}}^2 + K_2^2 \frac{1}{n} \sum_{i=1}^{n} \delta_{x_{2i}}^2$$

$$\sigma_y = \sqrt{K_1^2 \sigma_{x_1}^2 + K_2^2 \sigma_{x_2}^2}$$

$$\sigma_y = \sqrt{\left(\frac{\partial f}{\partial x_1}\right)^2 \sigma_{x_1}^2 + \left(\frac{\partial f}{\partial x_2}\right)^2 \sigma_{x_2}^2} \tag{2—19}$$

即两个独立变量的函数标准偏差，等于该函数对各变量在给定点上的偏导数（误差传递系数）与其相应测得值标准偏差乘积之平方和的平方根。式（2—19）表示各独立自变量与其函数之间随机误差的关系。

对函数的实验标准偏差一般可表示如下：

$$s_y = \sqrt{\left(\frac{\partial f}{\partial x_1}\right)^2 s_{x_1}^2 + \left(\frac{\partial f}{\partial x_2}\right)^2 s_{x_2}^2 + \cdots + \left(\frac{\partial f}{\partial x_n}\right)^2 s_{x_n}^2} \tag{2—20}$$

【例2—1】 用弦长弓高法测量工件的直径,已知测得值 $L = 100\text{mm}$,$h = 20\text{mm}$,其系统误差分别为:$\delta_L = 5\mu\text{m}$,$\delta_h = 4\mu\text{m}$,其实验标准差分别为:$s_L = 0.7\mu\text{m}$,$s_h = 0.3\mu\text{m}$,试算出其测量结果。

解: 计算直径的测量结果:

$$D = \frac{L^2}{4h} + h = \frac{100^2}{4 \times 20} + 20 = 145\text{mm}$$

计算函数的系统误差:

$$\frac{\partial f}{\partial L} = \frac{2L}{4h} = \frac{2 \times 100}{4 \times 20} = 2.5$$

$$\frac{\partial f}{\partial h} = -\frac{L^2}{4h^2} + 1 = \frac{-100^2}{4 \times 20^2} + 1 = -5.25$$

$$\delta_D = 2.5 \times 5 + (-5.25) \times 4 = -8.5\mu\text{m}$$

计算修正值:

$$修正值 = -(\delta_D) = 8.5\mu\text{m}$$

计算已修正值结果:

$$D = 145\text{mm} + 0.0085\text{mm} = 145.0085\text{mm}$$

计算函数的实验标准差:

$$s_D = \sqrt{\left(\frac{\partial f}{\partial L}\right)^2 s_L^2 + \left(\frac{\partial f}{\partial h}\right)^2 s_h^2} = \sqrt{(2.5)^2 \times 0.7^2 + (-5.25)^2 \times 0.3^2} = 2.35\mu\text{m}$$

测量结果的表示:

$$直径\ D = 145.0085\text{mm},标准不确定度为\ u = 2.35\mu\text{m}。$$

若求包含因子 $k_p = 3$ 时的扩展不确定度,则

$$U_{99.73} = 3S_y = 7.05\mu\text{m}$$

【例2—2】 求算术平均值的标准偏差。

解: 因

$$\bar{L} = \frac{1}{n}(l_1 + l_2 + \cdots + l_n) = \frac{1}{n}l_1 + \frac{1}{n}l_2 + \cdots + \frac{1}{n}l_n$$

可将它视为各测得值的函数值,由式(2—20)得:

$$s_{\bar{L}} = \sqrt{\left(\frac{1}{n}\right)^2 s_{l_1}^2 + \left(\frac{1}{n}\right)^2 s_{l_2}^2 + \cdots + \left(\frac{1}{n}\right)^2 s_{l_n}^2}$$

由于是重复性条件下的测量,则:

$$s_{l_1} = s_{l_2} = \cdots = s_{l_n} = s$$

所以

$$s_{\bar{L}} = \frac{s}{\sqrt{n}} \tag{2—21}$$

六、重复性条件下测量结果的处理

在重复性条件下,对某一量进行 n 次重复测量,获得测量列 $l_1, l_2, \cdots, l_n$。

在这些测得值中,可能同时包含有系统误差、随机误差,为了获得可靠的测量结果,应将测量数据按上述误差分析原理进行处理,现将其处理步骤通过例2—3加以说明。

【例2—3】 对某一工件的同一部位进行多次重复测量,测得值 l_i 列于表2—5,试求其测

量结果。

解:(1)判断系统误差

根据发现系统误差的有关方法判断,设测量列中已无系统误差。

(2)求算术平均值

$$\overline{L} = \frac{\sum l_i}{n} = 30.048$$

(3)求残余误差 v_i

$$v_i = l_i - \overline{L}'$$

(4)求实验标准差

$$s = \sqrt{\frac{\sum v_i^2}{n-1}} = \sqrt{\frac{0.000\ 07}{9}} = 0.002\ 8$$

(5)求算术平均值的标准差

$$s_{\overline{L}} = \frac{s}{\sqrt{n}} = \frac{0.002\ 8}{\sqrt{10}} = 0.000\ 88\,\text{mm}$$

(6)测量结果

该工件的测量结果为 30.048mm,实验标准偏差为 $s_{\overline{L}} = 0.000\ 88\,\text{mm}$。

第九节　计量器具的选择

一、计量器具的选择原则

机械制造中,计量器具的选择主要决定于计量器具的技术指标和经济指标。在综合考虑这些指标时,主要有以下两点要求。

(1)按被测工件的部位、外形及尺寸来选择计量器具,使所选择的计量器具的测量范围能满足工件的要求。

(2)按被测工件的公差来选择计量器具。考虑到计量器具的误差将会带入工件的测量结果中,因此选择的计量器具其允许的误差极限应当小。但计量器具的误差极限越小,其价格就越高,对使用时的环境条件和操作者的要求也越高。因此,在选择计量器具时,应将技术指标和经济指标统一进行考虑。

通常计量器具的选择可根据标准(如光滑工件尺寸的检验 GB/T 3177—2009)进行。对于没有标准的其他工件检用的计量器具,应使所选用的计量器具的误差极限约占被测工件公差的1/10～1/3,其中对公差等级低的工件采用1/10,对公差等级高的工作采用1/3 甚至1/2。由于工件公差等级越高,对计量器具的要求也越高,计量器具制造困难,所以使其误差极限占工件公差的比例增大是合理的。

表2—6列出了一些计量器具的允许误差极限。

表 2—6　计量器具的允许误差极限

计量器具名称	分度值/mm	所用量块		尺寸范围/mm							
		检定等别	精度级别	1～10	10～50	50～80	80～120	120～180	180～260	260～360	360～500
				测量极限误差/±μm							
立式卧式光学计测外尺寸	0.001	4	1	0.4	0.6	0.8	1.0	1.2	1.8	2.5	3.0
		5	2	0.7	1.0	1.3	1.6	1.8	2.5	3.5	4.5
立式卧式测长仪测外尺寸	0.001	绝对测量		1.1	1.5	1.9	2.0	2.3	2.3	3.0	3.5
卧式测长仪测内尺寸	0.001	绝对测量		2.5	3.0	3.3	3.5	3.8	4.2	4.8	—
测长机	0.001	绝对测量		1.0	1.3	1.6	2.0	2.5	4.0	5.0	6.0
万能工具显微镜	0.001	绝对测量		1.5	2	2.5	2.5	3	3.5	—	—
大型工具显微镜	0.01	绝对测量		5	5						
接触式干涉仪				Δ≤0.1μm							

二、光滑工件尺寸的检验

国标 GB/T 3177—2009 产品几何技术规范（GPS）光滑工件尺寸的检验，适用于车间用的计量器具（如游标卡尺、千分尺和比较仪等）。它主要包括两个内容：如何根据工件的基本尺寸和公差等级确定工件的验收极限；如何根据工件公差等级选择计量器具。

标准中规定了内缩方式和不内缩方式两种验收极限。

（1）内缩方式，如图 2—38 所示。该方式规定验收极限分别从工件的最大实体尺寸和最小实体尺寸向公差带内缩一个安全裕度 A。这种验收方式用于单一要素包容要求（如第三章所述）和公差等级较高的场合。

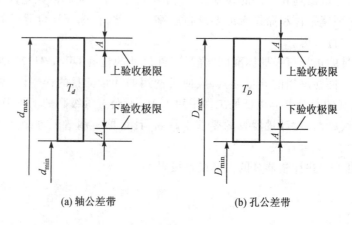

(a) 轴公差带　　　(b) 孔公差带

图 2—38

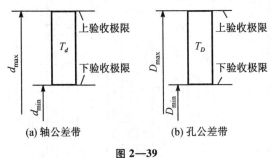

(a) 轴公差带　　(b) 孔公差带

图 2—39

（2）不内缩方式，如图 2—39 所示。该方式规定验收极限等于工件的最大实体尺寸和最小实体尺寸，即安全裕度 $A = 0$。这种验收方式常用于非配合和一般公差的尺寸。

另外，当工艺（即过程）能力指数 $C_p \geq 1$ 时（$C_p = T/6\sigma$），其验收极限可按不内缩方式确定，但当采用包容要求时，在最大实体尺寸一侧仍应按内缩方式确定验收极限（见图 2—40）。当工件实际尺寸服从偏态分布时，可以只对尺寸偏向的一侧采用内缩方式确定验收极限（见图 2—41）。安全裕度 A 的大小由工件公差值确定，如表 2—7 所列。安全裕度 A 是为了避免在测量工件时，由于测量误差的存在，而将尺寸已超出公差带的零件误判为合格（误收）而设置的。

标准规定计量器具的选择，应按测量不确定度的允许值 U 来进行，U 由计量器具的不确定度 u_1 和由测量时的温度、工件形状误差以及测力引起的误差 u_2 等所组成。$u_1 = 0.9U$，$u_2 = 0.45U$，测量不确定度的允许值 $U = \sqrt{u_1^2 + u_2^2}$。选择计量器具时，应保证所选择的计量器具的不确定度不大于允许值 u_1。为便于理解和做习题，表 2—8、表 2—9、表 2—10 列出了有关计量器具不确定度的允许值以供使用。

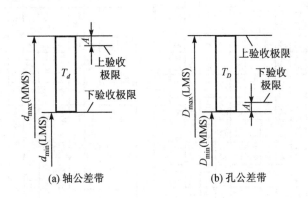

(a) 轴公差带　　　　　　　　(b) 孔公差带

图 2—40

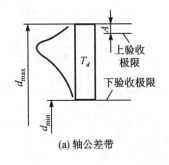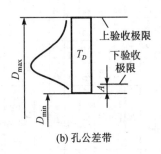

(a) 轴公差带　　　　　　　　(b) 孔公差带

图 2—41

表2—7 安全裕度（A）与计量器具的测量不确定度允许值（u₁）

μm

公称尺寸/mm 大于	至	6 T	6 A	6 u₁ I	6 u₁ II	6 u₁ III	7 T	7 A	7 u₁ I	7 u₁ II	7 u₁ III	8 T	8 A	8 u₁ I	8 u₁ II	8 u₁ III	9 T	9 A	9 u₁ I	9 u₁ II	9 u₁ III	10 T	10 A	10 u₁ I	10 u₁ II	10 u₁ III	11 T	11 A	11 u₁ I	11 u₁ II	11 u₁ III
—	3	6	0.6	0.54	0.9	1.4	10	1.0	0.9	1.5	2.3	14	1.4	1.3	2.1	3.2	25	2.5	2.3	3.8	5.6	40	4.0	3.6	6.0	9.0	60	6.0	5.4	9.0	14
3	6	8	0.8	0.72	1.2	1.8	12	1.2	1.1	1.8	2.7	18	1.8	1.6	2.7	4.1	30	3.0	2.7	4.5	6.8	48	4.8	4.3	7.2	11	75	7.5	6.8	11	17
6	10	9	0.9	0.81	1.4	2.0	15	1.5	1.4	2.3	3.4	22	2.2	2.0	3.3	5.0	36	3.6	3.3	5.4	8.1	58	5.8	5.2	8.7	13	90	9.0	8.1	14	20
10	18	11	1.1	1.0	1.7	2.5	18	1.8	1.7	2.7	4.1	27	2.7	2.4	4.1	6.1	43	4.3	3.9	6.5	9.7	70	7.0	6.3	11	16	110	11	10	17	25
18	30	13	1.3	1.2	2.0	2.9	21	2.1	1.9	3.2	4.7	33	3.3	3.0	5.0	7.4	52	5.2	4.7	7.8	12	84	8.4	7.6	13	19	130	13	12	20	29
30	50	16	1.6	1.4	2.4	3.6	25	2.5	2.3	3.8	5.6	39	3.9	3.5	5.9	8.8	62	6.2	5.6	9.3	14	100	10	9.0	15	23	160	16	14	24	36
50	80	19	1.9	1.7	2.9	4.3	30	3.0	2.7	4.5	6.8	46	4.6	4.1	6.9	10	74	7.4	6.7	11	17	120	12	11	18	27	190	19	17	29	43
80	120	22	2.2	2.0	3.3	5.0	35	3.5	3.2	5.3	7.9	54	5.4	4.9	8.1	12	87	8.7	7.8	13	20	140	14	13	21	32	220	22	20	33	50
120	180	25	2.5	2.3	3.8	5.6	40	4.0	3.6	6.0	9.0	63	6.3	5.7	9.5	14	100	10	9.0	15	23	160	16	15	24	36	250	25	23	38	56
180	250	29	2.9	2.6	4.4	6.5	46	4.6	4.1	6.9	10	72	7.2	6.5	11	16	115	12	10	17	26	185	18	17	28	42	290	29	26	44	65
250	315	32	3.2	2.9	4.8	7.2	52	5.2	4.7	7.8	12	81	8.1	7.3	12	18	130	13	12	19	29	210	21	19	32	47	320	32	29	48	72
315	400	36	3.6	3.2	5.4	8.1	57	5.7	5.1	8.4	13	89	8.9	8.0	13	20	140	14	13	21	32	230	23	21	35	52	360	36	32	54	81
400	500	40	4.0	3.6	6.0	9.0	63	6.3	5.7	9.5	14	97	9.7	8.7	15	22	155	16	14	23	35	250	25	23	38	56	400	40	36	60	90

基本尺寸/mm 大于	至	12 T	12 A	12 u₁ I	12 u₁ II	12 u₁ III	13 T	13 A	13 u₁ I	13 u₁ II	13 u₁ III	14 T	14 A	14 u₁ I	14 u₁ II	14 u₁ III	15 T	15 A	15 u₁ I	15 u₁ II	15 u₁ III	16 T	16 A	16 u₁ I	16 u₁ II	16 u₁ III	17 T	17 A	17 u₁ I	17 u₁ II	18 T	18 A	18 u₁ I	18 u₁ II
—	3	100	10	9.0	15	140	140	14	13	21	—	250	25	23	38	—	400	40	36	60	—	600	60	54	90	—	1000	100	90	150	1400	140	125	210
3	6	120	12	11	18	180	180	18	16	27	—	300	30	27	45	—	480	48	43	72	—	750	75	68	110	—	1200	120	110	180	1800	180	160	270
6	10	150	15	14	23	220	220	22	20	33	—	360	36	32	54	—	580	58	52	87	—	900	90	81	140	—	1500	150	140	230	2200	220	200	330
10	18	180	18	16	27	270	270	27	24	41	—	430	43	39	65	—	700	70	63	110	—	1100	110	100	170	—	1800	180	160	270	2700	270	240	400
18	30	210	21	19	32	330	330	33	30	50	—	520	52	47	78	—	840	84	76	130	—	1300	130	120	200	—	2100	210	190	320	3300	330	300	490
30	50	250	25	23	38	390	390	39	35	59	—	620	62	56	93	—	1000	100	90	150	—	1600	160	140	240	—	2500	250	230	380	3900	390	350	580
50	80	300	30	27	45	460	460	46	41	69	—	740	74	67	110	—	1200	120	110	180	—	1900	190	170	290	—	3000	300	270	450	4600	460	410	690
80	120	350	35	32	53	540	540	54	49	81	—	870	87	78	130	—	1400	140	130	210	—	2200	220	200	330	—	3500	350	320	530	5400	540	480	810
120	180	400	40	36	60	630	630	63	57	95	—	1000	100	90	150	—	1600	160	140	240	—	2500	250	230	380	—	4000	400	360	600	6300	630	570	940
180	250	460	46	41	69	720	720	72	65	110	—	1150	115	100	170	—	1850	185	170	280	—	2900	290	260	440	—	4600	460	410	690	7200	720	650	1080
250	315	520	52	47	78	810	810	81	73	120	—	1300	130	120	190	—	2100	210	190	320	—	3200	320	290	480	—	5200	520	470	780	8100	810	730	1210
315	400	570	57	51	86	890	890	89	80	130	—	1400	140	130	210	—	2300	230	210	350	—	3600	360	320	540	—	5700	570	510	860	8900	890	800	1330
400	500	630	63	57	95	970	970	97	87	150	—	1500	150	140	230	—	2500	250	230	380	—	4000	400	360	600	—	6300	630	570	950	9700	970	870	1450

注：u₁分为Ⅰ、Ⅱ、Ⅲ档，一般情况下优先选用Ⅰ档，其次选用Ⅱ档、Ⅲ档。

表 2—8　千分尺和游标卡尺的不确定度　　　　　　　　mm

尺寸范围	计量器具类型			
	分度值0.01 外径千分尺	分度值0.01 内径千分尺	分度值0.02 游标卡尺	分度值0.05 游标卡尺
	不　确　定　度			
0 ~ 50	0.004			0.050
50 ~ 100	0.005	0.008	0.020	0.050
100 ~ 150	0.006	0.008	0.020	0.050
150 ~ 200	0.007	0.008	0.020	0.100
200 ~ 250	0.008	0.013	0.020	0.100
250 ~ 300	0.009	0.013	0.020	0.100
300 ~ 350	0.010	0.020		0.100
350 ~ 400	0.011	0.020		0.100
400 ~ 450	0.012	0.020		0.100
450 ~ 500	0.013	0.025		0.100
500 ~ 600		0.030		0.100
600 ~ 700		0.030		0.100
700 ~ 800		0.030		0.150

表 2—9　比较仪的不确定度

尺寸范围		所使用的计量器具			
		分度值为0.0005（相当于放大倍数2000倍）的比较仪	分度值为0.001（相当于放大倍数1000倍）的比较仪	分度值为0.002（相当于放大倍数400倍）的比较仪	分度值为0.005（相当于放大倍数250倍）的比较仪
大于	至	不　确　定　度			
	25	0.0006	0.0010	0.0017	0.0030
25	40	0.0007	0.0010	0.0017	0.0030
40	65	0.0008	0.0011	0.0018	0.0030
65	90	0.0008	0.0011	0.0018	0.0030
90	115	0.0009	0.0012	0.0019	0.0030
115	165	0.0010	0.0013	0.0019	0.0030
165	215	0.0012	0.0014	0.0020	0.0035
215	265	0.0014	0.0016	0.0021	0.0035
265	315	0.0016	0.0017	0.0022	0.0035

注:测量时,使用的标准器由4块1级(或4等)量块组成。

表 2—10 指示表的不确定度   mm

尺寸范围		所使用的计量器具			
		分度值为 0.001 的千分表(0 级在全程范围内,1 级在 0.2mm 内)分度值为 0.002 的千分表(在 1 转范围内)	分度值为 0.001、0.002、0.005 的千分表(1 级在全程范围内)分度值为 0.01 的百分表(0 级在任意 1mm 内)	分度值为 0.01 的百分表(0 级在全程范围内,1 级在任意 1mm 内)	分度值为 0.01 的百分表(1 级在全程范围内)
大于	至	不确定度			
	25	0.005	0.010	0.018	0.030
25	40				
40	65				
65	90				
90	115				
115	165	0.006			
165	215				
215	265				
265	315				

注:测量时,使用的标准器由 4 块 1 级(或 4 等)量块组成。

下面用实例说明计量器具的选择和验收极限的确定。

【例 2—4】 工件的尺寸为 $\phi250h11$ Ⓔ,(即采用的是包容要求),试计算工件的验收极限和选择合适的计量器具。

解:(1)首先根据表 2—7 查得 $A = 29\mu m$,$u_1 = 26\mu m$。由于工件采用包容要求。故应按内缩方式确定验收极限,则:

上验收极限 $= d_{max} - A = 250 - 0.029 = 249.971mm$

下验收极限 $= d_{min} + A = 250 - 0.29 + 0.029 = 249.739mm$

(2)由表 2—8 找出分度值为 0.02mm 的游标卡尺可以满足要求。因其不确定度为 0.02mm,小于 $u_1 = 0.026mm$。

第三章　几何公差及检测

第一节　概　述

零件在加工过程中,由于机床—夹具—刀具系统存在几何误差,以及加工中出现受力变形、热变形、振动和磨损等的影响,使被加工零件的几何要素不可避免地产生误差。这些误差包括尺寸偏差、形状误差(包括宏观几何形状误差、波度和表面粗糙度)及位置误差(图3—1)。

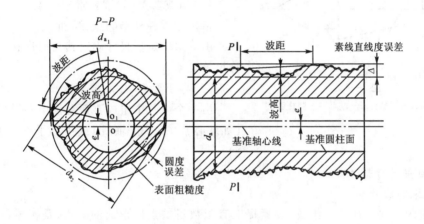

图 3—1　零件的几何误差

d_a,d_{a_1},d_{a_2}—提取局部尺寸;e—偏心

几何误差(即形状和位置误差,简称形位误差)对零件的使用性能有较大影响。例如,轴颈的圆度误差会降低轴的旋转精度;导轨的直线度误差影响运动部件的运动精度;齿轮副轴线平行度误差使齿轮工作齿面接触不均匀等。总之,零件的形位误差对机器或仪器的工作精度、联结强度、密封性、运动平稳性、噪音、耐磨性及寿命等性能均有较大影响。对精密、高速、重载、高温、高压下工作的机器或仪器的影响更为突出。因此,为满足零件装配后的功能要求,保证零件的互换性和经济性,必须对零件的形位误差予以限制,即对零件的几何要素规定必要的形状和位置公差(简称几何公差)。

一、现行几何公差主要标准

我国现行的几何公差主要标准如下:

(1)《产品几何技术规范(GPS)　几何公差形状、方向、位置和跳动公差标注》(GB/T 1182—2008);

(2)《形状和位置公差　未注公差值》(GB/T 1184—1996);

(3)《产品几何技术规范（GPS） 几何公差 最大实体要求、最小实体要求和可逆要求》（GB/T 16671—2009）；

(4)《产品几何技术规范（GPS） 公差原则》（GB/T 4249—2009）；

(5)《产品几何量技术规范（GPS） 几何公差 位置度公差注法》（GB/T 13319—2003）；

(6)《产品几何量技术规范（GPS） 形状和位置公差 检测规定》（GB/T 1958—2004）。

二、几何要素概念

为了介绍几何公差,首先对几个有关术语说明如下。

通常,机械零件是由构成其几何特征的若干点、线、面所构成的。这些点、线、面统称几何要素,简称要素,如图 3—2 所示。

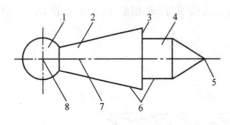

图 3—2

1—球面；2—圆锥面；3—端面；4—圆柱面；
5—锥顶；6—素线；7—轴线；8—球心

按不同的角度,要素可分为以下几种。

1. 组成要素与导出要素

（1）组成要素（轮廓要素）

指构成零件外形的点、线、面。

由一定的定形尺寸确定其几何形状的组成要素称尺寸要素。

（2）导出要素（中心要素）

由一个或几个组成要素对称中心得到的中心点（如球心）、中心线（轴线）或中心平面（对称中心平面）。

2. 提取要素与拟合要素

（1）提取组成要素

按规定的方法,由实际（组成）要素提取有限数目的点所形成的要素,是实际（组成）要素的近似替代。

（2）提取导出要素

由一个或几个提取组成要素得到的中心点（提取球心）、中心线（如提取轴线）或中心面（提取中心面）。

（3）拟合组成要素

按规定的方法,由提取组成要素形成的并具有理想形状的组成要素。

3. 单一要素与关联要素

按该要素与其他要素是否存在方位关系来划分。

（1）单一要素

指仅对其本身给出形状公差要求的要素。

（2）关联要素

指对其他要素有方位要求的要素,即规定位置公差的要素。

三、几何公差项目及其符号

几何公差是指被测提取（实际）要素对图样上给定的理论正确形状、方位的允许变动量。

几何公差项目及其符号列于表 3—1。

表 3—1　几何公差项目及其符号

公差类型	几何特征	符号	公差类型	几何特征	符号
形状公差	直线度	—	定位公差	同心度 （用于中心点）	◎
	平面度	▱		同轴度 （用于轴线）	◎
	圆　度	○			
	圆柱度	⌭		对称度	≡
	线轮廓度	⌒		位置度	⊕
	面轮廓度	⌓			
定向公差	平行度	∥		线轮廓度	⌒
	垂直度	⊥		面轮廓度	⌓
	倾斜度	∠	跳动公差	圆跳动	↗
	线轮廓度	⌒		全跳动	⫽↗
	面轮廓度	⌓			

第二节　几何公差在图样上的标注方法

在技术图样中,几何公差采用代号(公差框格)标注。

一、公差框格

1. 形状公差框格

形状公差框格分为两格,从左到右依次填写公差项目符号及公差值与相关符号。当公差带为圆形或圆柱形时,在公差值前加"φ",如为球形,则加"Sφ"。若公差值只允许为正(负)时,则在公差值后加"＋"("－")。

2. 方位和跳动公差框格

其公差框格按需要分为 3～5 格,从左至右依次填写公差项目符号,公差值及相关符号,第 3 格至第 5 格填写基准代号及相关符号,基准代号用大写英文字母表示。

二、被测要素的标注方法

被测要素用带箭头的指引线与公差框格相连。

1. 组成(轮廓)要素的标注方法

箭头指向该要素的轮廓线或其延长线上,但必须与尺寸线错开[图 3—3(a)]。对圆度公差,其指引线的箭头应垂直指向回转体的轴线。

2. 导出(中心)要素的标注方法

指引线的箭头应对准尺寸线[图 3—3(b)]。指引线箭头可兼作尺寸线的一箭头。

三、基准要素的标注法

基准要素的标注用基准符号表示。基准符号由带方框的大写字母用细实线与一黑或白三

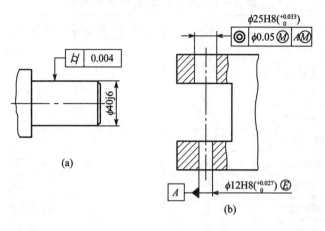

图 3—3

角形相连而组成,如图 3—4 所示。

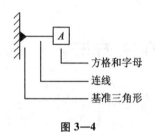

图 3—4

1. 组成(轮廓)要素的标注法

当基准为组成(轮廓)要素时,基准符号应放在轮廓线(面)[图 3—5(a)]。也可放在其延长线上,但必须与尺寸线错开。

2. 导出(中心)要素的标注法

当基准为导出(中心)要素时,基准符号应对准尺寸线[图 3—5(b)],基准符号也可代替尺寸线一箭头。

3. 基准为两要素组成的公共基准时的标注法

当基准为两要素组成的公共基准时,用由横线隔开的两大写

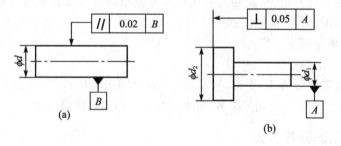

图 3—5

字母表示,且标在公差框格第 3 格[图 3—6(a)]。

4. 基准为三基面体系时的标注法

基准为三基面体系时,用大写字母按优先次序标在框格第 3 格至第 5 格内[图 3—6(b)]。

四、简化标注法

1. 在同一要素上有多项公差要求

可将多个公差项目的框格叠放在一起,用同一指引线引向被测要素,如图 3—7(a)所示。

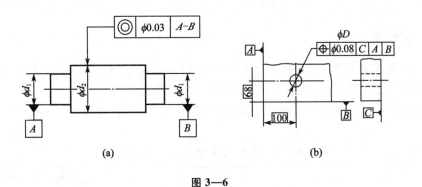

(a)　　　　　(b)

图 3—6

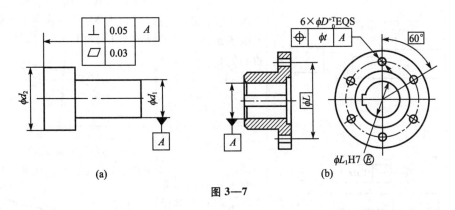

(a)　　　　　(b)

图 3—7

2. 在成组要素上有同一项公差要求

可只标注一个要素,并在公差框格上方标明要素的数量,如图 3—7(b)所示。

3. 在多个同类要素上有同一项公差要求

可只用一个公差框格,并在一条指引线上引出多个带箭头的指引线指向各要素上,如图 3—8 所示。

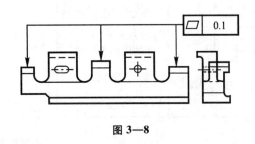

图 3—8

第三节　几何公差带

几何公差带是指用来限制被测提取(实际)要素变动的区域,零件提取(实际)要素在该区域内为合格。几何公差带包括形状、方向、位置和大小。公差带的形状、方向及位置取决于要素的几何特征及功能要求。公差带的大小用其宽度或直径表示,由给定的公差值决定。

一、形状公差

形状公差是指单一提取(实际)要素形状的允许变动量。因形状公差不涉及基准,故其公差带的方向和位置可随提取(实际)要素的方位在公差带内变动。

形状公差项目的公差带定义和标注示例见表3—2。

表3—2 形状公差带定义及标注示例

项目	标 注 示 例	公差带定义	公差标注解释及图示
(一) 直 线 度	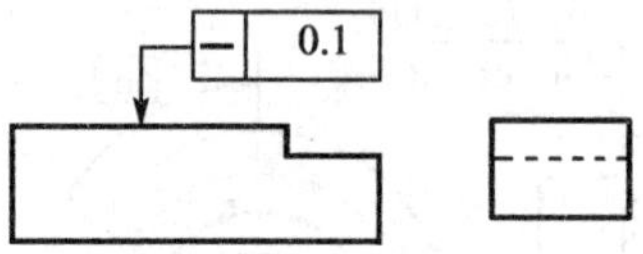	在给定平面内,公差带是距离为公差值 t 的两平行直线之间的区域	被测提取(实际)表面的素线必须位于平行于图样所示投影面且距离为公差值0.1的两平行直线之间 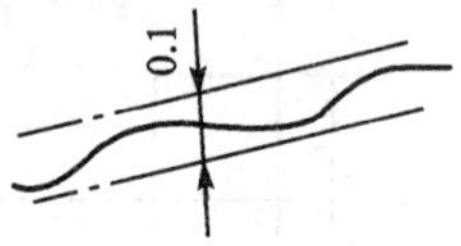
	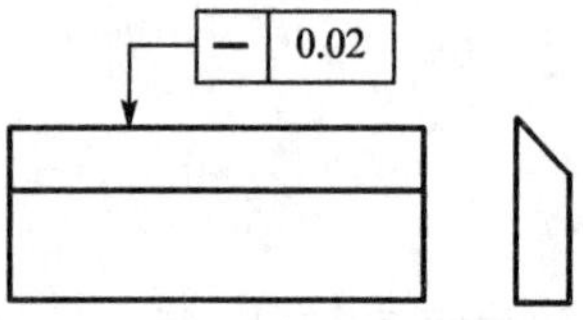	在给定方向上距离为公差值 t 的两平行平面之间的区域	在 y 方向上,被测提取(实际)棱线必须位于距离为0.02的两平行平面之间 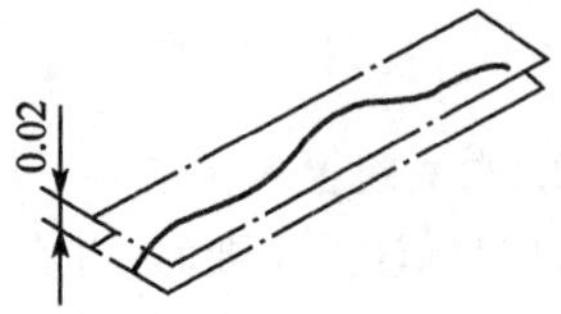
	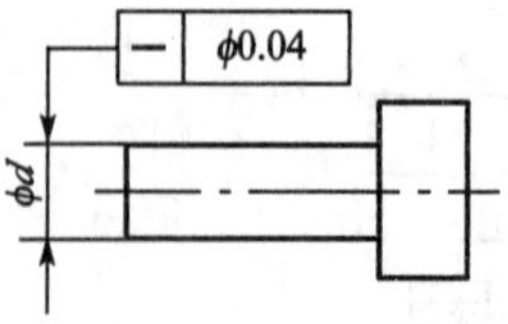	在公差值前加注 ϕ,则公差带是直径为 t 的圆柱内区域	被测外圆柱面的提取(实际)轴线必须位于直径为公差值 $\phi0.04$ 的圆柱面内 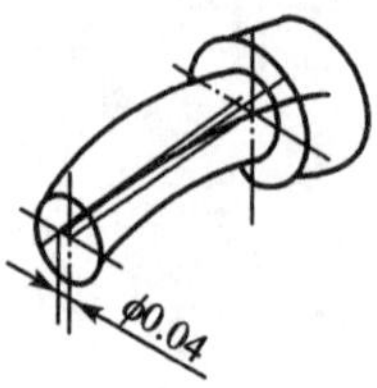
(二) 平 面 度	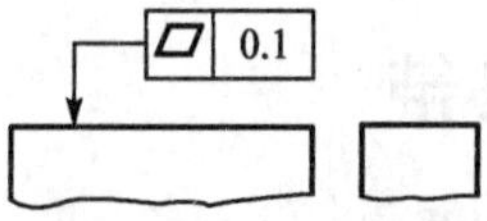	距离为公差值 t 的两平行平面之间的区域	被测提取(实际)表面必须位于距离为0.1的两平行平面之间 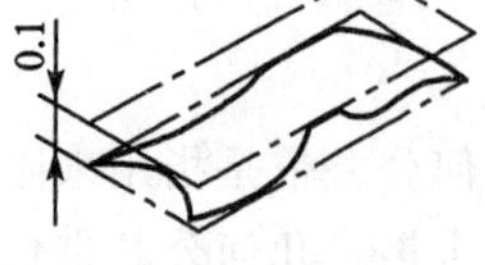

续表

项目	标　注　示　例	公差带定义	公差标注解释及图示
（三）圆度	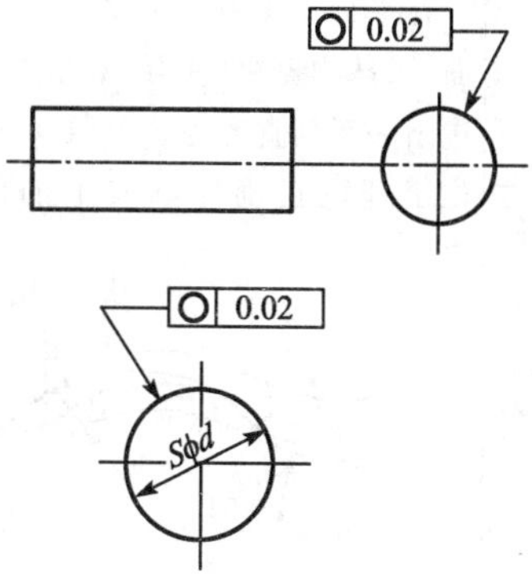	公差带是在同一正截面上的半径差为公差值 t 的两同心圆之间的区域； 被测表面若为球面，则为过该球心的任一横截面上	被测提取（实际）圆柱或圆锥面任一正截面的圆周必须位于半径差为 0.02 的两同心圆之间 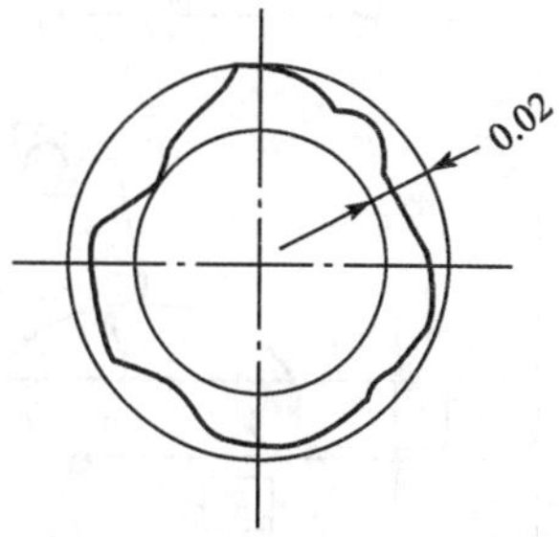
（四）圆柱度	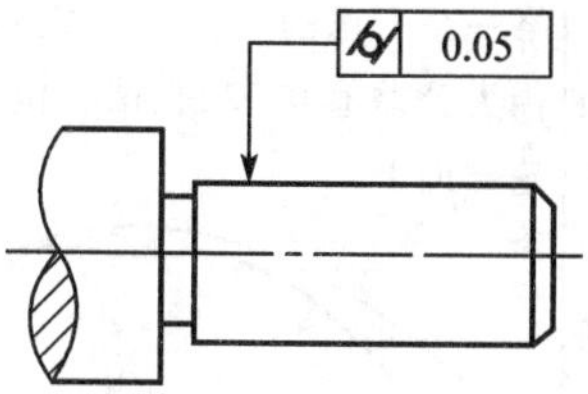	半径差为公差值 t 的两同轴圆柱面之间的区域	被测圆柱体的提取（实际）表面必须位于半径差为 0.05 的两同轴圆柱面之间 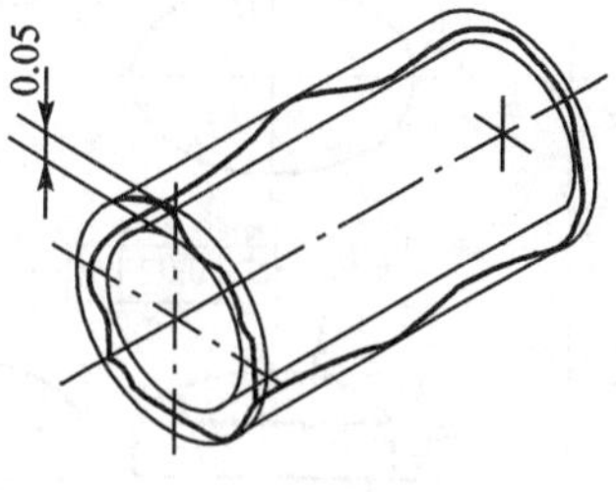

二、轮廓度公差

轮廓度可分为线轮廓度和面轮廓度两种。轮廓度公差有其特殊性，不能简单地把它们列入形状公差或方位公差，要随其功能要求，是否标注基准而定。

无基准要求的轮廓度公差属形状公差，其公差带的方位是可以浮动的，即其公差带随提取（实际）轮廓要素的方位可在尺寸公差带内浮动。

有基准要求的轮廓度公差属方向或位置公差，前者公差带方向是固定的，而公差带位置可在尺寸公差带内浮动；后者的公差带位置是固定不变的。

轮廓度公差带定义及标注示例见表3—3。

表 3—3 轮廓度公差带定义及标注示例

项 目	标 注 示 例	公差带定义	公差标注解释及图示
（一）线轮廓度	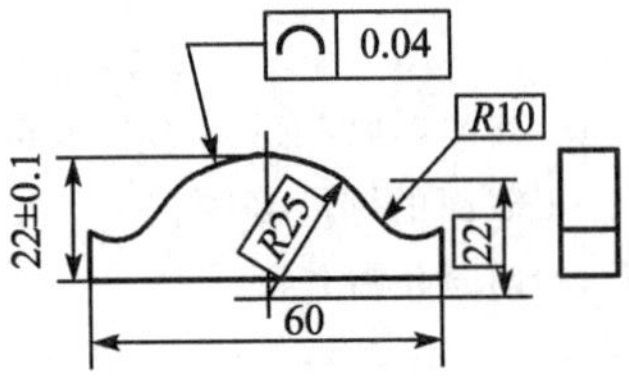 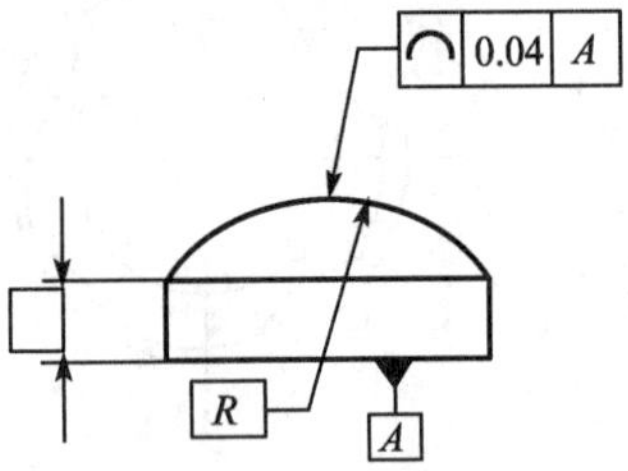	公差带是包络一系列直径为公差值 t 的圆的两包络线之间的区域,诸圆的圆心位于理论正确轮廓线上; 下图线轮廓度公差有基准要求	在平行于图样所示投影面的任一截面上,被测提取(实际)轮廓线必须位于包络一系列直径为公差值 0.04,且圆心位于理论正确轮廓线上的两包络线之间 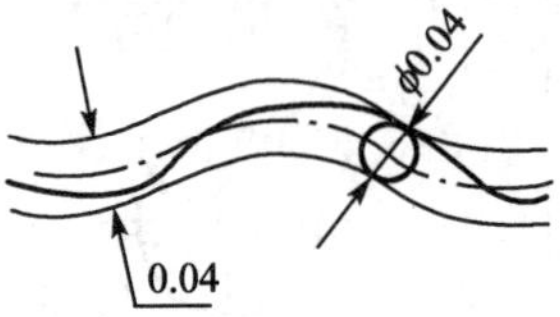
（二）面轮廓度	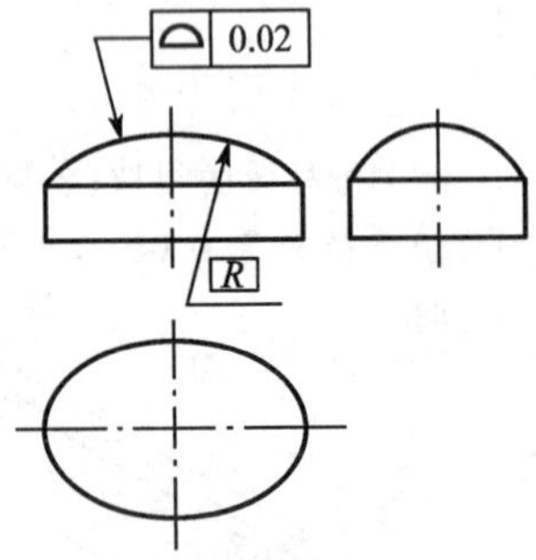 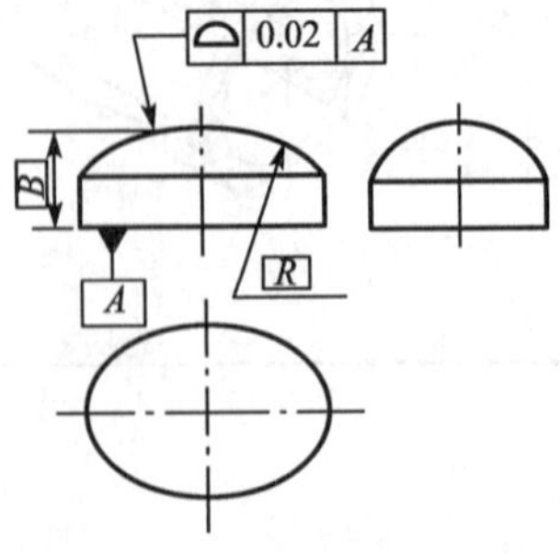	公差带是包络一系列直径为公差值 t 的球的两包络面之间的区域,诸球的球心应位于理论正确轮廓面上; 下图面轮廓度有基准要求	被测提取(实际)轮廓面必须们于包络一系列球的两包络面之间,诸球的直径为公差值 0.02,且球心位于理论正确轮廓面上 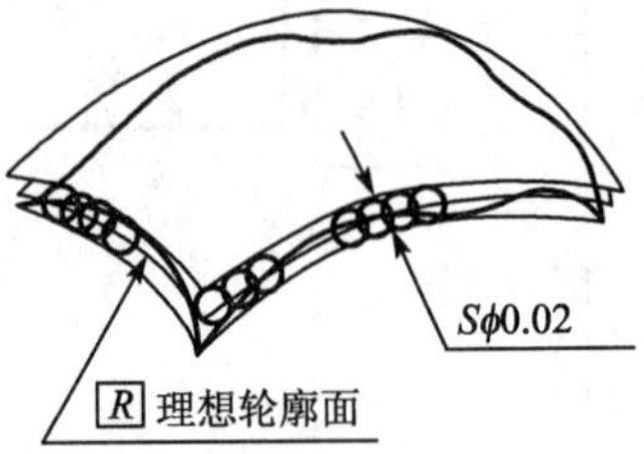

三、定向公差

在定向公差、定位公差和跳动公差中,其被测要素均是关联要素,它对基准有功能要求,因而在零件的图样上必须标出基准。

基准的作用是用来确定被测关联要素的方向或(和)位置的。

随关联要素的功能不同,基准分为单一基准、公共基准和三基面体系。

定向公差分为平行度、垂直度和倾斜度三种。

定向公差是指被测关联要素的实际方向对其理论正确方向的允许变动量,而理论正确方向则由基准确定。

定向公差的方向是固定的,由基准确定,而其位置则可在尺寸公差带内浮动。

在定向公差中,被测要素和基准要素均可为线或面,故可分为线对面、面对面、线对线和面对线四种形式。

典型的定向公差项目的公差带定义和标注示例见表3—4。

表3—4　定向公差带定义及标注示例　　　　　　　　　mm

项目		标 注 示 例	公差带定义	公差标注解释及图示
(一)平行度	线对线	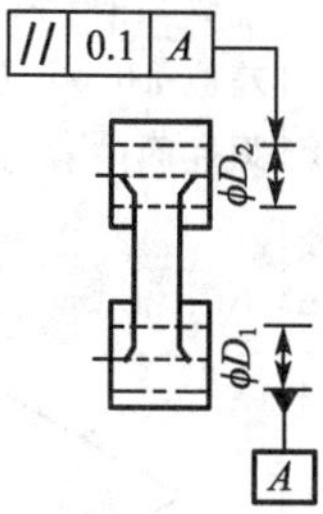	公差带是指距离为公差值 t 且平行于基准线、位于给定方向上的两平行平面之间的区域	在给定的方向上,孔 ϕD_2 的被测提取(实际)轴线必须位于距离为公差值0.1且平行于基准孔 ϕD_1 轴线 A 的两平行平面之间 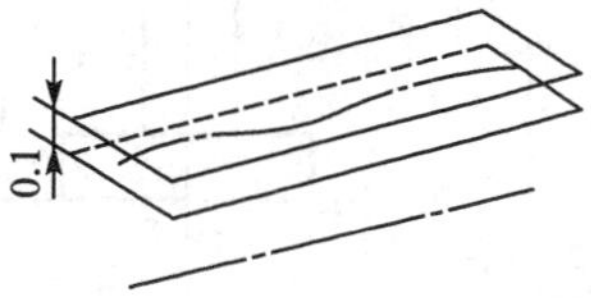
			公差带是两互相垂直的距离分别为 t_1、t_2 且平行于基准线的两平行平面之间的区域	在 x、y 两相互垂直的方向上,被测 ϕD_2 的提取(实际)轴线必须位于距离分别为0.2和0.1,且平行于基准孔 ϕD_1 轴线的两组平行平面之间 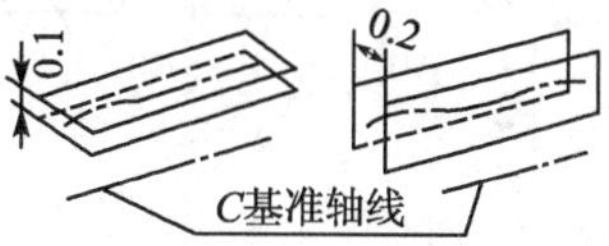
			在公差值前加注 ϕ,公差带是直径为公差值 t 且平行于基准线的圆柱面内的区域	被测提取(实际)轴线必须位于直径为公差值 $\phi 0.03$,且平行于基准孔 ϕD_1 轴线的圆柱面内 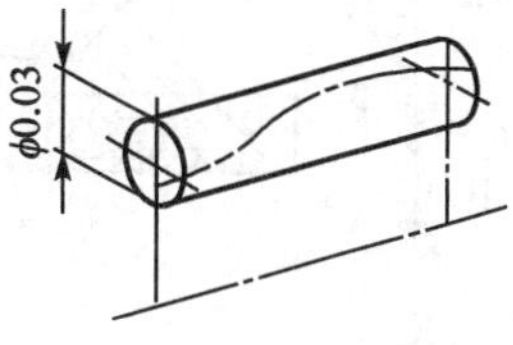

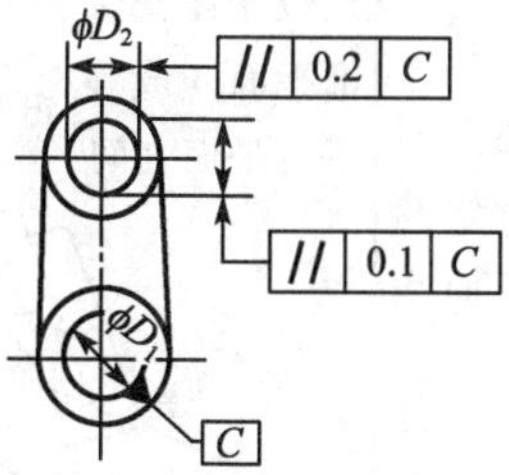

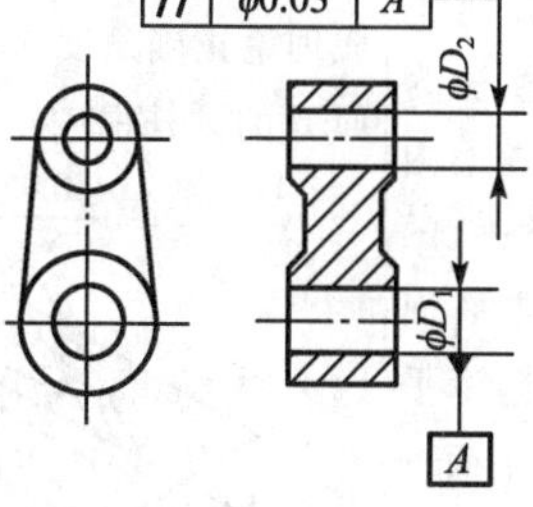

续表

项目		标 注 示 例	公差带定义	公差标注解释及图示
（二）垂直度	线对面	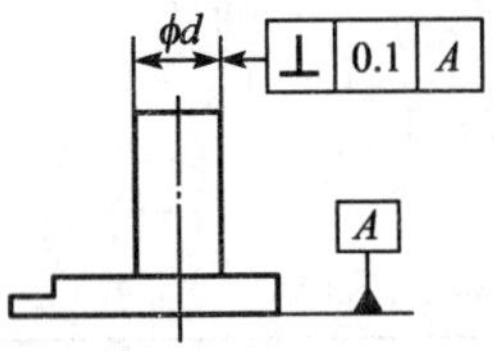	在给定的方向上，距离为公差值 t 且垂直于基准平面的两平行平面之间的区域	在给定的方向上被测轴线必须位于距离为公差值 0.1，且垂直于基准平面 A 的两平行平面之间 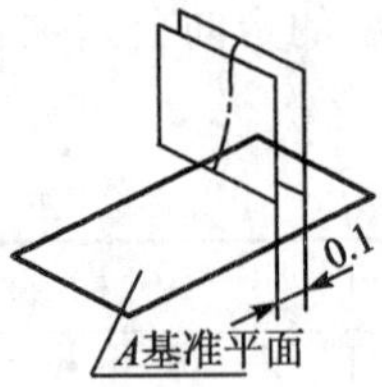
		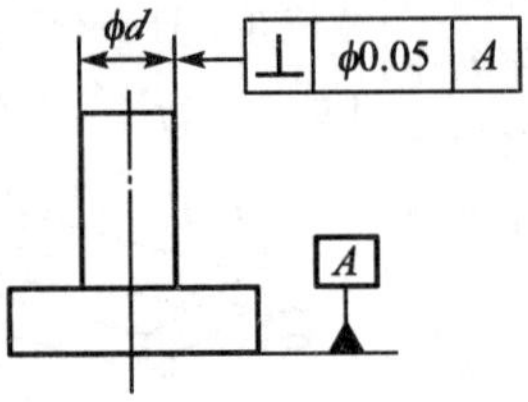	公差值前加注了 ϕ，则公差带是直径为公差值 t 且垂直于基准面的圆柱面内的区域	被则 ϕd 轴线必须位于直径为公差值 $\phi 0.05$，且垂直于基准面 A 的圆柱面内 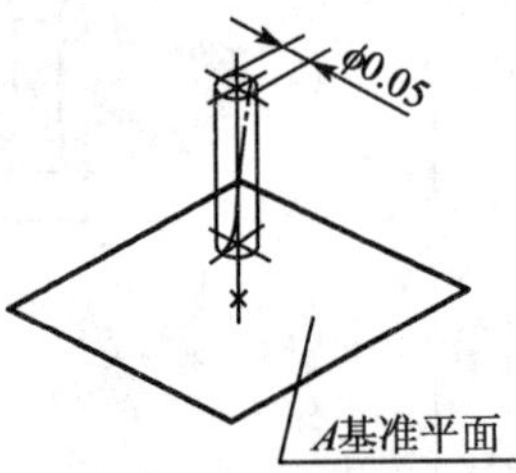
（三）倾斜度	线对面	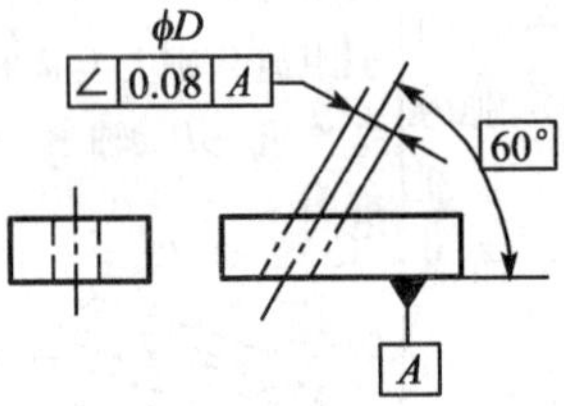	距离为公差值 t 且与基准成一给定角度的两平行平面之间的区域	被测孔 ϕD 的提取（实际）轴线必须位于距离为公差值 0.08，且与基准平面 A 成理论正确角度 60° 的两平行平面之间 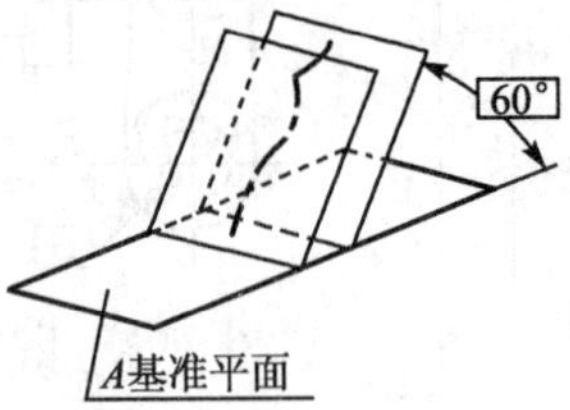
		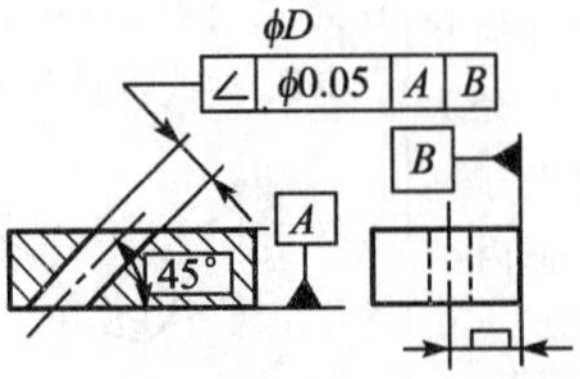	公差值前加注了 ϕ，公差带是直径为公差值 t 的圆柱面内的区域，该圆柱面的轴线应与基准平面成一给定角度并平行于另一基准平面	被测孔 ϕD 的轴线必须位于直径为公差值 $\phi 0.05$，且与基准平面 A 成理论正确角度 45°、平行于基准平面 B 的圆柱面内 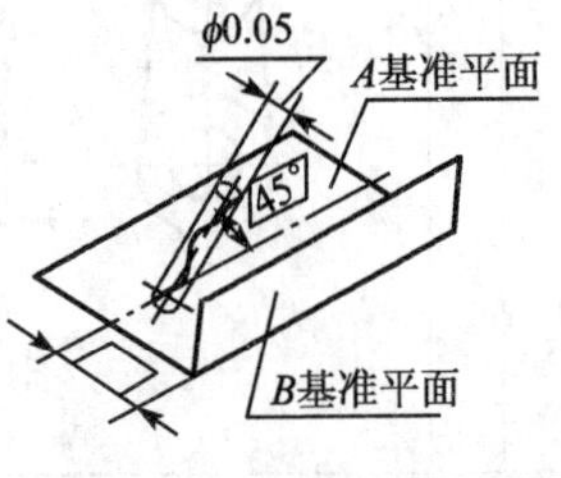

四、定位公差

定位公差是指关联提取(实际)要素对基准在位置上的允许变动全量。

定位公差带相对于基准的位置是固定的。定位公差带既控制被测提取(实际)要素的位置误差,又控制提取(实际)要素的方向和形状误差。定向公差带既控制被测提取(实际)要素的方向误差又控制其形状误差。而形状公差带则只能控制提取(实际)要素的形状误差。

定位公差分为同轴度、对称度和位置度三种。

同轴度公差用控制轴类零件的被测提取(实际)轴线对基准轴线的同轴度误差。

对称度公差用于控制被测提取(实际)要素的中心平面(或轴线)对基准中心平面(或轴线)的共面(或共线)性误差。

位置度公差用于控制被测要素(点、线、面)的实际位置对其理论正确位置的变动量。而理论正确位置则由基准和理论正确尺寸确定。

所谓"理论正确尺寸"是用来确定被测要素的理论正确位置、方向和形状的尺寸。它只表达设计时,对被测要素的理想要求,故它不附带公差,并用方框表示。该要素的形状、方向和位置误差则由给定的几何公差来控制。

根据零件的功能要求,位置度公差可分为给定一个方向、给定两个方向和任意方向三种,后者用得最多。

位置度公差通常用于控制具有孔组的零件各孔轴线位置误差。组内各孔的排列形式一般有圆周分布、链式分布和矩形分布。这种零件上的孔通常是作为安装别的零件(如螺栓)用的,为了保证装配互换性,各孔轴线的位置均有精度要求。其位置精度要求有两方面:组内各孔之间的相互位置精度;孔组相对于基准的位置精度。

当孔组内各孔轴线处于理论正确位置,其各轴线之间及其对基准之间构成一个几何图形,这就是几何图框。所谓"几何图框"就是确定一组拟合(理想)要素[如拟合(理想)轴线]之间正确几何关系的图形。

如图3—9(a)所示零件,其孔组的几何图框是由各孔轴线理论正确位置构成的,边长为理论正确尺寸 20 构成的四棱体。几何图框距基准B,C为理论正确尺寸 15 。各孔轴线的公差带是以拟合(理想)轴线为中心,直径为 $\phi0.2mm$ 的圆柱体。其几何图框及公差带见图3—9(b)。这种标注法的特点是:其几何图框在零件上的位置是固定不变的。

孔组的位置度公差还可用复合位置度标注。复合位置度是由两个位置度公差联合控制孔组各孔提取(实际)轴线的位置误差,如图3—10所示。上框格为孔组定位公差,表示孔组对基准的定位精度要求;下框格为组内各孔轴线的位置度公差,表示组内各孔轴线的位置精度要求。这种公差标注的含义为:

(1)4孔 $\phi0.2$ 的公差带,其几何图框相对于基准A,B,C确定的,其位置是固定的[图3—10(c)]

(2)4个 $\phi0.01$ 的公差带,其几何图框仅相对于基准A定向,可相对于基准B,C浮动[图3—10(b)]。

(3)4个 $\phi15$ 孔提取(实际)轴线必须分别位于 $\phi0.2$ 和 $\phi0.01$ 两公差带重迭部分方为合格。

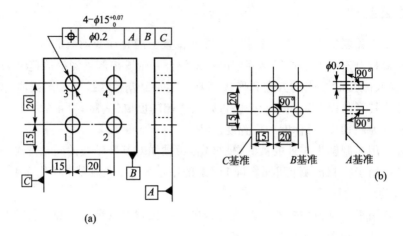

图 3—9

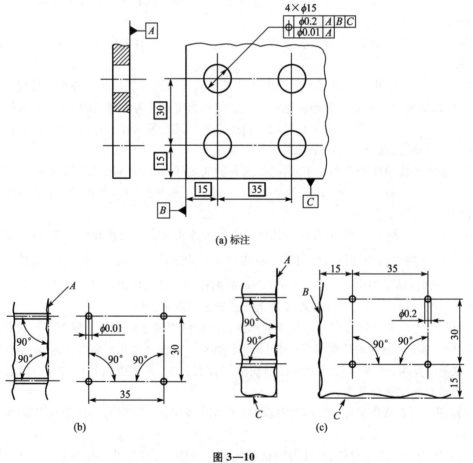

图 3—10

孔轴线位置度还可用延伸公差带标注,以保证能自由装配。

如图 3—11(a)所示,当光孔和螺孔提取(实际)轴线产生较大的倾斜(但仍在公差带内),

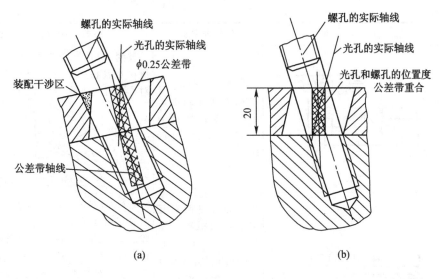

图 3—11

倾斜方向相反,此时,螺杆就产生"干涉",不能自由通过光孔而实现装配。

为了保证在这种情况下也能自由装配,可在不减小其公差值的前提下,对螺孔位置度采用"延伸公差带"。延伸公差带就是根据零件的功能要求及装配互换性,把位置度公差带延伸到被测要素的界限之外(通常是延伸到相配光孔之内),如图 3—11(b)所示。

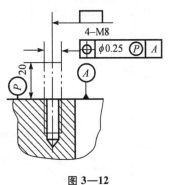

图 3—12

延伸公差带的标注方法如图 3—12 所示。延伸公差带的延伸部分用双点划线画出,并在图样中注出其相应尺寸。在延伸部分的尺寸数值前和公差框格的公差值后分别加注符号$\textcircled{P}$。

典型的定位公差项目的公差带定义及标注见表 3—5。

表 3—5　定位公差带定义及标注示例　　　　　　　mm

项目	标　注　示　例	公差带定义	公差标注解释及图示
(一) 同 轴 度	ϕd ⊚ ϕ 0.1 $A—B$ ϕd_1　ϕd_1 A　B	直径为公差值 ϕt 的圆柱面内的区域,该圆柱面的轴线与基准轴线同轴	被测 ϕd 的轴线必须位于直径为公差值 $\phi 0.1$,且轴线与 $A—B$ 公共基准轴线同轴的圆柱面内 $\phi 0.1$ $A—B$公共基准轴线

项目	标注示例	公差带定义	公差标注解释及图示
（二）对称度	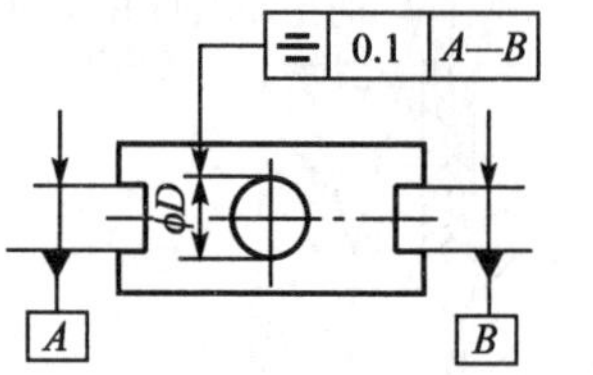	距离为公差值 t 且相对于基准的中心平面对称配置的两平行平面之间的区域	被测 ϕD 的轴线必须位于距离为公差值 0.1，且相对 $A—B$ 公共基准中心平面对称配置的两平行平面之间 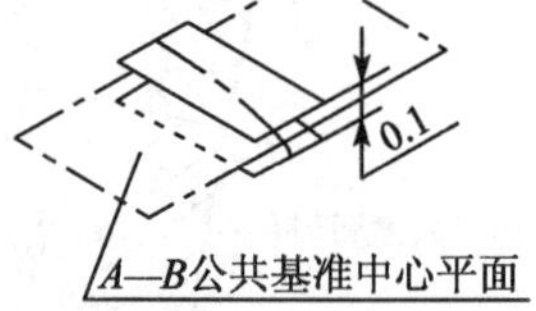 $A—B$公共基准中心平面
（三）位置度	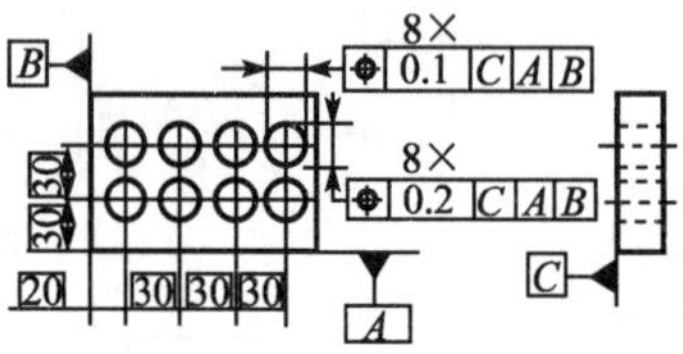 轴线给定方向 	公差带是两对互相垂直的距离分别为公差值 t_1 和 t_2，且以轴线的理论正确位置为中心对称配置的两平行平面之间的区域。轴线的理论正确位置是由三基面体系和理论正确尺寸确定	8 个 ϕD 被测孔的每根轴线必须位于两对互相垂直且距离分别为公差值 0.1 和 0.2、以理论正确位置对称配置的平行平面之间。该理论正确位置由 A, B, C 基准表面和理论正确尺寸确定 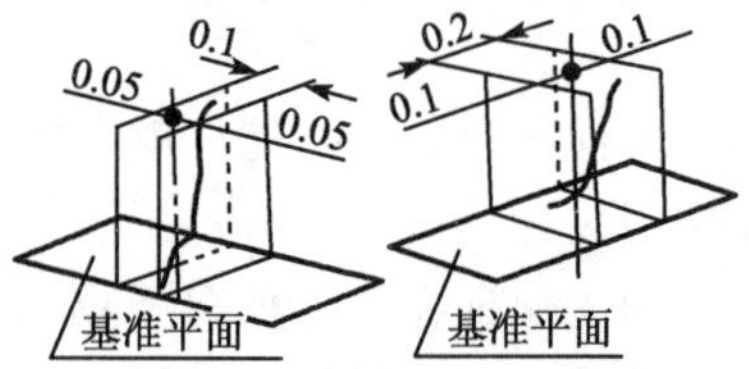 基准平面　　基准平面
（三）位置度	轴线任意方向 	在公差值前加注 ϕ，公差带是直径为公差值 ϕt 的圆柱面内区域，公差带的轴线的位置是由三基面体系和理论正确尺寸确定	ϕD 被测孔的轴线必须位于直径为公差值 $\phi 0.08$、以理论正确位置为轴线位置的圆柱面内。该理论正确位置由 A, B, C 基准表面和理论正确尺寸确定 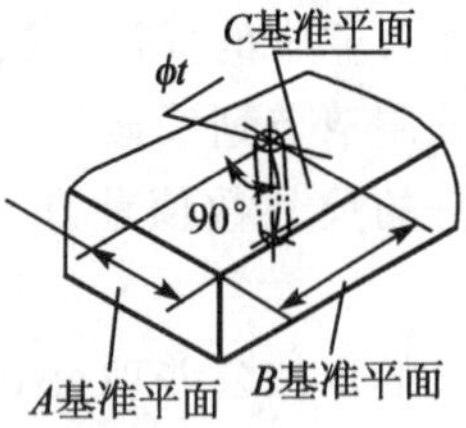 C基准平面 A基准平面　B基准平面
（三）位置度	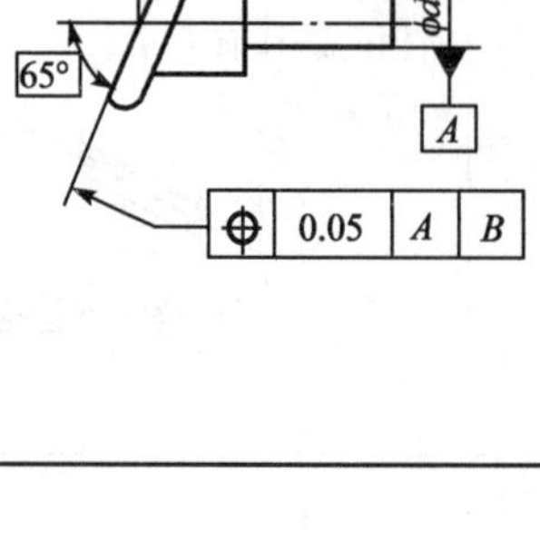 面的位置度 	距离为公差值 t 且以面的理论正确位置为中心面对称配置的两平行平面之间的区域。面的理论正确位置由二基面 A, B 和理论正确尺寸确定	被测表面必须位于距离为公差值 0.05，且以相对于基准 A, B 和理论正确尺寸 L 和理论正确角度 65° 所确定的理论正确位置为中心面对称配置的两平行平面之间 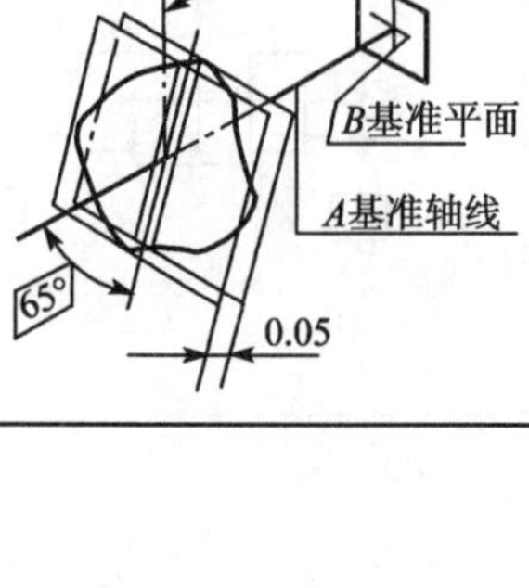 B基准平面 A基准轴线

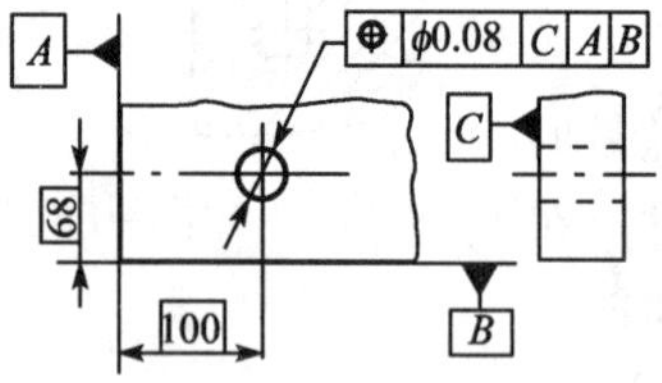

五、跳动公差

跳动公差是以特定的检测方式为依据而设定的公差项目。它的检测简单实用又具有一定的综合控制功能,能将某些几何误差综合反映在检测结果中,因而在生产中得到广泛的应用。

跳动公差分为圆跳动与全跳动两类。圆跳动又分类径向圆跳动、端面圆跳动与斜向圆跳动三项;全跳动分为径向全跳动和端面全跳动。

各项跳动公差的公差带、示例见表3—6。

表3—6　跳动公差带定义及标注示例

mm

项目		标注示例	公差带定义	公差标注解释及图示
(一)圆跳动	径向	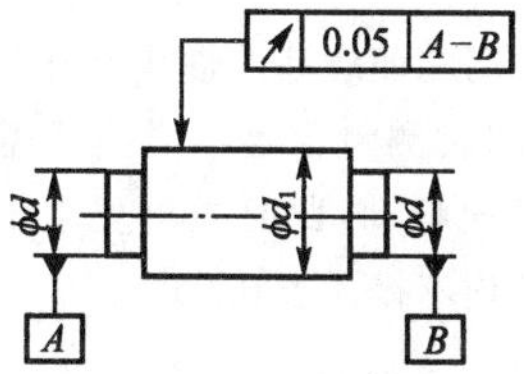	在垂直于基准轴线的任一测量平面内,半径差为公差值 t 且圆心在基准轴线上的两个同心圆之间的区域	被测轮廓围绕公共基准轴线 A—B 旋转一周时,任一测量平面内的径向圆跳动量均不得大于 0.05 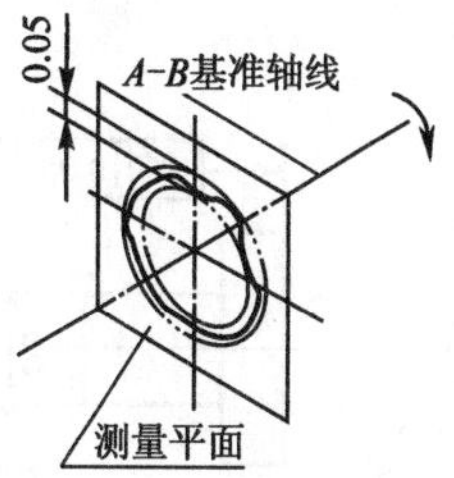
	端面	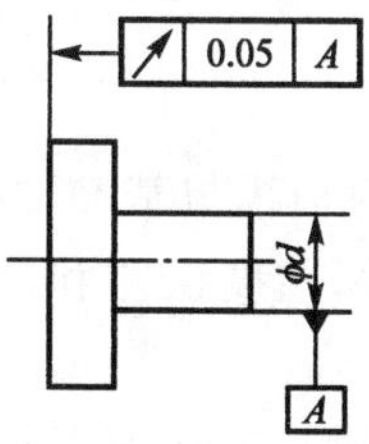	在与基准同轴的任一直径位置的测量圆柱面上距离为公差值 t 的两圆之间的区域	被测端面围绕基准轴线 A 旋转一周时,在任一测量圆柱面内轴向的跳动量不得大于 0.05 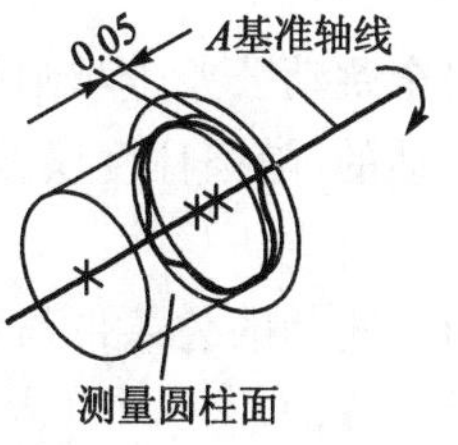
	斜向	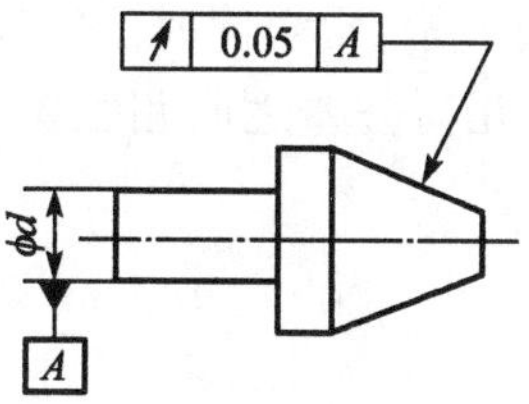	在与基准轴线同轴的任一测量圆锥面上距离为公差值 t 的两圆之间的区域(测量方向与被测面垂直)	被测锥面绕基准轴线旋转一周时,在任一测量圆锥面上的跳动量均不得大于 0.05 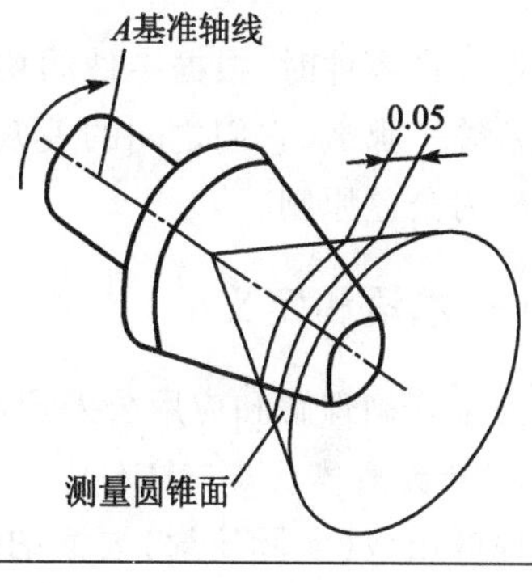

续表

项目		标 注 示 例	公差带定义	公差标注解释及图示
（二）全跳动	径向	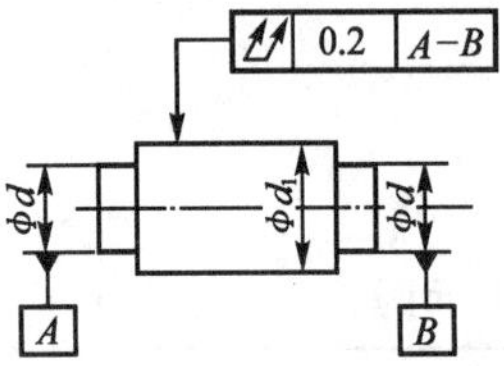	半径差为公差 t 且与公共基准轴线同轴的两圆柱面之间的区域	被测圆柱面绕公共基准轴线 $A—B$ 作连续旋转若干周,同时测量仪器沿基准轴线方向作轴向移动,此时被测要素上各点间的示值差均不得大于 0.2 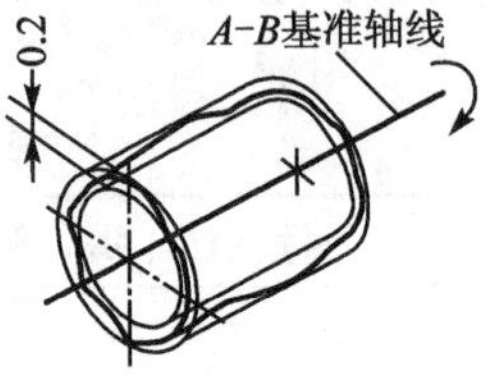
	端面	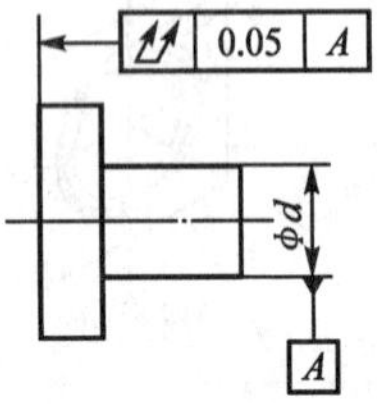	距离为公差值 t 且与基准轴线垂直的两平行平面之间的区域	被测端面绕基准轴线 A 作连续旋转若干周,同时测量仪器沿垂直于基线轴线方向作径向移动,此时被测要素上各点间的示值差均不得大于 0.05 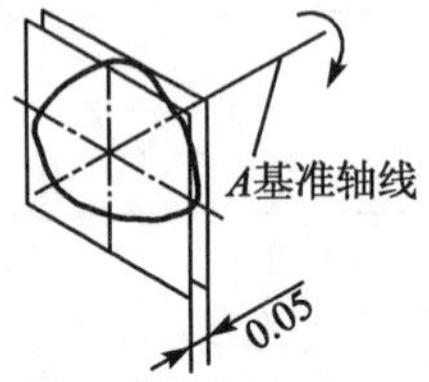

径向全跳动公差带与圆柱度公差带形状是相同的,但前者的轴线与基准轴线同轴,后者的轴线是浮动的,随圆柱度误差的形状而定。径向全跳动是被测圆柱度误差和同轴度误差的综合反映。

端面全跳动的公差带与端面对轴线的垂直度公差带是相同的,因而两者控制形位误差的效果也是一样的。

第四节　公　差　原　则

在设计零件时,根据零件的功能要求,对零件的重要几何要素,常需同时给定尺寸公差、几何公差等。那么,它们之间的关系如何呢? 确定尺寸公差与几何公差之间相互关系所遵循的原则称为公差原则。

一、术语和定义

为了正确理解和应用公差原则,对有关术语及其定义介绍如下。

1. 最大实体状态（MMC）

提取组成(实际轮廓)要素的局部尺寸处处位于极限尺寸且使其具有实体最大时的状态。

2. 最大实体尺寸(MMS)

要素为最大实体状态时的尺寸,即:外尺寸要素(轴)为上极限尺寸,内尺寸要素(孔)为下极限尺寸。

3. 最大实体边界(MMB)

与最大实体状态相对应的极限包容面。

4. 最小实体状态(LMC)

提取组成(实际轮廓)要素的局部尺寸处处位于极限尺寸且使其具有实体最小时的状态。

5. 最小实体尺寸(LMS)

要素为最小实体状态时的尺寸,即:外尺寸要素(轴)为下极限尺寸,内尺寸要素(孔)为上极限尺寸。

6. 最小实体边界(LMB)

与最小实体状态相对应的极限包容面。

7. 最大实体实效尺寸(MMVS)

最大实体实效尺寸是指尺寸组成(轮廓)要素的最大实体尺寸与其导出(中心)要素的几何公差共同作用产生的尺寸。

外尺寸要素(轴):

$$d_{MV} = d_M + t ⓂM \qquad (3—1)$$

内尺寸要素(孔):

$$D_{MV} = D_M - t ⓂM \qquad (3—2)$$

式中 d_{MV}, D_{MV}——轴、孔的 MMVS;

　　　　d_M, D_M——轴、孔的 MMS;

　　　　tⓂ——导出(中心)要素给定的几何公差。

8. 最大实体实效状态(MMVC)

拟合(理想)要素的尺寸为最大实体实效尺寸时的状态。

9. 最大实体实效边界(MMVB)

与最大实体实效状态对应的极限包容面。

当几何公差为方向公差或位置公差,该边界的方向或位置受基准约束。

10. 最小实体实效尺寸(LMVS)

尺寸组或(轮廓)要素的最小实体尺寸与其导出(中心)要素的几何公差共同作用产生的尺寸。

外尺寸要素(轴):

$$d_{LV} = d_L - t Ⓛ \qquad (3—3)$$

内尺寸要素(孔):

$$D_{LV} = D_L + t Ⓛ \qquad (3—4)$$

式中 d_{LV}, D_{LV}——轴、孔的 LMVS;

　　　　d_L, D_L——轴、孔的 LMS;

　　　　tⓁ——导出(中心)要素给定的几何公差。

11. 最小实体实效状态(LMVC)

拟合(理想)要素的尺寸为最小实体实效尺寸时的状态。

12. 最小实体实效边界(LMVB)

与最小实体实效状态相对应的极限包容面。

上述 4 种"边界"是指具有一定尺寸大小和正确几何形状的理论正确包容面,用于综合控制提取(实际)要素的尺寸偏差和几何误差。"边界"相当于一个与被测要素相偶合的理论正确几何要素[图 3—13(a)]。

对于关联要素,其边界除具有一定的尺寸大小和正确几何形状外,还必须与基准保持图样上给定的几何关系[图 3—13(b)]。

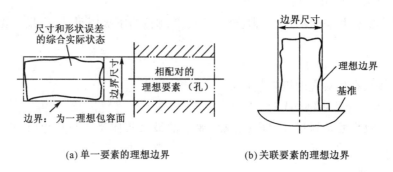

(a) 单一要素的理想边界   (b) 关联要素的理想边界

图 3—13

二、公差原则

1. 独立原则

独立原则是指图样上给定的尺寸和几何(形状、方向或位置)要求均是独立的,应分别满足要求。即:图样上给定的几何公差与尺寸公差是彼此独立相互无关的,并应分别满足要求。具体说,遵守独立原则时,尺寸公差仅控制提取(实际)要素的局部尺寸,而不控制要素的几何误差。另一方面,图样上给定的几何公差与提取(实际)要素的局部尺寸无关,不论注有公差的提取(实际)要素的局部尺寸如何,提取(实际)要素均应在给定的几何公差带内,并且其几何误差允许达到最大值。

图 3—14(a)所示零件为遵循独立原则的示例。

要求该零件的提取(实际)圆柱面的局部尺寸必须在上极限尺寸($\phi150$mm)和下极限尺寸($\phi149.96$mm)之间,其形状误差应在相应给定的形状公差带内,不论提取(实际)圆柱面的局部尺寸如何,其形状误差均允许达到给定的最大值(图 3—14)。

2. 相关要求

相关要求是指图样上给定的几何公差与尺寸公差相互有关的要求。根据提取(实际)要素遵守边界的不同,分为下列 4 种。

(1)包容要求

包容要求是指提取组成(实际轮廓)要素不得超越最大实体边界(MMB),其提取局部尺寸不得超出最小实体尺寸。

采用包容要求时,应在其尺寸极限偏差或公差带代号后加注符号Ⓔ(图 3—15)。

图 3—15 所示零件为采用包容要求示例。要求该零件的提取(实际)圆柱面应在最大实体边界(MMB)之内,该边界尺寸为最大实体尺寸($\phi150$mm),其提取局部尺寸不得小于最小实体

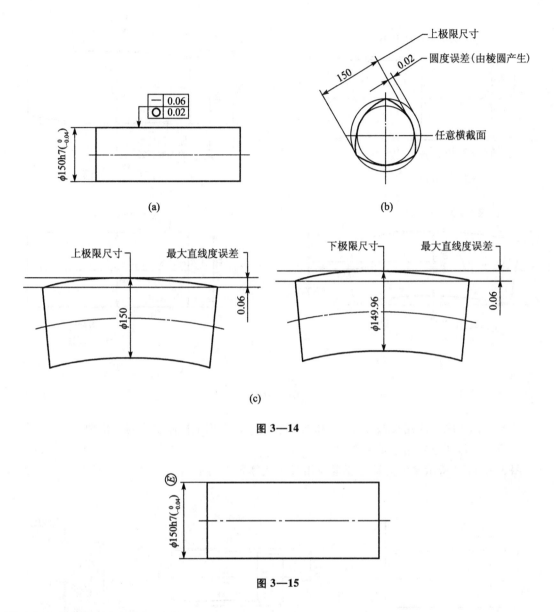

图 3—14

图 3—15

尺寸(ϕ149.96mm)（图 3—16）。

包容要求仅用于形状公差,主要应用于有配合要求,且其极限间隙或过盈必须严格得到保证的场合。

（2）最大实体要求（MMR）

最大实体要求是指尺寸组成（轮廓）要素的非理想要素不得超越其最大实体实效边界,即零件要素应用最大实体要求时,要求提取组成（实际轮廓）要素遵守最大实体实效边界,即要求其提取组成要素处处不得超越该边界。当其提取（实际）局部尺寸偏离最大实体尺寸时,允许其几何误差值超出图样上给定的公差值,而提取（实际）局部尺寸应在最大实体尺寸与最小实体尺寸之间。

应用最大实体要求的有关要素,应在其相应的几何公差框格内加注符号Ⓜ。

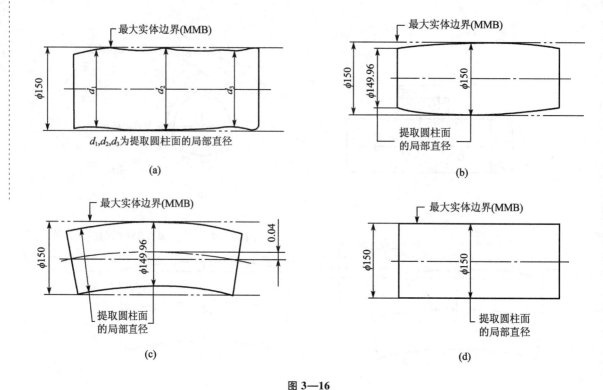

d_1,d_2,d_3为提取圆柱面的局部直径

(a)

提取圆柱面的局部直径

(b)

提取圆柱面的局部直径

(c)

提取圆柱面的局部直径

(d)

图 3—16

最大实体要求可应用于被测要素,基准要素或同时应用于被测要素与基准要素。

①最大实体要求应用于被测要素

图 3—17(a)所示零件为被测要素应用最大实体要求的示例。

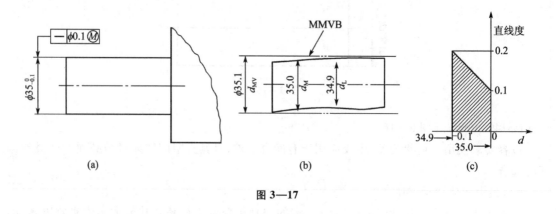

(a)　　　　　　　　(b)　　　　　　　　(c)

图 3—17

对该零件的要求:

a. 该轴的提取(实际)要素不得超越其最大实体实效边界(MMVB)。该边界的直径 $= d_{MV} = \phi 35.1\,\mathrm{mm}$,$d_{MV} = d_M(\phi 35\,\mathrm{mm}) +$ 轴线给定的直线度公差($\phi 0.1\,\mathrm{mm}$) $= \phi 35.1\,\mathrm{mm}$。

b. 轴的提取(实际)局部尺寸应在 $d_M(\phi 35\,\mathrm{mm})$ 和 $d_L(\phi 34.9\,\mathrm{mm})$ 之间。

图中给定的轴线直线度公差($\phi 0.1\,\mathrm{mm}$)是该轴为最大实体状态时给定的;当轴提取(实际)局部尺寸偏离最大实体尺寸时,允许其直线度误差增大。当该轴为最大实体状态与最小实体状态之间,轴线直线度公差在 $\phi0.1\text{mm} \sim \phi0.2\text{mm}$ 之间变化,如图 3—17(c)所示。当该轴为最小实体状态时,轴线直线度公差可达最大值 $\phi0.2\text{mm}$(等于该轴直线度公差给定值 $\phi0.1\text{mm}$ 加轴的尺寸公差 $\phi0.1\text{mm}$)。

②最大实体要求应用于基准要素

最大实体要求应用于基准要求时,应在基准字母之后加注符号Ⓜ(图 3—18)。

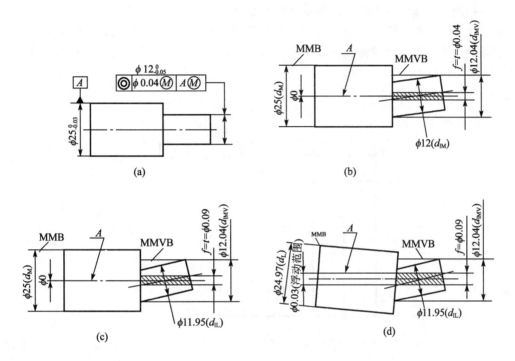

图 3—18

基准要素所遵循的边界分为下列两种情况:

a. 基准要素自身采用最大实体要求时,其边界为最大实体实效边界;

b. 基准要素自身采用独立原则或包容要求时,其边界为最大实体边界。

图 3—18(a)所示为一阶梯轴。其被测轴和基准轴均应用最大实体要求,故被测轴遵守最大实体实效边界($d_{MV} = \phi12.04\text{mm}$),而基准轴自身采用独立原则,故基准轴遵守最大实体边界($d_M = \phi25\text{mm}$)。

ⓐ当被测轴与基准轴均为 d_M 时,其同轴度公差为 $\phi0.04\text{mm}$[图上给定值,见图 3—18(b)]。

ⓑ当基准轴为 d_M,而被测轴为 d_{1L} 时,此时被测轴提取(实际)尺寸偏离 d_{1M},其偏离量为 $\phi0.05\text{mm}$($\phi12\text{mm} - \phi11.95\text{mm}$),该偏离量可补偿给同轴度,此时同轴度允许误差可达 $\phi0.09\text{mm}$[$\phi0.04\text{mm} + \phi0.05\text{mm}$,见图 3—18(c)]。

ⓒ当被测轴与基准轴均为 d_L 时,由于基准提取(实际)尺寸偏离了 d_M。因而基准轴轴线可有一浮动量。它等于 $\phi0.03\text{mm}$($\phi25\text{mm} - \phi24.97\text{mm}$),即基准轴轴线可在 $\phi0.03\text{mm}$ 范围内浮动。

最大实体要求仅用于导出(中心)要素。应用最大实体要求的目的是保证装配互换。

③最大实体要求的零几何公差

关联要素要求遵守最大实体边界时,可应用最大实体要求的零几何公差。

关联要素应用最大实体要求的零几何公差时,要求提取(实际)要素遵守最大实体边界,即要求其提取(实际)轮廓处处不得超越最大实体边界,且该边界应与基准保持图样上给定的几何关系,而提取(实际)要素的提取局部尺寸不得超越最小实体尺寸。

图 3—19(a)所示零件采用最大实体要求的零几何公差,其边界是直径为 $\phi50\mathrm{mm}(d_M)$ 且与基准平面 A 垂直的最大实体边界。

a. 当被测轴为 $\phi50\mathrm{mm}(d_M)$ 时,其垂直度公差为 0。

b. 当被测轴提取(实际)尺寸偏离 d_M 时,允许有一定的垂直度误差,允许的垂直度误差等于被测轴的尺寸偏差。当被测轴为 $\phi49.975\mathrm{mm}(d_L)$ 时,其垂直度公差为 $\phi0.05\mathrm{mm}$(轴的尺寸公差)[图 3—19(b)]。

(3)最小实体要求(LMR)

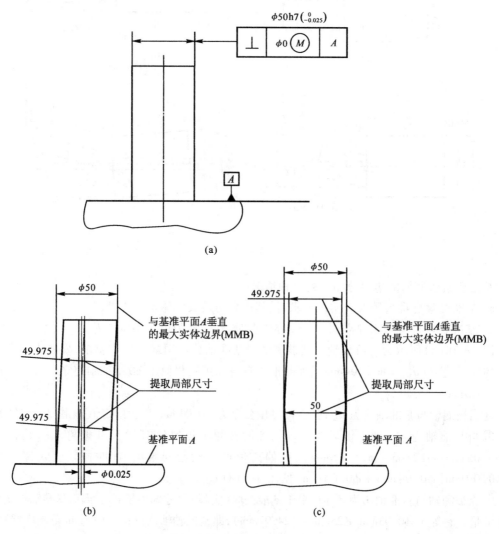

图 3—19

零件要素应用最小实体要求时,要求提取(实际)要素遵守最小实体实效边界,即要求被测要素提取(实际)轮廓处处不得超出该边界,当其提取(实际)尺寸偏离最小实体尺寸时,允许其几何误差超出图样上给定的公差值,而其提取局部尺寸必须在最大实体尺寸与最小实体尺寸之间。

最小实体要求可应用于被测要素(在几何公差值后加注符号Ⓛ),也可应用于基准要素(在基准字母代号后加注符号Ⓛ),也可两者同时应用最小实体要求。

图3—20(a)所示零件为了保证侧面与孔外缘之间的最小壁厚,孔 $\phi8^{+0.25}_{0}$ 轴线相对于零件侧面的位置度公差采用了最小实体要求。

a. 当孔径为 $\phi8.25\text{mm}(D_{\text{L}})$ 时,允许的位置度误差为 $\phi0.4\text{mm}$(给定值),其最小实体实效边界是直径为 $\phi8.65\text{mm}(D_{\text{LV}})$ 的理想圆[见图3—20(b)]。

b. 当提取(实际)孔径偏离 D_{L} 时,孔的提取(实际)轮廓与控制边界(最小实体实效边界)之间会产生一间隙量,从而允许位置度公差增大。当提取(实际)孔径为 $\phi8\text{mm}(D_{\text{M}})$ 时,位置度公差可增大至 $\phi0.65\text{mm}(\phi0.4\text{mm}+\phi0.25\text{mm})$[见图3—20(c)]。

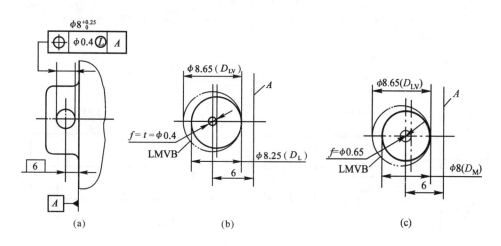

图 3—20

最小实体要求仅用于导出(中心)要素。应用最小实体要求的目的是保证零件的最小壁厚和设计强度。

(4)可逆要求(RPR)

可逆要求是一种反补偿要求。上述的最大实体要求与最小实体要求均是提取(实际)尺寸偏离最大实体尺寸或最小实体尺寸时,允许其几何误差值增大,即可获得一定的补偿量,而提取(实际)尺寸受其极限尺寸控制,不得超出。而可逆要求则表示,当几何误差值小于其给定公差值时,允许其提取(实际)尺寸超出极限尺寸。但两者综合所形成提取(实际)轮廓,仍然不允许超出其相应的控制边界。

可逆要求可用于最大实体要求,也可用于最小实体要求。前者在符号Ⓜ后加注符号Ⓡ,后者在符号Ⓛ后加注符号Ⓡ。

图3—21(a)所示零件,其轴线对端面 D 的垂直度采用最大实体要求及可逆要求。其最大实体实效边界是直径为 $\phi20.2\text{mm}(d_{\text{MV}})$ 并与基准 D 垂直的理想孔。

a. 当被测轴为 $\phi20\text{mm}(d_{\text{M}})$ 时,其垂直度公差为 $\phi0.2\text{mm}$[给定值,见图3—21(b)]。

b. 提取(实际)尺寸偏离 d_M 时,允许其垂直度误差增大。当被测轴为 $\phi 19.9mm(d_L)$ 时,垂直度允许误差可达 $\phi 0.3mm[0.2mm+0.1mm$,见图 3—21(c)]。

c. 当几何误差小于给定值时,也允许轴的提取(实际)尺寸超出 d_M。当垂直度误差为零时,提取(实际)尺寸可达 $\phi 20.2mm(d_{MV})$[见图 3—21(d)]。

最大实体要求用可逆要求主要应用于对尺寸公差及配合无严格要求,仅要求保证装配互换的场合。

可逆要求很少应用于最小实体要求,故从略。

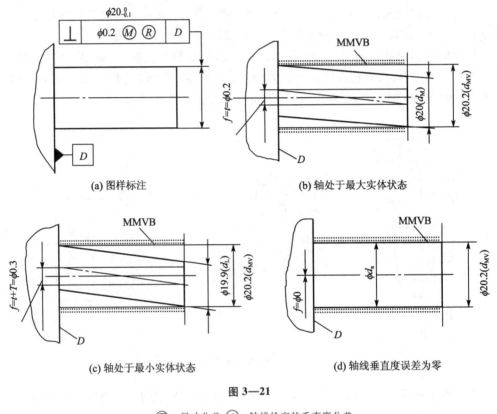

(a) 图样标注

(b) 轴处于最大实体状态

(c) 轴处于最小实体状态

(d) 轴线垂直度误差为零

图 3—21

T—尺寸公差;t—轴线给定的垂直度公差

第五节 几何公差的选择

零、部件的几何误差对机器或仪器的正常工作有很大的影响,因此,合理、正确地确定几何公差值,对保证机器与仪器的功能要求、提高经济效益是十分重要的。

确定几何公差值的方法有类比法和计算法。通常多按类比法确定其公差值。所谓类比法就是参考现有手册和资料,参照经过验证的类似产品的零、部件,通过对比分析,确定其公差值。总的原则是:在满足零件功能要求的前提下选取最经济的公差值。

按"几何公差"标准的规定:零件所要求的几何公差值若用一般机床加工就能保证时,则不必在图纸上注出,而按 GB/T 1184—1996《形状和位置公差　未注公差值》中的规定确定其公差值,且生产中一般也不需检查。若零件所要求的几何公差值高于或低于未注公差值时,应在图纸上注出。其值应根据零件的功能要求,并考虑加工经济性和零件结构特点按相应的公差表选取。

各种几何公差值分为 1~12 级,其中圆度、圆柱度公差值,为了适应精密零件的需要,增加了一个 0 级。各公差项目的公差值表 3—11~表 3—14。

按类比法确定几何公差值时,应考虑下列因素。

(1)在同一要素上给定的形状公差值应小于位置公差值。如同一平面上,平面度公差值应小于该平面对基准的平行度公差。

(2)圆柱形零件的形状公差值(轴线直线度除外)一般情况下应小于其尺寸公差值。

(3)平行度公差值应小于其相应的距离公差值。

(4)对于下列情况,考虑到加工难易程度和除主参数外其他参数的影响,在满足零件功能要求下,适当降低 1~2 级选用。

①孔相对于轴。

②细长比较大的轴或孔。

③距离较大的轴或孔。

④宽度较大(一般大于 1/2 长度)的零件表面。

⑤线对线和线对面相对于面对面的平行度。

⑥线对线和线对面相对于面对面的垂直度。

位置度常用于控制螺栓或螺钉连接中孔距的位置精度要求,其公差值决定于螺栓与光孔之间的间隙。设螺栓(或螺钉)的最大直径为 d_{max},光孔最小直径为 D_{min},则位置度公差值(T)按式(3—5)、式(3—6)计算:

$$螺栓连接:T \leq K(D_{min} - d_{max}) \tag{3—5}$$
$$螺钉连接:T \leq 0.5K(D_{min} - d_{max}) \tag{3—6}$$

式中,K 为间隙利用系数。考虑到装配调整对间隙的需要,一般取 K 为 0.6~0.8,若不需调整,则取 K 为 1。

按式(3—5)、式(3—6)算出的公差值,经圆整后应符合国标推荐的位置度数系(表 3—15)。

第六节　几何误差的检测

一、几何误差及其评定

1. 形状误差及其评定

形状误差是指被测提取要素对其拟合要素的变动量。拟合要素的位置应符合最小条件。

在被测提取要素与拟合要素作比较以确定其变动量时,由于拟合要素所处位置的不同,得到的最大变动量也会不同。因此,评定提取要素的形状误差时,拟合要素相对于提取要素的位置必须有一个统一的评定准则,这个准则就是最小条件。

"最小条件"可分为组成要素和导出要素两种情况。

(1)组成要素(线、面轮廓度除外)

"最小条件"就是拟合要素位于零件实体之外与提取要素接触,并使被测要素对拟合要素的最大变动量为最小(图3—22)。图中,h_1,h_2,h_3是对应于拟合要素处于不同位置得到的最大变动量,且$h_1 < h_2 < h_3$,若h_1为最小值,则拟合要素在$A_1 \sim B_1$处符合最小条件。

(2)导出要素

"最小条件"就是拟合要素应穿过提取导出要素并对拟合要素的最小变动量为最小(图3—23)。图中拟合轴线L_1,其最大变动量ϕd_1为最小,符合最小条件。

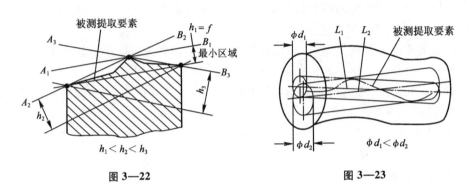

图3—22   图3—23

形状误差用最小包容区域的宽度或直径表示。所谓"最小包容区域"是指包容被测提取要素且具有最小宽度或直径的区域[图3—24(a)、(b)]。

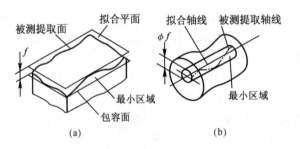

(a)   (b)

图3—24

最小包容区域的形状与形状公差带相同,而其大小、方向及位置则随提取要素而定。

按最小包容区域评定形状误差的方法,称为最小区域法。在实际测量时,只要能满足零件功能要求,也允许采用近似的评定方法。例如,常以两端点连线作为评定直线度误差的基准。按近似方法评定的误差值通常大于最小区域法评定的误差值,因而更能保证质量。当采用不同的评定方法所获得的测量结果有争议时,应以最小区域法作为评定结果的仲裁依据。若图纸上已给定检测方案,则按给定的方案进行仲裁。

2. 位置误差及其评定

(1)定向误差

定向误差是指被测提取要素对一具有确定方向的拟合要素的变动量,拟合要素的方向由基准确定。

定向误差值用定向最小包容区域的宽度或直径表示。定向最小包容区域是指按拟合要素的方向来包容被测提取要素,且具有最小宽度或直径的包容区域(图3—25)。

必须指出,确定形状误差值的最小包容区域,其方向随被测提取要素的状况而定,而确定定向误差值的定向最小包容区域的方向则由基准确定,其方向是固定的。因而,定向误差是包含形状误差的。因此,当零件上某要素既有形状精度要求,又有定向精度要求时,则设计时对该要素所给定的形状公差应小于或等于定向公差,否则会产生矛盾。

（2）定位误差

定位误差是被测提取要素对一具有确定位置的拟合要素的变动量,拟合要素的位置由基准和理论正确尺寸确定。

定位误差值用定位最小包容区域的宽度或直径表示。定位最小包容区域是指以拟合要素定位来包容提取要素,且具有最小宽度或直径的包容区域（图3—26）。

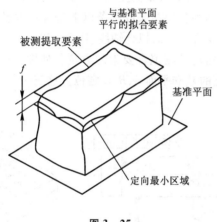

图 3—25

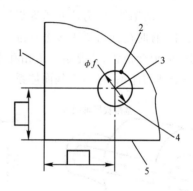

图 3—26

1,5—基准;2—在提取位置上的点;
3—在拟合位置上的点;4—定位最小区域

应注意最小区域、定向最小区域和定位最小区域三者的差异。最小区域的方向、位置一般可随被测提取要素的状态变动;定向最小区域的方向是固定的（由基准确定）,而其位置则可随提取要素状态变动;而定位最小区域,除个别情况外,其位置是固定不变的（由基准及理论正确尺寸确定）。因而定位误差包含定向误差。若零件上某要素同时有方向和位置精度要求,则设计时所给定的定向公差应小于或等于定位公差。

（3）跳动误差

圆跳动误差为被测提取要素绕基准轴线做无轴向移动旋转一周时,由位置固定的指示器在给定方向上测得的最大与最小读数之差（图3—27）。

全跳动误差为被测提取要素绕基准轴线做无轴向移动回转,同时指示器沿理想素线连续移动（或被测提取要素每回转一周,指示器沿理想要素做间断移动）,由指示器在给定方向上测得的最大与最小读数之差。

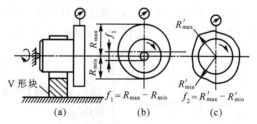

$f_1 = R_{max} - R_{min}$ $f_2 = R'_{max} - R'_{min}$

(a)　　　(b)　　　(c)

图 3—27

二、基准的建立和体现

在位置公差中,基准是指拟合基准要素,被测要素的方向或(和)位置由基准确定。因此,在位置公差中,基准具有十分重要的作用。但基准提取要素也是有形状误差的。因此,在位置误差测量中,为了正确反映误差值,基准的建立和体现是十分重要的。

由基准提取要素建立基准时,应以该基准提取要素的拟合要素为基准,而拟合要素的位置应符合最小条件。由基准提取平面建立基准时,基准平面为处于实体之外与基准提取表面相接触,并符合最小条件的理想平面[图3—24(a)];同理,由提取直线建立基准直线时,是以处于实体之外与提取直线接触,且符合最小条件的拟合直线作为基准直线;由提取轴线或中心线建立基准时,应以穿过该提取轴线,且提取轴线到该线的最大偏离量为最小的拟合直线为基准轴线或基准中心线[图3—24(b)]。公共基准轴线则为包容两条或两条以上基准提取轴线,且直径为最小的圆柱面的轴线,即为这些基准提取轴线所公有的拟合轴线(图3—28)。

在位置公差中,有时往往需要用多个基准才能确定被测拟合要素的方位。如图3—29(a)所示,被测孔轴线的拟合位置,就要用三个相互垂直的基准平面A,B,C定位。这三个相互垂直的平面就构成一个基面体系,称为三基面体系。

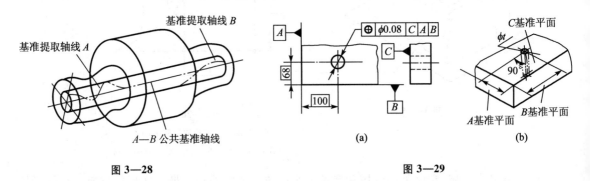

图3—28　　　　　　　　　　　　　　　　图3—29

在三基面体系里,基准平面按功能要求有顺序之分,C为第一基准平面,A为第二基准平面,B为第三基准平面。

在三基面体系中,由基准提取面建立基准时,第一基准平面按最小条件建立,即以位于第一基准提取面实体之外并与之接触,且提取面对其最大变动量为最小的理想平面为第一基准平面;第二基准平面按定向最小条件建立,即在保持与第一基准平面垂直的前提下,在第二基准提取面实体之外与之接触,且提取面对其最大变动量为最小的理想平面为第二基准平面;以同时垂直于第一基准平面和第二基准平面,位于第三基准提取表面体外与该表面至少有一点接触的理想平面为第三基准平面。

在实际应用中,三基面体系不仅可由三个相互垂直的平面构成,也可由一根轴线和与其垂直的平面所构成,如图3—30(a)所示。图中,基准A(端面)为第一基准平面,基准轴线B为第二与第三基准平面的交线[图3—30(b)]。

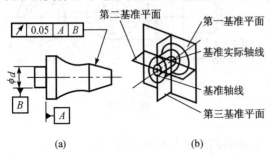

图3—30

在位置误差测量中,基准要素可用下列四种方法来体现。

1. 模拟法

此法就是采用形状精度足够高的精密表面来体现基准(见图3—31)。

2. 分析法

此法是通过对基准提取要素进行测量,然后经过数据处理求出符合最小条件的拟合要素作为基准。

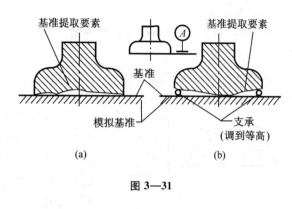

图 3—31

3. 直接法

当基准提取要素形状精度足够高时,就以其自身为基准,其误差对测量结果的影响可忽略不计。

4. 目标法

该法就是以基准提取要素上规定的若干点、线和面构成基准。它主要用于铸、锻或焊接等粗糙表面或不规则表面,以保证基面的统一。

三、几何误差检测原则

几何公差共有19项,而每个公差项目随着被测零件的精度要求、结构形状、尺寸大小和生产批量的不同,其检测方法和设备也不同,所以检测方法种类很多。在《检测规定》标准里,把生产实际中行之有效的检测方法做了概括,归纳为5种检测原则,并列出了100余种检测方案,以供参考。我们可以根据被测对象的特点和有关条件,参照这些检测原则、检测方案,设计出最合理的检测方法。下面对每种检测原则,列举若干种具有代表性的典型检测方法进行介绍。

1. 与拟合要素比较原则

"与拟合要素比较原则"就是将被测提取要素与其拟合要素相比较,从而测出提取要素的几何误差值。误差值可直接或间接测得。在生产实际中,这种方法获得了广泛的应用。

拟合要素通常用模拟方法获得,如用一束光线体现拟合直线,一个平板体现拟合平面,回转轴系与测量头组合体现一个拟合圆。

(1)平面度误差的测量

按"与拟合要素比较原则"检测平面度误差就是以精密平板模拟拟合平面,通过调整支撑被测零件的千斤顶,把被测面调整到大致与平板平行,并按被测面某一角点把指示表的读数调零,然后,用指示表测出被测面各测点的量值(图3—32),再按基面转换原理,进行基面旋转,即可求得平面度误差。

平面度误差的评定方法有下列三种。

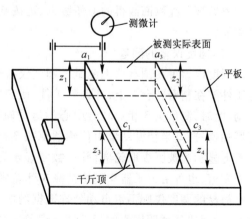

图 3—32 用打表法测量平面度误差

①最小区域法

作符合"最小条件"的包容被测提取面的两平行平面,这两包容面之间的距离就是平面度误差。

最小区域的判别准则:两平行平面包容被测提取面时,与提取面至少应有三点或四点接触,接触点属下列三种形式之一者,即为最小区域。

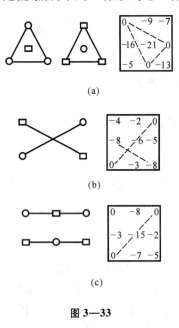

(a)

(b)

(c)

图 3—33

a. 三角形准则:两包容面之一通过提取面最高点(或最低点),另一包容面通过提取面上的三个等值最低点(或最高点),而最高点(或最低点)的投影落在三个最低点(或最高点)组成的三角形内(极限情况,可位于三角形某一边线上),如图 3—33(a)所示。

b. 交叉准则:上包容面通过提取面上两等值最高点,下包容面通过提取面上两等值最低点,两最高点连线应与两最低点连线相交[图 3—33(b)]。

c. 直线准则:包容面之一通过提取面上的最高点(或最低点),另一包容面通过提取面上的两等值最低点(或两等值最高点),而最高点(或最低点)的投影位于两最低点(或两最高点)的连线上[图 3—33(c)]。

②对角线法

基准平面通过被测提取面的一条对角线,且平行于另一条对角线,提取面上距该基准平面的最高点与最低点之代数差为平面度误差。

③三点法

基准平面通过被测提取面上相距最远且不在一条直线上的三等值点(通常为三个角点),提取面上距此基准平面的最高点与最低点之代数差即为平面度误差。

由于三点法有误差值不唯一的缺点,故一般采用对角线法,若有争议,或误差值处于公差值边缘时,则用最小区域法做仲裁。

根据被测提取面测得的原始数据,可按基面转换原理进行基面旋转,求得被测面的平面度误差值。

(2)圆度误差的测量

圆度误差可在圆度仪上测量。圆度仪有转轴式和转台式两种。转台式(图 3—34)是将被测工件放在精密转台 4 上,并调整工件,使其中心与转台旋转中心重合,测量时,工件随转台 4 转动,此时,测量头 3 相对转台中心的运动轨迹即为模拟的理想圆,工件被测提取轮廓与该理想圆相比较,其半径变动量由传感器测头 3 测出,经电子系统处理后,在圆扫描示波器的显示屏 6 上显示出被测提取轮廓,并在数字显示器 7 上以数字直接显示出某一评定方法评定的圆度误差值,也可由记录器 9 描绘被测实际轮廓。

简易的圆度仪则不带自动处理数据的电子系统,只记录出被测提取轮廓的轮廓图(图 3—35)。此时需用透明同心圆板按圆度误差定义评定工件的圆度误差。

根据被测实际轮廓的记录图评定圆度误差的方法有下列四种。

①最小区域法

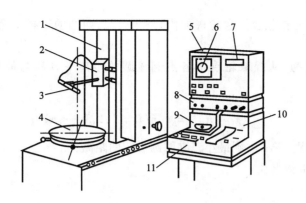

图 3—34

1—仪器主体；2—直线测量架；3—电测头；4—精密转台；5—分析显示器；6—显示屏幕；

7—数字显示器；8—放大滤波器；9—记录器；10—直角坐标记录器；11—操纵台

包容被测提取轮廓、且半径差为最小的两同心圆之间的区域即构成最小区域，此两同心圆的半径差即为圆度误差值。

最小区域的判别准则：由两同心圆包容被测提取轮廓时，至少有 4 个实测点内外相间地位于两个包容圆的圆周上，如图 3—36（a）所示。

②最小外接圆法

作包容提取轮廓、且直径为最小的外接圆，再以该圆的圆心为圆心作提取轮廓的内切圆，两圆的半径差为圆度误差值［图 3—36（b）］。

③最大内切圆法

作提取轮廓最大内切圆，再以该圆圆心为圆心作包容提取轮廓的外接圆，两圆的半径差为圆度误差［图 3—36（c）］。

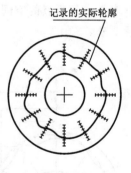

记录的实际轮廓

图 3—35

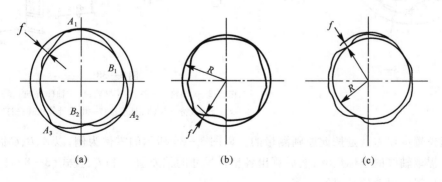

图 3—36

④最小二乘圆法

从最小二乘圆圆心作包容提取轮廓的内、外包容圆,两圆的半径差为圆度误差值(图3—37)。

最小二乘圆定义为:从提取轮廓上各点到该圆的距离平方和为最小,此圆即为最小二乘圆。

$$\sum_{i=1}^{n} (r_i - R)^2 = \min(i = 1,2,3,\cdots,n) \tag{3—7}$$

式中 r_i——提取轮廓上第 i 点到最小二乘圆圆心 o' 的距离;

R——最小二乘圆半径。

2. 测量坐标值原则

按这种原则测量几何误差时,是利用三坐标测量机或其他坐标测量装置(如万能工具显微镜),对被测提取要素测出一系列坐标值,再经过数据处理,以求得几何误差值。

图3—38是一种带电子计算机的三坐标测量机。测头5可沿 z 轴4上的 z 导轨上下移动,z 导轨可沿导轨2(x 轴)左右移动,导轨2可沿导轨3(y 轴)前后移动,因而测头5可在 x,y,z 三个坐标轴的空间移动。在测头下端装上测杆即可测出放在工作台1上的工件被测提取要素各测点的空间坐标值。经电子系统处理后,可用数字形式显示出来,或由记录纸记录下来。

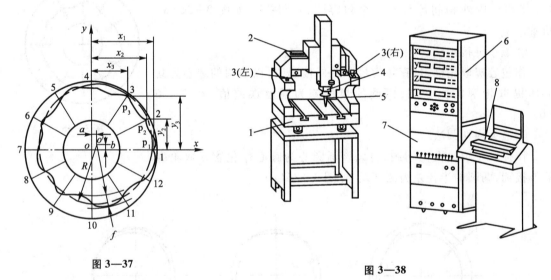

图 3—37   图 3—38

1—工作台;2—x 导轨;3—左、右 y 导轨;4—z 轴(z 导轨);5—测头;

6—x,y,z 轴及分度头(T)显示器;7—电子计算机;8—打字机

孔组位置度误差就是按此原则测量的。以图3—39所示的零件为例,以 A,B,C 面为基准,测出各孔提取轴线的坐标尺寸,然后算出各坐标尺寸的偏差值 f_x 和 f_y,按式(3—8)计算各孔提取轴线的位置度误差值 f。即:

$$f = 2\sqrt{f_x^2 + f_y^2} \tag{3—8}$$

测量和计算结果如表3—7所列。

表 3—7

孔号	x 向			y 向			位置度误差 f
	测得值 x	理论值 x	偏差 f_x	测得值 y	理论值 y	偏差 f_y	
1	15.08	15	+0.08	14.92	15	-0.08	0.226
2	34.98	35	-0.02	15.02	15	+0.02	0.056
3	15.09	15	+0.09	35.03	35	+0.03	0.190
4	34.95	35	-0.05	34.93	35	-0.07	0.172

也可以用图解法进行数据处理。由图可知,孔组是用理论正确尺寸定位的,其位置度公差带见图 3—9(b),特点是孔组几何图框在零件上的位置是固定的(相对于基准 B,C 确定)。此时,在坐标纸上以任一点为圆心,以公差值 $\phi0.2$ 放大 M 倍后为直径做出公差圆(图 3—40),此圆表示各孔位置度的重叠公差带。此公差圆是经过如下处理求出:以 1 孔位置度公差带为准,其余各孔公差带向 1 孔各移动其理论正确尺寸,移动后各孔位置度公差带重叠为一,然后再放大 M 倍,即可画出此公差圆。此时,各孔提取轴线对其拟合位置的变动量,相当于对公差圆坐标原点的变动量。然后,以公差圆的圆心为坐标原点,根据测得的各孔坐标偏差值 f_x,f_y,在坐标纸上找误差点,当误差点落在公差圆内,就算合格。但是,当应用最大实体原则时,如某点已超出公差圆,此时是否真正超差,还需进一步分析,因为孔偏离最大实体状态时,其尺寸偏差可补偿给位置度公差。如本例中 1 孔提取轴线已落在公差圆外,若该零件第 1 孔直径已偏离最大实体状态,设其提取直径为 $\phi15.04\text{mm}$,此时,可以第 1 点为圆心,以位置度公差补偿值 $\phi0.04$ 放大 M 倍为直径做圆,此圆称为补偿圆,若补偿圆与公差圆相交,说明第 1 孔位置度超差部分已获得补偿,故 1 孔位置度仍合格。

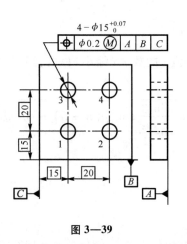

图 3—39

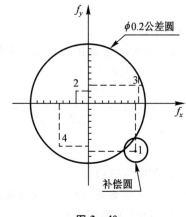

图 3—40

3. 测量特征参数原则

按"测量特征参数原则",就是测量被测提取要素上具有代表性的参数(即特征参数)来评定几何误差。所谓特征参数,是指被测提取要素上能反映几何误差、具有代表性的参数。如圆形零件半径的变动量可反映圆度误差,因此,可以半径为圆度误差的特征参数。

用两点、三点法测量圆度误差。

两点量法就是在对径上对置的一个固定支承和一个可动测头之间所进行的测量。

三点量法就是在两个固定支承和一个可动测头之间所进行的测量。

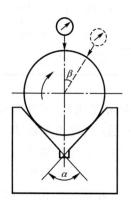

具体方法如图3—41所示。被测零件放在 V 形块上,指示表在正中位置或偏离正中 β 角的位置上安装。V 形块组成两固定支撑点,指示表测头为可动测点,故名三点法。

三点法又可分为顶式测量法、鞍式测量法、对称三点法和非对称三点法。

(1)顶式测量法

测头位于固定支承夹角 α 之外进行的测量。

(2)鞍式测量法

测头位于固定支承夹角 α 之内进行的测量。

(3)对称三点法

图3—41   测量方向与两固定支承夹角 α 平分线重合,即 $\beta = 0°$。

(4)非对称三点法

测量方向与两固定支承夹角 α 平分线不重合,即 $\beta \neq 0°$。

在三点法中,采用下列代号表示测量方法:2—两点法;3—三点法;S—顶式测量法;R—鞍式测量法。

【例3—1】 3 S 60°/30°——非对称顶式三点法,$\alpha = 60°$,$\beta = 30°$。当 $\beta = 0$ 时,不写出,此时就成为对称三点法了。

测量方法是:在工件旋转一周中,读出指示表的最大读数差 Δ,由式(3—9)计算出圆度误差值 f:

$$f = \frac{\Delta}{F} \qquad\qquad (3—9)$$

式中,F 为反映系数。

反映系数 F 反映指示表的测得值 Δ 对圆度误差值 f 的放大(缩小)程度,经理论推导求出反映系数 F 为(证明从略):

$$F = \sqrt{\left[\cos n\beta + \frac{\cos \beta}{\sin \frac{\alpha}{2}}\cos \frac{n}{2}(\pi + \alpha)\right]^2 + \left[\frac{\sin \beta}{\cos \frac{\alpha}{2}}\sin \frac{n}{2}(\pi + \alpha) - \sin n\beta\right]^2}$$

$$(3—10)$$

式中 n——被测零件棱边数;

α——固定支承夹角,即 V 形块角度;

β——测量角(又称偏角)。

从式(3—10)可知,F 是 α,β,n 的函数,所以 V 形块的夹角 α,测量角 β 和棱数 n 对反映系数 F 均有影响。给定一组 α,β 角,按不同的棱数 n,可算出不同的反映系数 F,选择其中部分较佳者列于表3—8。

表 3—8　顶式测量法的反映系数 F（摘录）

棱数 n	两点法	三 点 法						
		对称安置					非对称安置	
		3 S 72°	3 S 108°	3 S 90°	3 S 120°	3 S 60°	3 S 120°/60°	3 S 60°/30°
2	2	0.47	1.38	1.00	1.58	—	2.38	1.41
3	—	2.62	1.38	2.00	1.00	3	2.00	2.00
4	2	0.38	—	0.41	0.42	—	1.01	1.41
5	—	1.00	2.24	2.00	2.00		2.00	2.00
6	2	2.38	—	1.00	0.16	3	0.42	0.73
7	—	0.62	1.38	—	2.00		2.00	2.00
8	2	1.53	1.38	2.41	0.42		1.01	1.41
9	—	2.00			1.00	3	2.00	2.00
10	2	0.70	2.24	1.00	1.58		2.38	1.41
11	—	2.00		2.00			—	—

测量时分为下列两种情况。

（1）棱数 n 已知

根据棱数 n 查表 3—8，选择反映系数 F 为最大的测量方案。

【例 3—2】　检测一棱数 $n=3$ 的圆孔的圆度误差。已知圆度公差值 $t=7\mu m$。

解：由表 3—8 查得测量方案应选用 3 S 60°，$F=3$。

设指示表测得值 $\Delta=18\mu m$。因圆度误差 f 为：

$$f=\frac{\Delta}{F}=\frac{18}{3}=6\mu m$$

故该孔合格。

（2）棱数 n 未知

一般情况下被测零件的棱数是未知的，此时无法直接从表 3—8 选择测量方案和反映系数 F。为了解决此矛盾，可采用组合测量方案，即用两点法与三点法或两个不同角度的三点法进行组合测量，取各测量方案中测得值的最大值 Δ_{max}，按下式计算圆度误差值，即：

$$f=\frac{\Delta_{max}}{F} \tag{3—11}$$

组合测量方案的反映系数见表 3—9 和表 3—10。按这两表选择平均反映系数 F_{av} 最大的组合测量方案。

表 3—9　对称安置组合测量的反映系数

棱数 n	组合方案								
	2+3S90°+3S120°	2+3R90°+3R120°	2	3S90°+3S120°	3R90°+3R120°	2+3S72°+3S108°	2+3R72°+3R108°	3S72°+3S108°	3R72°+3R108°
	反映系数 F								
n 未知 2≤n≤22	最大 2.41 平均(F_{av})1.95 最小 1.00	最大 2.41 平均(F_{av})1.98 最小 1.00	—	—	—	最大 2.62 平均(F_{av})2.09 最小 1.38	最大 2.70 平均(F_{av})2.11 最小 1.38	—	—
n 为未知的偶数 2≤n≤22	—	—	2.00	—	—	—	—	—	—
n 为未知的奇数 3≤n≤21	—	—	—	最大 2.00 平均(F_{av})1.80 最小 1.00	最大 2.00 平均(F_{av})1.8 最小 1.00	—	—	最大 2.62 平均(F_{av})2.06 最小 1.38	最大 2.62 平均(F_{av})2.06 最小 1.38

表 3—10　非对称安置组合测量的反映系数

棱数 n	组合方案								
	2+3S60°/30°	2+3S90°+3S60°/30°	2+3S120°/60°	2+3S90°+3S120°/60°	2	3S60°/30°	3S120°/60°	3S90°+3S60°/30°	3S90°+3S120°/60°
	反映系数 F								
n 未知 2≤n≤10	2.00	—	最大 2.38 平均(F_{av})2.08 最小 2.00	—	—	—	—	—	—
n 未知 2≤n≤22	—	最大 2.73 平均(F_{av})2.07 最小 2.00	—	最大 2.41 平均(F_{av})2.11 最小 2.00	—	—	—	—	—
n 为未知的偶数 2≤n≤22	—	—	—	—	2.00	—	—	—	—
n 为未知的奇数 3≤n≤9	—	—	—	—	—	2.00	2.00	—	—
n 为未知的奇数 3≤n≤21	—	—	—	—	—	—	—	2.00	2.00

[例 3—3]　检查无心磨磨削的零件,棱数 n 为未知的奇数,且 $3 \leq n \leq 21$,圆度公差 t 为 4μm。

解:由表 3—9 查得应选用 3 S 60°/30° + 3 S 90°组合测量方案,其平均反映系数 $F_{av} = 2$。用两测量方案测量的最大测得值 $\Delta_{max} = 5.2$μm,故圆度误差 f 为:

$$f = \frac{\Delta_{max}}{F_{av}} = \frac{5.2}{2} = 2.6 \text{μm}$$

故该零件合格。

	3 S 60°/30°	3 S 90°
测得值 $\Delta / \mu m$	4.5	5.2

4. 测量跳动原则

此原则主要用于跳动误差测量,因为跳动公差就是按检查方法定义的。其测量方法是:被测提取要素(圆柱面、圆锥面或端面)绕基准轴线回转过程中,沿给定方向(径向、斜向或轴向)测出其对某参考点或线的变动量(即指示表最大与最小读数之差)。图 3—27 为径向圆跳动的测量示例。

5. 控制实效边界原则

此原则适用于采用最大实体要求的场合。用综合量规检验,把被测提取要素控制在最大实体实效边界内。

综合量规模拟被测零件的最大实体实效边界,它由测量要素和定位要素两部分组成。量规测量要素的形状与被测要素的最大实体实效边界一致,其基本尺寸应等于被测要素的最大实体实效尺寸,其定位尺寸则等于被测要素相应的理论正确尺寸。若被测要素遵守包容要求,就应以最大实体边界代替最大实体实效边界,其基本尺寸等于最大实体尺寸。

例如,图 3—42(a)所示的综合量规为检验图 3—42(b)所示零件用的。量规测量要素的形状为与 6 个被测孔的最大实体实效边界相一致的 6 个圆柱销,其基本尺寸等于孔的最大实体实效尺寸 $\phi14.8mm$,6 个圆柱销的定位尺寸等于 6 孔定位的理论正确尺寸 $\phi175mm$ 和 60°。

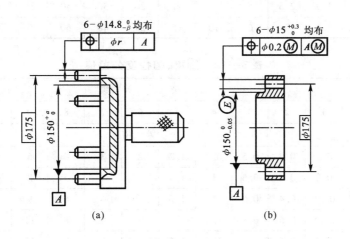

图 3—42

综合量规的定位要素与被测件的基准要素相对应。其基本尺寸的确定原则是:当基准要素应用最大实体要求,而基准要素本身又要求遵守包容要求时,量规定位要素的基本尺寸等于基准要素的最大实体尺寸。当基准要素应用最大实体要求,基准要素本身不要求遵守包容要求时,量规定位要素的基本尺寸等于基准要素的最大实体实效尺寸。当基准要素应用独立原则时,则量规定位要素应采用尺寸可变化的结构,如锥形、可涨式、楔块式等。

图 3—42(b)所示零件的 6 孔位置度,其基准要素应用最大实体要求,而基准要素本身又要求遵守包容要求,因而量规定位要素的基本尺寸等于基准要素的最大实体尺寸 $\phi150mm$。

检验位置误差用的综合量规的设计、计算及量规公差可参阅 GB/T 8069—1998《功能量规》。

随着生产和科学技术的发展,误差分离技术在几何误差测量中也逐步得到应用。特别是在大型零件的测量中。由于缺乏大型仪器,此时,常将完工后的零件在机床上进行在位测量,即将机床作为测量仪器本体,再装上多个传感器,利用机床的轴系回转或导轨上滑板的移动进行测量。然后用误差分离的方法分离机床误差,从而获得零件的精确测量结果。

表 3—11　直线度、平面度公差值

主参数 L /mm	公 差 等 级											
	1	2	3	4	5	6	7	8	9	10	11	12
	公 差 值/μm											
≤10	0.2	0.4	0.8	1.2	2	3	5	8	12	20	30	60
>10～16	0.25	0.5	1	1.5	2.5	4	6	10	15	25	40	80
>16～25	0.3	0.6	1.2	2	3	5	8	12	20	30	50	100
>25～40	0.4	0.8	1.5	2.5	4	6	10	15	25	40	60	120
>40～63	0.5	1	2	3	5	8	12	20	30	50	80	150
>63～100	0.6	1.2	2.5	4	6	10	15	25	40	60	100	200
>100～160	0.8	1.5	3	5	8	12	20	30	50	80	120	250
>160～250	1	2	4	6	8	15	25	40	60	100	150	300
>250～400	1.2	2.5	5	8	12	20	30	50	80	120	200	400
>400～630	1.5	3	6	10	15	25	40	60	100	150	250	500

表 3—12　圆度、圆柱度公差值

主参数 $d(D)$ /mm	公 差 等 级												
	0	1	2	3	4	5	6	7	8	9	10	11	12
	公 差 值/μm												
≤3	0.1	0.2	0.3	0.5	0.8	1.2	2	3	4	6	10	14	25
>3～6	0.1	0.2	0.4	0.6	1	1.5	2.5	4	5	8	12	18	30
>6～10	0.12	0.25	0.4	0.6	1	1.5	2.5	4	6	9	15	22	36
>10～18	0.15	0.25	0.5	0.8	1.2	2	3	5	8	11	18	27	43
>18～30	0.2	0.3	0.6	1	1.5	2.5	4	6	9	13	21	33	52
>30～50	0.25	0.4	0.6	1	1.5	2.5	4	7	11	16	25	39	62
>50～80	0.3	0.5	0.8	1.2	2	3	5	8	13	19	30	46	74
>80～120	0.4	0.6	1	1.5	2.5	4	6	10	15	22	35	54	87
>120～180	0.6	1	1.2	2	3.5	5	8	12	18	25	40	63	100
>180～250	0.8	1.2	2	3	4.5	7	10	14	20	29	46	72	115
>250～315	1.0	1.6	2.5	4	6	8	12	16	23	32	52	81	130
>315～400	1.2	2	3	5	7	9	13	18	25	36	57	89	140
>400～500	1.5	2.5	4	6	8	10	15	20	27	40	63	97	155

表 3—13　平行度、垂直度、倾斜度公差值

主参数 L,d(D) /mm	公差等级											
	1	2	3	4	5	6	7	8	9	10	11	12
	公差值/μm											
≤10	0.4	0.8	1.5	3	5	8	12	20	30	50	80	120
>10~16	0.5	1	2	4	6	10	15	25	40	60	100	150
>16~25	0.6	1.2	2.5	5	8	12	20	30	50	80	120	200
>25~40	0.8	1.5	3	6	10	15	25	40	60	100	150	250
>40~63	1	2	4	8	12	20	30	50	80	120	200	300
>63~100	1.2	2.5	5	10	15	25	40	60	100	150	250	400
>100~160	1.5	3	6	12	20	30	50	80	120	200	300	500
>160~250	2	4	8	15	25	40	60	100	150	250	400	600
>250~400	2.5	5	10	20	30	50	80	120	200	300	500	800
>400~630	3	6	12	25	40	60	100	150	250	400	600	1000

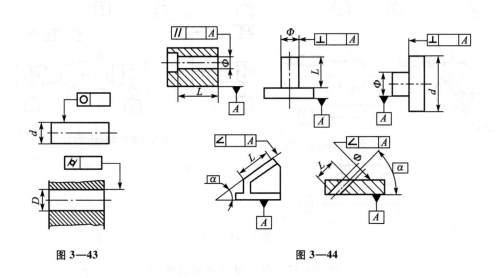

图 3—43　　　　　　　　　　　图 3—44

表 3—14　同轴度、对称度、圆跳动和全跳动公差值

主参数 L,B,d(D) /mm	公差等级											
	1	2	3	4	5	6	7	8	9	10	11	12
	公差值/μm											
≤1	0.4	0.6	1.0	1.5	2.5	4	6	10	15	25	40	60
>1~3	0.4	0.6	1.0	1.5	2.5	4	6	10	20	40	60	120
>3~6	0.5	0.8	1.2	2	3	5	8	12	25	50	80	150
>6~10	0.6	1	1.5	2.5	4	6	10	15	30	60	100	200

续表

主参数 $L,B,d(D)$ /mm	公差等级											
	1	2	3	4	5	6	7	8	9	10	11	12
	公差值/μm											
>10~18	0.8	1.2	2	3	5	8	12	20	40	80	120	250
>18~30	1	1.5	2.5	4	6	10	15	25	50	100	150	300
>30~50	1.2	2	3	5	8	12	20	30	60	120	200	400
>50~120	1.5	2.5	4	6	10	15	25	40	80	150	250	500
>120~250	2	3	5	8	12	20	30	50	100	200	300	600
>250~500	2.5	4	6	10	15	25	40	60	120	250	400	800

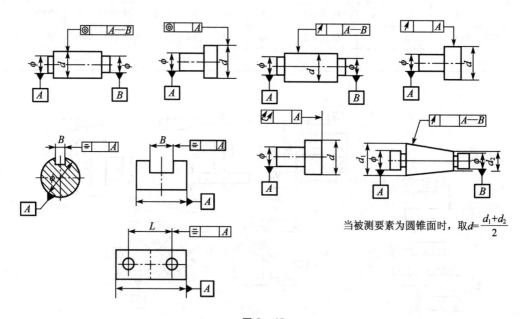

当被测要素为圆锥面时，取 $d=\dfrac{d_1+d_2}{2}$

图 3—45

表 3—15 位置度公差值数系
μm

1	1.2	1.5	2	2.5	3	4	5	6	8
1×10^n	1.2×10^n	1.5×10^n	2×10^n	2.5×10^n	3×10^n	4×10^n	5×10^n	6×10^n	8×10^n

第四章　表面粗糙度及检测

　　表面粗糙度是指加工表面所具有的较小间距和微小峰谷的一种微观几何形状误差。它是在机械加工过程中,由于刀具或砂轮切削后留下的刀痕、切屑分离时的塑性变形、工艺系统的高频振动及刀具和被加工表面摩擦等原因所产生的。表面粗糙度对机械零件的配合性质、耐磨性、工作准确度、抗腐蚀性有着密切的关系,它影响到机器或仪器的可靠性和使用寿命。随着科学技术和生产的发展,我国对粗糙度方面的国家标准已进行过多次修订,现在实施的标准包括:GB/T3505—2009《产品几何技术规范(GPS)　表面结构　轮廓法　术语、定义及表面结构参数》,GB/T1031—2009《产品几何技术规范(GPS)　表面结构　轮廓法　表面粗糙度参数及其数值》,GB/T131—2006《产品几何技术规范(GPS)　技术产品文件中表面结构的表示法》。

第一节　表面粗糙度

一、术语及定义

　　将已加工完的表面放大来看,其实际表面如图4—1所示。它是高低不平的或粗糙的。

　　1. 表面轮廓

　　平面与实际表面相交的轮廓,如图4—1所示。

　　从图中可知,该平面与实际表面垂直、与刀痕方向也垂直。其轮廓是一个含有不同波长的轮廓曲线。

　　2. λs 滤波器

　　它是滤掉比粗糙度波长更短的波的滤波器。即是粗糙度与比它更短的波的成分之间相交界限的滤波器。

　　3. λc 滤波器

　　它是确定粗糙度与波纹度成分之间相交界限的滤波器。即波长大于 λc 的那些轮廓波,不属于粗糙度而属于波纹度。

　　4. 原始轮廓

　　它是在应用短波长滤波器 λs 之后的总的轮廓。是评定原始轮廓参数的基础。

　　5. 粗糙度轮廓

　　它是对原始轮廓采用 λc 滤波器抑制长波成分以后形成的轮廓(即只含粗糙度的轮廓)。它是由 λs 和 λc 轮廓滤波器来限定的。粗糙度轮廓是评定粗糙度参数的基础。

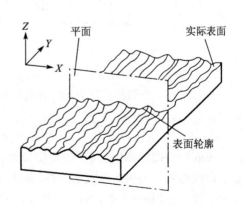

图4—1　表面轮廓

6. 粗糙度轮廓中线

用标称形式的线穿过粗糙度轮廓,按最小二乘法拟合所确定的中线。即粗糙度轮廓上的点到中线的距离 $Z(x)$ 的平方和为最小(即 $\sum Z(x)^2 = \min$),如图 4—2 所示。

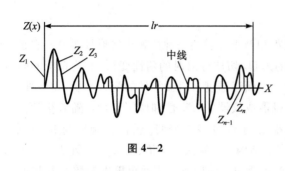

图 4—2

7. 取样长度 lr

用于评定轮廓粗糙度在 X 轴向上的一段长度,在数值上它与轮廓滤波器 λc 的标志波长相等。

8. 评定长度 ln

由于表面粗糙度在被评定的表面上是不规则的,为使其评定更为合理,因而在 X 轴向上选择的一段长度,它一般包含 5 个取样长度。即 $ln = 5lr$。

二、粗糙度的评定参数

国家标准对粗糙度的评定规定了两个幅度参数:轮廓的算术平均偏差 Ra;轮廓的最大高度 Rz。使用时可在两个参数中选取。

1. 轮廓算术平均偏差 Ra

它是指在一个取样长度 lr 内,纵坐标值 $Z(x)$ 的绝对值的算术平均值,如图 4—3 所示。

$$Ra = \frac{1}{lr}\int_0^{lr} |Z(x)| \, \mathrm{d}x \tag{4—1}$$

或

$$Ra = \frac{1}{n}\sum_{i=1}^{n} |Z(x)| \tag{4—2}$$

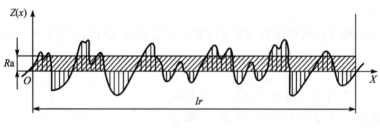

图 4—3

2. 轮廓的最大高度 Rz

它是指在一个取样长度 lr 内,最大轮廓峰高 Zp 和最大轮廓谷深 Zv 之和的高度,如图 4—4 所示。

$$Rz = Zp_{max} + Zv_{max} \tag{4—3}$$

表面粗糙度的幅度参数(或高度参数)是表面粗糙度的基本参数,但只有幅度参数还不能完全反映出零件表面粗糙度的特性,如图 4—5 所示的粗糙度的疏密度和图 4—6 所示的粗糙度的形状。在图 4—5 中,图(a)、图(b)的高度参数大致相同,但其波纹的疏密度不同,因此,其表面特性(如密封性、粘结性能)也不相同。图 4—6 中,图(a)、图(b)、图(c)三者的粗糙度高度参数也大致相同,但其耐磨性、抗腐蚀性也不同。因此国家标准规定了下述两个附加参数:

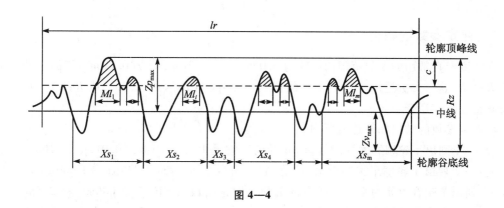

图 4—4

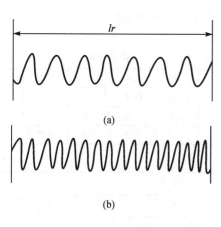

图 4—5

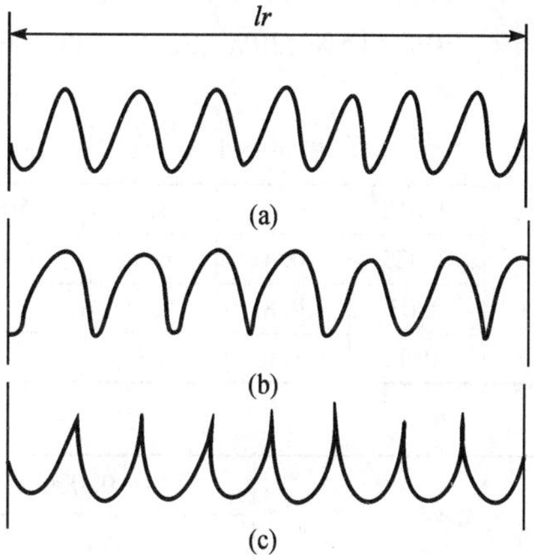

图 4—6

3. 轮廓单元的平均宽度 Rsm

它是指在一个取样长度 lr 内,轮廓单元宽度 Xs 的平均值,如图 4—4 所示。轮廓单元宽度是指包含一个轮廓峰和一个相邻轮廓谷在内的中线上的宽度,如图 4—4 中的 Xs_1,Xs_2,$\cdots$,Xs_m 等。m 为取样长度内的轮廓单元数。

$$Rsm = \frac{1}{m} \sum_{i=1}^{m} Xs_i \tag{4—4}$$

4. 轮廓的支承长度率 $Rmr(c)$

它是指在给定水平位置 c 上,轮廓的实体材料长度 $Ml(c)$ 与评定长度的比率,如图 4—4 所示。

$$Rmr(c) = \frac{Ml(c)}{ln} \times 100\%$$

轮廓的实体材料长度 $Ml(c)$ 是指,在一个给定水平位置 c 上用一条平行于 X 轴的线与轮廓单元相截所获得的各段截线长度 Ml_i 之和,如图 4—4 所示。

$$Ml(c) = Ml_1 + Ml_2 + \cdots$$

c 是轮廓截面高度(即距峰顶线的距离),它可用微米或轮廓的最大高度 Rz 的百分数表示。

三、评定参数的数值

在幅度参数常用的参数范围内（Ra 为 0.025 μm ~ 6.3 μm，Rz 为 0.1 μm ~ 25 μm）推荐优先选用 Ra。Rz 这个参数适用于目前工厂的仪器。另外，当 Ra < 0.025 μm，或 Ra > 6.3 μm，用光学仪测量也比较适合。

各评定参数的数值如下述表所列。

表 4—1 列出了轮廓算术平均偏差 Ra 的值。它是由数系 $R10/3$（0.012 μm ~ 100 μm）所组成。表 4—2 列出了轮廓最大高度 Rz 的值，它是由数系 $R10/3$（0.025 μm ~ 1 600 μm）所组成。表 4—3 列出了轮廓单元的平均宽度 Rsm 的值。它是由数系 $R10/3$（0.006 mm ~ 12.5 mm）所组成。表 4—4 列出了轮廓的支承长度率 $Rmr(c)$ 的值。如上所述，$Rmr(c)$ 与（c）的大小有关，c 就是轮廓的截面高度。当 c 值按轮廓的最大高度 Rz 的百分数给出时，c 与 Rz 的比值分别为：5%，10%，20%，15%，20%，25%，30%，40%，50%，60%，70%，80%，90%。

表 4—1　　　　　　μm

Ra	0.012	0.2	3.2	50
	0.025	0.4	6.3	100
	0.05	0.8	12.5	
	0.1	1.6	25	

表 4—2　　　　　　mm

Rz	0.025	0.4	6.3	100	1600
	0.05	0.8	12.5	200	
	0.1	1.6	25	400	
	0.2	3.2	50	800	

表 4—3　　　　　　μm

Rsm	0.006	0.1	1.6
	0.0125	0.2	3.2
	0.025	0.4	6.3
	0.050	0.8	12.5

表 4—4

$Rmr(c)$/%	10	15	20	25	30	40	50	60	70	80	90

国家标准中规定的取样长度 lr 的值，共有 6 个，它们是 0.08，0.25，0.8，2.5，8.0，25 mm 等。表 4—5 中列出了在一般情况下推荐 Ra，Rz 选用时对应的取样长度 lr 的值，以及相应的评定长度 ln 的值。

表 4—5

参数及数值/μm		lr/mm	ln/mm
Ra	Rz		
≥0.008 ~ 0.02	≥0.025 ~ 0.10	0.08	0.4
>0.02 ~ 0.1	>0.10 ~ 0.50	0.25	1.25
>0.1 ~ 2.0	>0.50 ~ 10.0	0.8	4.0
>2.0 ~ 10.0	>10.0 ~ 50.0	2.5	12.5
>10.0 ~ 80.0	>50.0 ~ 320	8.0	40.0

四、表面粗糙度符号、代号及标注

国家标准 GB/T131—2006 规定了零件表面粗糙度代(符)号(如表4—6),其在图样上的注法如图4—7所示。在一般情况下,通常只标注幅度参数。即将参数的代号(Ra 或 Rz)和数值标注在图4-7中的 a 位置,如果对参数 RS_m 或 $R_{ms(c)}$ 有要求时,可标注在 b 的位置。在图样上给定的表面特征代(符)号及数值,是表面完工后的要求和按功能需要给出表面特征的各项要求。若需要标注其他附加要求时,可按图4—7所示的位置标注,图4—8是表面粗糙度标注的图例。

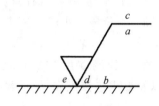

图 4—7

a—粗糙度幅度参数的允许值;

b—粗糙度其它参数的要求,如:RS_m 或 R_{mr}
$\quad$(c)等;

c—加工方法、镀涂或其他表面处理;

d—加工纹理方向符号(纹理图见原标准);

$\quad$ =(纹理平行于标注代号);

$\quad$ ⊥(纹理垂直于标注代号);

$\quad$ ×(纹理呈两相交的方向);

$\quad$ M(纹理呈近似各个方向);

$\quad$ C(纹理呈近似同心圆);

$\quad$ R(纹理呈近似放射形);

$\quad$ P(纹理无方向或呈凸起的细粒状);

e—加工余量(mm);

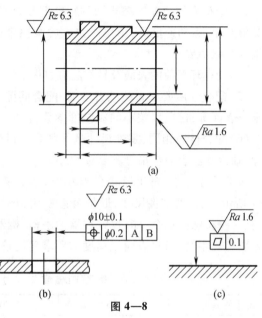

图 4—8

表 4—6

代(符)号	意　　　　义
∇	表示表面特征是用去除材料的方法获得
∇	表示表面特征是用不去除材料的方法获得
∇ $Ra\,6.3$	表示用去除材料的方法获得的表面,Ra 的最大允许值为 $6.3\,\mu m$
∇ $Ra\,6.3$	表示用任何方法获得的表面,Ra 的最大允许值为 $6.3\,\mu m$
∇ $URa\,6.3$ $LRa\,1.6$	表示用去除材料的方法获得的表面,Ra 的最大允许值为 $6.3\,\mu m$,最小允许值为 $1.6\,\mu m$
∇ $Rz\,200$	表示用不去除材料的方法获得的表面,Rz 的最大允许值为 $200\,\mu m$
∇ ∇ ∇	在上述三个符号上均加上一个小圆表示所有表面具有相同的粗糙度要求

第二节　零件表面粗糙度参数值的选择

零件表面粗糙度参数值的选择既要满足零件表面的功能要求,也要考虑到经济性。具体选择时可参照一些经过验证的实例,用类比法来确定。一般选择原则如下。

(1)在满足表面功能要求的情况下,尽量选用较大的表面粗糙度参数值。

(2)同一零件上,工作表面的粗糙度参数值小于非工作表面的粗糙度参数值。

(3)摩擦表面比非摩擦表面的粗糙度参数值要小;滚动摩擦表面比滑动摩擦表面的粗糙度参数值要小;运动速度高,单位压力大的摩擦表面应比运动速度低,单位压力小的摩擦表面的粗糙度参数值要小。

(4)受循环载荷的表面及易引起应力集中的部分(如圆角、沟槽),表面粗糙度参数值要小。

(5)配合性质要求高的结合表面、配合间隙小的配合表面以及要求连接可靠、受重载的过盈配合表面等,都应取较小的粗糙度参数值。

(6)配合性质相同,零件尺寸越小则表面粗糙度参数值应越小;同一公差等级,小尺寸比大尺寸、轴比孔的表面粗糙度参数值要小。

通常尺寸公差、表面形状公差小时,表面粗糙度参数值也小。其一般的对应关系,如表4—7所示。当机器零件尺寸、形位公差确定以后,可参照表4—7选取合适的表面粗糙度。当然,在一些特殊的场合,如机器、仪器的手柄,机器、仪器的某些面板等,其尺寸公差要求和形位公差要求均不高,但对表面粗糙度的要求确比较高。

表4—7　表面粗糙度与尺寸公差、形状公差的对应关系

尺寸公差等级		IT5			IT6			IT7			IT8		
相应的形状公差		Ⅰ	Ⅱ	Ⅲ	Ⅰ	Ⅱ	Ⅲ	Ⅰ	Ⅱ	Ⅲ	Ⅰ	Ⅱ	Ⅲ
基本尺寸/mm		表面粗糙度参数值/μm											
至18	Ra	0.20	0.10	0.05	0.40	0.20	0.10	0.80	0.40	0.20	0.80	0.40	0.20
	Rz	1.00	0.50	0.25	2.00	1.00	0.50	4.00	2.00	1.00	4.00	2.00	1.00
>18~50	Ra	0.40	0.20	0.10	0.80	0.40	0.20	1.60	0.80	0.40	1.60	0.80	0.40
	Rz	2.00	1.00	0.50	4.00	2.00	1.00	6.30	4.00	2.00	6.30	4.00	2.00
>50~120	Ra		0.40	0.20		0.40	0.20	1.60	0.80	0.40		1.60	0.80
	Rz	4.00	2.00	1.00	4.00	2.00	1.00	6.30	4.00	2.00	6.30	6.30	4.00
>120~500	Ra		0.40	0.20	1.60	0.80	0.40	1.60	1.60	0.80		1.60	0.80
	Rz	4.00	2.00	1.00	6.30	4.00	2.00	6.30	6.30	4.00	6.30	6.30	4.00

尺寸公差等级		IT9				IT10				IT11				IT12 IT13	IT14 IT15	
相应的形状公差		Ⅰ,Ⅱ	Ⅲ	Ⅳ		Ⅰ,Ⅱ	Ⅲ	Ⅳ		Ⅰ,Ⅱ	Ⅲ	Ⅳ		Ⅰ,Ⅱ	Ⅲ	Ⅰ,Ⅱ	Ⅲ
基本尺寸/mm		表面粗糙度参数值/μm														
至18	Ra	1.60	0.80	0.40	1.60	0.80	0.40	3.20	1.60	0.80	6.30	3.20	6.30	6.30		
	Rz	6.30	4.00	2.00	6.30	4.00	2.00	12.5	6.30	4.00	25.0	12.5	25.0	25.0		

续表

尺寸公差等级		IT9			IT10			IT11			IT12		IT14	
											IT13		IT15	
相应的形状公差		I、II	III	IV	I、II	III	IV	I、II	III	IV	I、II	III	I、II	III
基本尺寸/mm		表面粗糙度参数值/μm												
>18~50	Ra	1.60	1.60	0.80	3.20	1.60	0.80	3.20	1.60	0.80	6.30	3.20	12.5	6.30
	Rz	6.30	6.30	4.00	12.5	6.30	4.00	12.5	6.30	4.00	25.0	12.5	50.0	25.0
>50~120	Ra	3.20	1.60	0.80	3.20	1.60	0.80	6.30	3.20	1.60	12.5	6.30	25.0	12.5
	Rz	12.5	6.30	4.00	12.5	6.30	4.00	25.0	12.5	6.30	50.0	25.0	100.0	50.0
>120~500	Ra	3.20	3.20	1.60	3.20	3.20	1.60	6.30	3.20	1.60	12.5	6.30	25.0	12.5
	Rz	12.5	12.5	6.30	12.5	12.5	6.30	25.0	12.5	6.30	50.0	25.0	100.0	50.0

注：I 为形状公差在尺寸极限之内；II 为形状公差相当于尺寸公差的 60%；III 为形状公差相当于尺寸公差的 40%；IV 为形状公差相当于尺寸公差的 25%。

第三节　表面粗糙度的测量

目前常用的表面粗糙度的测量方法有下述四种。

一、比较法

比较法是车间常用的方法。将被测表面对照粗糙度样板，用肉眼判断或借助于放大镜、比较显微镜比较；也可用手摸，指甲划动的感觉来判断被加工表面的粗糙度。

表面粗糙度样板（图 4—9）的材料、形状及制造工艺尽可能与工件相同，这样才便于比较，否则往往会产生较大的误差。

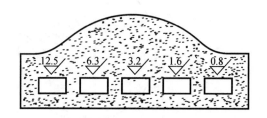

图 4—9　表面粗糙度样板

比较法一般只用于粗糙度参数值较大的近似评定。

二、光切法

光切法是利用"光切原理"来测量表面粗糙度。这种方法可用图 4—10 来说明。

图 4—10（a）（1）表示被测表面是 P_1、P_2 阶梯面，其阶梯高度为 h。A 为一扁平光束，当它从 45°方向投射在阶梯表面上时，就被折成 S_1 和 S_2 两段，沿 B 方向反射后，就可在显微镜内看到 S_1 和 S_2 两段光带的放大像 S_1'' 和 S_2'' ［图 4—10（a）（2）］；同样，S_1 与 S_2 之间的距离 h，也被放大为 S_1'' 与 S_2'' 之间的距离 h''，只要我们用测微目镜测出 h'' 值，就可以根据放大关系算出 h 值。

双管显微镜就是根据"光切原理"制成的，图 4—10（b）是它的光学系统。显微镜有照明管和观察管，二管轴线互成 90°。在照明管中，光源 1 通过聚光镜 2、窄缝 3 和透镜 5，以 45°角的方向投射在工件表面 4 上，形成一窄细光带。光带边缘的形状，即为光束与工件表面相交的曲线，也就是工件在 45°截面上的表面形状，此轮廓曲线的波峰在 S_1 点反射，波谷在 S_2 点反射，通过观察管的透镜 5,分别成像在分划板 6 上的 S_1'' 点和 S_2'' 点,h'' 是峰、谷影像的高差。图 4—11 是仪器的视场图。图 4—11(a) 是以可动十字分划线的水平线与影像最高点相切,此时可在测微目镜鼓轮上读数;图 4—11(b) 是可动十字分划线与最低点相切的情况,此时又可读一次数,前后两次读数之差就是 h'' 的读数值,测量时可按 Rz 定义,在取样长度内,测最高点和最低点,按公式(4—3)求出 h'' 值,再根据所选透镜组 5(可换物镜组)确定测微目镜鼓轮每一格的分度值 c,以 c 值乘 h'' 的值,即得被测表面的 Rz 值。

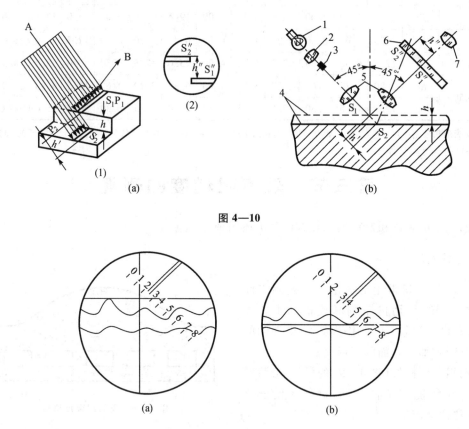

图 4—10

图 4—11

对大零件的内表面可以采用印模法,即用川蜡、石蜡、塑料或低熔点合金,将被测表面印模下来,然后对复制印模表面进行测量。由于印模材料不可能填充满谷底,其测值略有缩小,可查阅资料或自行实验得出修正系数,在计算中加以修正。

三、干涉法

干涉法是利用光波干涉原理来测量表面粗糙度。被测表面直接参与光路,用它与标准反射镜(参考镜)比较,以光波波长来度量干涉条纹弯曲程度,从而测得该表面的粗糙度。干涉法通常用于测定 $0.8 \sim 0.025\mu m$ 的 Rz 值。

干涉法测量表面粗糙度的仪器是干涉显微镜。图 4—12 是 6JA 型仪器的光学系统图。图中 1 为白炽灯光源,它发出的光通过聚光镜 2,4,8(3 是滤色片),经分光镜 9 分成两束,一束经补偿板 10、物镜 11 至被测表面 18,再经原路返回至分光镜 9 反射至目镜 19。另一光束由分光镜 9 反射后通过物镜 12 射至参考镜 13 上(20 是遮光板),由 13 反射再经物镜 12 并透过分光镜 9 也射向目镜 19。两路光束相遇叠加产生干涉,通过目镜 19 可以看到定位在被测表面的干涉条纹,如图 4—13 所示。其中,图 4—13(a)是工件表面在仪器视场中的干涉条纹图。由于被测表面有微观的峰、谷存在,峰、谷处的光程就不一样,造成干涉条纹的弯曲,弯曲量的大小,与相应部位峰、谷高差值 h 有确定的数量关系,即:

$$h = \frac{a}{b} \frac{\lambda}{2} \tag{4—5}$$

式中　　a——干涉条纹的弯曲量;

　　　　b——干涉条纹的宽度;

　　　　λ——光波波长(白光 $\approx 0.54\mu m$)。

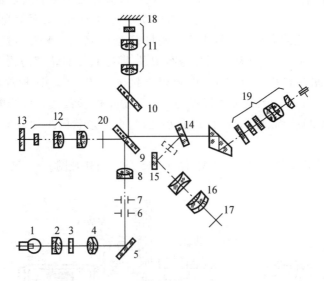

图 4—12

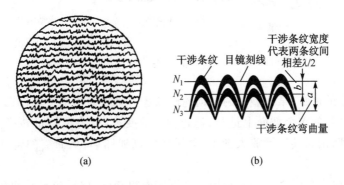

(a)　　　　　　　　　　(b)

图 4—13

因此,我们可用目测估计出 a/b 的比值或利用测微目镜测出 a,b 的数值,如图 4—13(b)所示,N_1,N_2,N_3 表示测微目镜测量时的对准线,当 N_1,N_2,N_3 分别对准时在仪器的测微目镜鼓轮上可分别读出三个读数,并用它们算出 a,b 值。然后按式(4—5)算出 h 值。

四、针描法

针描法是利用触针直接在被测表面上轻轻划过,从而测出表面粗糙度的 Ra 值。

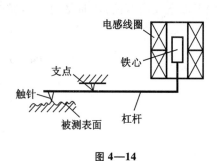

图 4—14

电动轮廓仪(又称表面粗糙度检查仪或测面仪)就是利用针描法来测量表面粗糙度。仪器由传感器、驱动器、指示表、记录器和工作台等主要部件组成。传感器端部装有金刚石触针(图 4—14),触针尖端曲率半径 r 很小。测量时将触针搭在工件上,与被测表面垂直接触,利用驱动器以一定的速度拖动传感器。由于被测表面轮廓峰谷起伏,触针在被测表面滑行时,将产生上下移动,这种机械的上下移动通过杠杆传递,也使杠杆另一端的铁心上、下移动,从而引起电感线圈中的电感量发生变化,电感量变化的大小与触针上下移动量成比例,经电子装置将这一微弱电量的变化放大、相敏检波和功率放大后,推动记录器进行记录,即得到截面轮廓的放大图;或者把信号通过适当的环节进行滤波和积分计算后,由电表直接读出 Ra 值。这种仪器适用于测定 5 ~ 0.025μm 的 Ra 值,其中有少数型号的仪器还可测定更小的参数值。仪器配有各种附件,以适应平面、内外圆柱面、圆锥面、球面、曲面以及小孔、沟槽等形状的工件表面测量。测量迅速方便,测值准确度高。

我国生产的电动轮廓仪有 BCJ－2 型,图 4—15 是它的外观图。

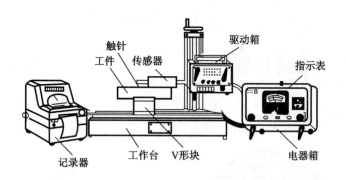

图 4—15

随着电子技术的进步,某些型号的电动轮廓仪还可将表面粗糙度的凹凸不平做三维处理。测量时应在相互平行的多个截面上进行,通过模—数变换器,将模拟量转换为数字量,送入计算机进行数据处理,记录其三维放大图形,并求出等高线图形,从而更加合理的评定被测面的表面粗糙度。

近年来,很多研究部门都在研究利用激光测表面粗糙度,以适应自动化生产的需要。我国沈阳市机电工业研究设计院等几个单位共同研制成功了数字激光平面粗糙度检查仪。该仪器利用激光光斑法,采用光电转换电压比的原理来检查金属表面粗糙度。

此外,根据随机过程理论,对表面粗糙度进行动态测量,也是正在探索的一个方面。

第五章　光滑极限量规

第一节　基 本 概 念

在机器制造中,工件的尺寸一般使用通用计量器具来测量,但在成批或大量生产中,多采用极限量规来检验。

光滑极限量规是以被测孔或轴的最大极限尺寸和最小极限尺寸为公称尺寸(或基本尺寸)的标准测量面,能反映控制被测孔或轴边界条件的无刻度长度测量器具。用它来检验时,只能确定被测孔或轴是否在允许的极限尺寸范围内,不能测量出实际尺寸。

检验孔径的光滑极限量规叫做塞规。图 5—1 所示为塞规直径与孔径的关系。一个塞规按被测孔的最大实体尺寸(即孔的最小极限尺寸)制造,另一个塞规按被测孔的最小实体尺寸(即孔的最大极限尺寸)制造。前者叫做塞规的"通规"(或"通端"),后者叫做塞规的"止规"(或"止端")。塞规的通规用于检验孔的体外作用尺寸是否超出最大实体尺寸,塞规的止规用于检验孔的实际尺寸是否超出最小实体尺寸。使用时,塞规的通规通过被检验孔,表示被测孔径大于最小极限尺寸;塞规的止规,塞不进被检验孔,表示被测孔径小于最大极限尺寸,即说明孔的实际尺寸在规定的极限尺寸范围内,被检验孔是合格的。

同理,检验轴径的光滑极限量规,叫做环规或卡规。图 5—2 所示为卡规尺寸与轴径的关系。一个卡规按被测轴的最大实体尺寸(即轴的最大极限尺寸)制造;另一个卡规按被测轴的最小实体尺寸(即轴的最小极限尺寸)制造。前者叫做卡规的"通规",后者叫做卡规的"止规"。卡规的通规用于检验轴的体外作用尺寸是否超出最大实体尺寸,卡规的止规用于检验轴的实际尺寸是否小于最小实体尺寸。使用时,卡规的通规能顺利地滑过轴径,表示被测轴径比最大极限尺寸小。卡规的止规滑不过去,表示轴径比最小极限尺寸大。即说明被测轴的实际尺寸在规定的极限尺寸范围内,被检验轴是合格的。

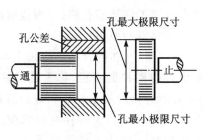

图 5—1　塞规

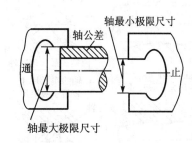

图 5—2　卡规

由此可知,不论是塞规还是卡规,如果"通规"通不过被测工件,或者"止端"通过了被测工件,即可确定被测工件是不合格的。

塞规和卡规一样,把"通规"和"止规"联合起来使用,就能判断被测孔径和轴径是否在规定的极限尺寸范围内。因此,把这些光滑塞规和卡规叫做光滑极限量规。

光滑极限量规国家标准（GB/T 1957—2006），是参考国际标准（ISO），结合我国实际情况制定的。本章主要介绍这个标准的内容。

根据量规不同用途，光滑极限量规分为三类。

（1）工作量规　它是工人在制造过程中，用来检验工件时使用的量规。它包括工作塞规和工作环规（或卡规），量规的"通规"（或通端）用代号"T"表示，"止规"（或止端）用代号"Z"表示。

（2）校对量规　是用来检验轴用工作环规（或卡规）在制造中是否符合公差要求，在使用中是否已达到磨损极限时使用的量规。它分为以下三种。

①检验工作环规（或卡规）　通规的校对量规，称为"校通—通"塞规，用代号"TT"表示。使用时，该塞规整个长度都应进入工作环规（或卡规）孔内，而且在孔的全长上进行检测。

②检验工作环规（或卡规）　止规的校对量规，称为"校止—通"塞规，用代号"ZT"表示。使用时与前述情况相同。

③检验工作环规（或卡规）　通规磨损极限的校对量规，称为"校通—损"塞规，用代号"TS"表示。使用时，该塞规不应进入被校对环规（或卡规）孔内，如果进入表示超出磨损极限。

（3）验收量规　是检验部门和用户代表验收产品时使用的量规。

光滑极限量规国家标准（GB/T 1957—2006），没有规定验收量规标准，但标准推荐：制造厂验收工件时，生产工人应该使用新的或磨损较少的工作塞规和工作环规（或卡规）通规；检验部门应该使用与生产工人相同型式且已磨损较多的工作塞规和环规（或卡规）通规。从而保证由生产工人自检合格的工件检验人员验收时也一定合格。

用户代表在用量规验收工件时，通规应按近工件最大实体尺寸；止规应接近工件最小实体尺寸。

在用上述规定的量规检验工件时，如果判断有争议，应使用下述尺寸的量规来仲裁。

通规应等于或接近于工件最大实体尺寸；止规应等于或接近于工件最小实体尺寸。

第二节　泰勒原则

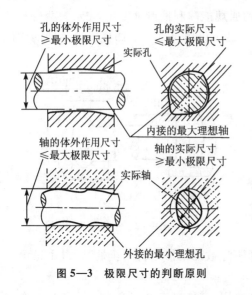

图 5—3　极限尺寸的判断原则

由于形状误差的存在，工件尺寸虽然位于极限尺寸范围内也有可能装配困难，何况工件上各处的实际尺寸往往不相等，故用量规检验时，为了正确地评定被测工件是否合格，是否能装配，光滑极限量规应遵循泰勒原则[①]来设计。

如图 5—3 所示，在配合面的全长上与实际孔内接的最大理想圆柱面直径，称为孔的体外作用尺寸；与实际轴外接的最小理想圆柱面直径，称为轴的体外作用尺寸。当工件存在形状误差时，孔的体外作用尺寸一般小于该孔的最小实际尺寸，轴的体外作用尺寸一般大于该轴的最大实际尺寸；当工件没有形状误差时，其体外作用尺寸就等于实际尺寸。

注：①　泰勒原则：是在 1905 年由 W.泰勒（William Taylor）提出，见 1905 英国专利 6900。

在生产中,为了在尽可能切合实际的情况下,保证达到国家标准"极限与配合"的要求,用量规检验工件时,工件的尺寸极限应按"泰勒原则"来判断。

所谓泰勒原则,是指孔的体外作用尺寸应大于或等于孔的最小极限尺寸,并在任何位置上孔的最大实际尺寸应小于或等于孔的最大极限尺寸;轴的体外作用尺寸应小于或等于轴的最大极限尺寸,并在任何位置上轴的最小实际尺寸应大于或等于轴的最小极限尺寸。

用光滑极限量规检验工件时,符合泰勒原则的量规如下:

"通规"用于控制工件的体外作用尺寸,它的测量面理论上应具有与孔或轴相应的完整表面(即全形量规),其尺寸等于孔或轴的最大实体尺寸,且量规长度等于配合长度。

"止规"用于控制工件的实际尺寸,它的测量面理论上应为点状的(即不全形量规),其尺寸等于孔或轴的最小实体尺寸。

在实际应用中,由于量规的制造和使用方便等原因,极限量规常偏离上述原则。在光滑极限量规国标中,对某些偏离做了一些规定,提出了一些要求。例如,为了用已标准化的量规,允许通规的长度小于结合长度;对大孔,用全形塞规通规,既笨重又不便使用,允许用不全形塞规或球端杆规;环规通规不便于检验曲轴,允许用卡规代替。

又如"止规"也不一定是两点接触式,由于点接触容易磨损,一般常用小平面、圆柱或球面代替点。检验小孔的塞规"止规",常用便于制造的全形塞规。刚性差的工件,由于考虑受力变形,常用全形的塞规和环规。

光滑极限量规国家标准规定,使用偏离泰勒原则的量规时,应保证被检验工件的形状误差不致影响配合的性质。

泰勒原则是设计极限量规的依据,用这种极限量规检验工件,基本上可保证工件极限与配合的要求,达到互换的目的。

第三节　量规公差带

量规是一种精密检验工具,制造量规和制造工件一样,不可避免地会产生误差,故必须规定尺寸公差。量规尺寸公差的大小决定了量规制造的难易程度。

工作量规"通规"工作时,要经常通过被检验工件,其工件表面不可避免地会发生磨损,为了使通规有一合理的使用寿命,除规定尺寸公差外,还规定了磨损极限。磨损极限的大小,决定了量规的使用寿命。

对于工作量规"止规",由于不经常通过被测工件,磨损很少,故未规定磨损极限。

光滑极限量规是控制工件的极限尺寸。工作量规"通规"控制工件的最大实体尺寸(即孔的最小极限尺寸,或轴的最大极限尺寸);工作量规"止规"控制工件的最小实体尺寸(即孔的最大极限尺寸,或轴的最小极限尺寸)。

图5—4所示,为《光滑极限量规》国家标准规定的量规公差带图。

工作量规"通规"的尺寸公差带对称于 Z_1 值(该值系"通规"尺寸公差带中心到工件最大实体尺寸之间的距离),其磨损极限与工件的最大实体尺寸重合。

工作量规"止规"的尺寸公差带,是从工件的最小实体尺寸起,向工件的公差带内分布。

校对量规的公差带分布规定如下:

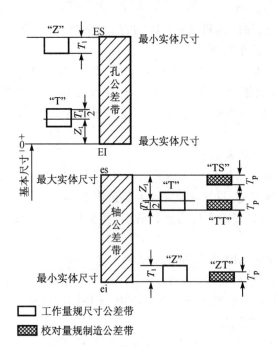

图 5—4　量规公差带图

图中：T_1—工作量规尺寸公差；

　　　Z_1—工作量规尺寸公差带中心到工件最大实体尺寸之间的距离；

　　　T_p—校对量规尺寸公差。

■ 工作量规尺寸公差带
▨ 校对量规制造公差带

检验轴用环规（或卡规）"通规"的"校通—通"塞规，其代号为"TT"。它的作用是防止通规尺寸过小（制造时过小或使用中由于损伤、自然时效等变小）。检验时应通过被校对的轴用环规（或卡规）。这种量规的公差带，是从通规的下偏差起，向轴用环规（或卡规）通规公差带内分布。

检验轴用环规（或卡规）"通规"磨损极限的"校通—损"塞规，其代号为"TS"。它的作用是防止通规超出磨损极限尺寸，检验时，若通过了，则说明被校对的轴用环规（或卡规）通规已用到磨损极限，应予废弃。这种量规的公差带，是从通规的磨损极限起，向通规磨损区域内分布。

检验轴用环规（或卡规）"止规"的"校止—通"塞规，其代号为"ZT"。它的作用是防止"止规"尺寸过小，检验时应通过被校对的轴用环规（或卡规）"止规"。这种量规的公差带，是从"止规"的下偏差起，向轴用环规（或卡规）"止规"公差带内分布。

国家标准（GB/T1957—2006）规定 IT6 ~ IT16 级工件用的工作量规的尺寸公差 T_1 及通规位置要素 Z_1 值（这里只摘录了 IT6 ~ IT12 级），列于表 5—1。

表 5—1　IT6 ~ IT12 级工作量规尺寸公差 T_1 和通规位置要素值 Z_1（摘要）　μm

工件孔或轴的基本尺寸/mm	工件孔或轴的公差等级																				
	IT6			IT7			IT8			IT9			IT10			IT11			IT12		
	孔或轴的公差	T_1	Z_1	孔或轴的公差	T_1	Z_1	孔或轴的公差	T_1	Z_1	孔或轴的公差	T_1	Z_1	孔或轴的公差	T_1	Z_1	孔或轴的公差	T_1	Z_1	孔或轴的公差	T_1	Z_1
~3	6	1	1	10	1.2	1.6	14	1.6	2	25	2	3	40	2.4	4	60	3	6	100	4	9
大于3 ~ 6	8	1.2	1.4	12	1.4	2	18	2	2.6	30	2.4	4	48	3	5	75	4	8	120	5	11
大于6 ~ 10	9	1.4	1.6	15	1.8	2.4	22	2.4	3.2	36	2.8	5	58	3.6	6	90	5	9	150	6	13
大于10 ~ 18	11	1.6	2	18	2	2.8	27	2.8	4	43	3.4	6	70	4	8	110	6	11	180	7	15
大于18 ~ 30	13	2	2.4	21	2.4	3.4	33	3.4	5	52	4	7	84	5	9	130	7	13	210	8	18
大于30 ~ 50	16	2.4	2.8	25	3	4	39	4	6	62	5	8	100	6	11	160	8	16	250	10	22

工件孔或轴的基本尺寸/mm	工件孔或轴的公差等级																				
	IT6			IT7			IT8			IT9			IT10			IT11			IT12		
	孔或轴的公差	T_1	Z_1	孔或轴的公差	T_1	Z_1	孔或轴的公差	T_1	Z_1	孔或轴的公差	T_1	Z_1	孔或轴的公差	T_1	Z_1	孔或轴的公差	T_1	Z_1	孔或轴的公差	T_1	Z_1
大于 50~80	19	2.8	3.4	30	3.6	4.6	46	4.6	7	74	6	9	120	7	13	190	9	19	300	12	26
大于 80~120	22	3.2	3.8	35	4.2	5.4	54	5.4	8	87	7	10	140	8	15	220	10	22	350	14	30
大于 120~180	25	3.8	4.4	40	4.8	6	63	6	9	100	8	12	160	9	18	250	12	25	400	16	35
大于 180~250	29	4.4	5	46	5.4	7	72	7	10	115	9	14	185	10	20	290	14	29	460	18	40
大于 250~315	32	4.8	5.6	52	6	8	81	8	11	130	10	16	210	12	22	32	16	32	520	20	45
大于 315~400	36	5.4	6.2	57	7	9	89	9	12	140	11	18	230	14	25	360	18	36	570	22	50
大于 400~500	40	6	7	63	8	10	97	10	14	155	12	20	250	16	28	400	20	40	630	24	55

国家标准又作出下列规定：

工作量规的形状和位置误差,应在工作量规尺寸公差范围内。其公差为量规尺寸公差的50%。当量规尺寸公差小于或等于 0.002mm 时,其形状和位置公差为 0.001mm。

校对塞规的尺寸公差,为被校对的轴用环规(或卡规)尺寸公差的50%。其形状误差应在校对塞规尺寸公差范围内。

表 5—1 中的数值 T_1 和 Z_1 是考虑量规的制造工艺水平和一定的使用寿命,按一定的关系式计算确定的,这里未做介绍。

根据上述可以看出,工作量规公差带位于工件极限尺寸范围内,校对量规公差带位于被校对轴用环规(或卡规)的公差带内,从而保证了工件符合国家标准"极限与配合"的要求。同时,国家标准规定的工作量规公差 T_1 和通规位置要素值 Z_1 的规律性较强,便于发展。但是,相应地缩小了工件的尺寸公差,给生产带来了一些困难。

第四节　量　规　设　计

一、量规型式的选择

检验圆柱形工件的光滑极限量规型式很多。合理的选择和使用,对正确判断测量结果影响很大。按照国标推荐,测孔时,可用下列几种型式的量规(表 5—2)。

①全形塞规;②不全形塞规;③片状塞规;④球端杆规。

测轴时,可用下列型式的量规(表 5—2)。

①环规;②卡规。

上述各种型式的量规及应用尺寸范围,供选用时参考。具体结构参看工具专业标准。

表 5—2

用 途	推荐顺序	量规的工作尺寸/mm			
		~18	大于 18~100	大于 100~315	大于 315~500
工件孔用的 通规量规型式	1	全形塞规		不全形塞规	球端杆规
	2	—	不全形塞规或片形塞规	片形塞规	—
工件孔用的 止规量规型式	1	全形塞规	全形或片形塞规		球端杆规
	2	—	不全形塞规		
工件轴用的 通规量规型式	1	环规		卡规	
	2	卡规		—	
工件轴用的 止规量规型式	1	卡规			
	2	环规	—		

二、量规工作尺寸的计算

光滑极限量规工作尺寸计算的一般步骤如下。

①由极限与配合 国家标准(GB/T 1800.1—2009)查出孔、轴标准公差和基本偏差。

②由表 5—1 查出工作量规尺寸公差 T_1 和位置要素 Z_1 值。

按工作量规尺寸公差 T_1,确定工作量规的形状公差和校对量规的尺寸公差。

③计算各种量规的极限偏差或工作尺寸。

【例 5—1】 计算 $\phi25\,H\,8/f\,7$ 孔与轴用量规的极限偏差。

解:由国家标准(GB/T 1800.1—2009)查出孔、轴标准公差和基本偏差,由此确定出孔、轴的上、下偏差。

孔　　ES = +0.033mm

　　　　EI = 0

轴　　es = -0.02mm

　　　　ei = -0.041mm

由表 5—1 查出工作量规的尺寸公差 T_1 和位置要素 Z_1,并确定量规的形状公差和校对量规的尺寸公差:

塞规尺寸公差　　$T_1 = 0.0034$mm

塞规位置要素　　$Z_1 = 0.005$mm

塞规形状公差　　$T_1/2 = 0.0017$mm

卡规尺寸公差　　$T_1 = 0.0024$mm

卡规位置要素　　$Z_1 = 0.0034$mm

卡规形状公差　　$T_1/2 = 0.0012$mm

校对量规尺寸公差 $T_p = T/2 = 0.0012$mm

参照量规公差带图计算各种量规的极限偏差:

(1)$\phi25\,H\,8$ 孔用工作塞规

"通规"(T):

上偏差 $= EI + Z_1 + T_1/2 = 0 + 0.005 + 0.0017 = +0.0067mm$

下偏差 $= EI + Z_1 - T_1/2 = 0 + 0.005 - 0.0017 = +0.0033mm$

磨损极限 $= EI = 0$

"止规"（Z）：

上偏差 $= ES = +0.033mm$

下偏差 $= ES - T_1 = 0.033 - 0.0034 = +0.0296mm$

（2）$\phi25\ f7$ 轴用工作卡规

"通规"（T）：

上偏差 $= es - Z_1 + T_1/2 = -0.02 - 0.0034 + 0.0012 = -0.0222mm$

下偏差 $= es - Z_1 - T_1/2 = -0.02 - 0.0034 - 0.0012 = -0.0246mm$

磨损极限 $= es = -0.02mm$

"止规"（Z）：

上偏差 $= ei + T_1 = -0.041 + 0.0024 = -0.0386mm$

下偏差 $= ei = -0.041mm$

（3）轴用卡规的校对量规

"校通—通"塞规（TT）：

上偏差 $= es - Z_1 - T_1/2 + T_p = -0.02 - 0.0034 - 0.0012 + 0.0012 = -0.0234mm$

下偏差 $= es - Z_1 - T_1/2 = -0.02 - 0.0034 - 0.0012 = -0.0246mm$

"校通—损"塞规（TS）：

上偏差 $= es = -0.02mm$

下偏差 $= es - T_p = -0.02 - 0.0012 = -0.0212mm$

"校止—通"塞规（ZT）：

上偏差 $= ei + T_p = -0.041 + 0.0012 = -0.0398mm$

下偏差 $= ei = -0.041mm$

（4）$\phi25\dfrac{H8}{f7}$孔与轴用量规公差带,如图5—5。

三、量规的技术要求

量规测量面的材料,可用淬硬钢(合金工具钢、碳素工具钢、渗碳钢)和硬质合金等材料制造,也可在测量面上镀以厚度大于磨损量的镀铬层、氮化层等耐磨材料。

量规的测量面不应有锈迹、毛刺、黑斑、划痕等缺陷。其他表面不应有锈蚀和裂纹。

量规的测头和手柄联结应牢固可靠,在使用过程中不应松动。

量规测量面的硬度,对量规使用寿命有一定影响,通常用淬硬钢制造的量规,其测量面的硬度不应小于700HV(或60HRC)。

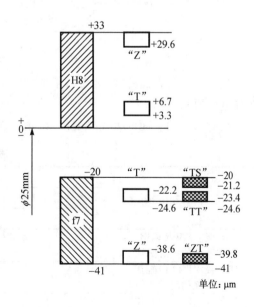

图 5—5

量规测量面的表面粗糙度,取决于被检验工件的基本尺寸、公差等级和粗糙度以及量规的制造工艺水平。量规表面粗糙度的大小,随上述因素和量规结构型式的变化而异。工作量规测量面一般不应大于光滑极限量规国家标准推荐的表面粗糙度 Ra 值,见表5—3。

表5—3　工作量规测量面的表面粗糙度

工 作 量 规	工作量规的基本尺寸/mm		
	小于或等于120	大于120、小于或等于315	大于315、小于或等于500
	工作量规测量面的表面粗糙度 Ra 值/μm		
IT6 级孔用工作塞规	0.05	0.10	0.20
IT7 级～IT9 级孔用工作塞规	0.10	0.20	0.40
IT10 级～IT12 级孔用工作塞规	0.20	0.40	0.80
IT13 级～IT16 级孔用工作塞规	0.40	0.80	
IT6 级～IT9 级轴用工作环规	0.10	0.20	0.40
IT10 级～IT12 级轴用工作环规	0.20	0.40	0.80
IT13 级～IT16 级轴用工作环规	0.40	0.80	

工作量规工作尺寸的标注如图5—6所示。

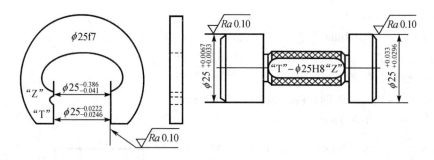

图 5—6

校对塞规的表面外观、测头与手柄的联结程度、制造材料、测量面硬度及处理,国标规定与工作量规要求相同。

校对塞规测量面的表面粗糙度 Ra 值不应大于表5—4的规定。

表5—4

校 对 塞 规	校对塞规的基本尺寸/mm		
	小于或等于120	大于120、小于或等于315	大于315、小于或等于500
	校对量规测量面的表面粗糙度 Ra 值/μm		
IT6 级～IT9 级轴用工作环规的校对塞规	0.05	0.10	0.20
IT10 级～IT12 级轴用工作环规的校对塞规	0.10	0.20	0.40
IT13 级～IT16 级轴用工作环规的校对塞规	0.20	0.40	

第六章　滚动轴承的公差与配合

第一节　概　述

滚动轴承是机器上一种标准化部件。其基本结构一般由内圈、外圈、滚动体(钢球、滚柱或滚针)和保持架(又称隔离圈)所组成(图6—1)。滚动轴承的内径 d 和外径 D 是配合的公称尺寸,滚动轴承就是用这两个尺寸分别与轴径和外壳孔径相配合。

滚动轴承按其承受负荷的方向,分为向心轴承(承受径向力)、向心推力轴承(同时承受径向力和轴向力)和推力轴承(承受轴向力);按其滚动体形状,分为球轴承、圆柱(圆锥)滚子轴承。图6—1所示为向心球轴承。

滚动轴承由专业工厂生产,它是具有两种互换性的部件。滚动轴承配合尺寸(内径 d 和外径 D)的互换性,称为完全互换性;滚动轴承组成零件之间的互换性(因为采用分组装配法装配),称为不完全互换性。

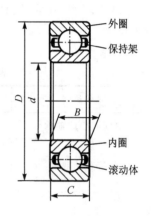

外圈
保持架
内圈
滚动体

图6—1　滚动轴承

滚动轴承的精度,由滚动轴承的尺寸精度和旋转精度决定。前者是指轴承内径 d、外径 D、内圈宽度 B、外圈宽度 C 和装配高 T 的尺寸公差;后者是指成套轴承内、外圈的径向跳动(K_{ia},K_{ea})和轴向跳动(S_{ia},S_{ea}),内圈端面对内孔的垂直度(S_d)以及外圈外表面对端面的垂直度(S_D)等。

为了实现滚动轴承互换性的要求,我国制定了滚动轴承公差标准,它不仅规定了滚动轴承的尺寸精度、旋转精度和测量方法;还规定了与滚动轴承相配合的轴和外壳孔的公差带、配合、形位公差及表面粗糙度等。设计时,根据产品精度和结构要求,选择合适的滚动轴承。

第二节　滚动轴承的公差等级

《滚动轴承　通用技术规则》(GB/T 307.3—2005)国家标准规定,滚动轴承的公差等级按尺寸精度和旋转精度分级。

向心轴承的公差等级分为0,6,5,4,2 五级。

圆锥滚子轴承的公差等级分为0,6x,5,4,2 五级。

推力轴承的公差等级分为0,6,5,4 四级。

从0～2级,精度依次增高,2级精度最高,0级精度最低。

滚动轴承各级精度的应用:

0 级轴承在机械制造中应用最广,常称普通级轴承。通常用于旋转精度要求不高、中等负荷、中等转速的一般机构中。例如,普通机床的进给机构;汽车和拖拉机的变速机构;普通电机、水泵、压缩机等一般通用机械的旋转机构。

6 级轴承用于旋转精度或旋转速度较高的旋转机构中,例如,普通车床、铣床的传动轴承,精密车床、铣床的后轴承。

5,4 级轴承用于旋转精度和转速都高的旋转机构,例如,精密车床、精密铣床及镗床的主轴轴承多用 5 级轴承;高精度磨床、螺纹磨床则用 4 级轴承。

2 级轴承用于旋转精度和旋转速度要求特别高的旋转机构,例如,高精度坐标镗床、高精度齿轮磨床和精密丝杆车床的主轴轴承。

2,4,5,6 级轴承,统称高精度轴承,这类轴承在各类金属切削机床中应用很广,可参看表 6—1。

表 6—1　金属切削机床主轴轴承公差等级

轴承类型	公差等级	应用情况
单列向心球轴承	4,2	高精度磨床,丝锥磨床,螺纹磨床,磨齿机,插齿刀磨床(2 级)
角接触球轴承	5	精密镗床,内圆磨床,齿轮加工机床
	6	普通车床,铣床
双列圆柱滚子轴承	4	精密丝杠车床,高精度车床,高精度外圆磨床
	5	精密车床,精密铣床,六角车床,普通外圆磨床,多轴车床,镗床
	6	普通车床,自动车床,铣床,立式车床
圆柱滚子轴承 调心滚子轴承	6	精密车床及铣床的后轴承
圆锥滚子轴承	2,4	坐标镗床(2 级),磨齿机(4 级)
	5	精密车床,精密铣床,镗床,精密六角车床,滚齿机
	6x	普通车床、铣床
推力球轴承	6	一般精度机床

第三节　滚动轴承内径和外径的公差带及其特点

滚动轴承的内圈和外圈都是薄壁零件,精度要求很高,在制造、保管和自由状态时,容易变形(如变成椭圆形),但当轴承内圈与轴配合,外圈与外壳孔配合后,这种变形也容易得到纠正。由于滚动轴承精度要求高以及产品的结构特点,《滚动轴承　公差　定义》(GB/T 4199—2003)对轴承内、外径,宽度和成套轴承的旋转精度指标等都提出了很多很高的要求。它不仅控制轴承与轴和外壳孔配合的尺寸精度,而且控制轴承内、外圈的变形程度。下面介绍滚动轴承的尺寸精度、旋转精度以及轴承内、外径公差带特点。

1. 滚动轴承的尺寸精度

滚动轴承尺寸精度是指轴承内圈内径 d、外圈外径 D、内圈宽度 B、外圈宽度 C 和装配高 T 的制造精度。

d 和 D 是指轴承内、外径的公称尺寸。d_s 和 D_s 是轴承的单一内径和外径,它是指与实际内孔(外圈)表面和一径向平面的交线相切的两平行切线之间的距离。Δ_{ds} 和 Δ_{Ds} 是轴承单一内径、外径偏差,即 $\Delta_{ds} = d_s - d$,$\Delta_{Ds} = D_s - D$。它控制同一轴承单一内径、外径偏差。V_{dsp} 和 V_{Dsp} 是指轴承单一平面内径、外径的变动量,即 $V_{dsp} = d_{s\,max} - d_{s\,min}$,$V_{Dsp} = D_{s\,max} - D_{s\,min}$。它用于控制轴承单一平面内径、外径圆度误差。

d_{mp} 和 D_{mp} 是指同一轴承单一平面平均内径和外径,即 $d_{mp} = (d_{s\,max} + d_{s\,min})/2$,$D_{mp} = (D_{s\,max} + D_{s\,min})/2$。$\Delta_{dmp}$ 和 Δ_{Dmp} 是指同一轴承单一平面平均内径和外径偏差,即 $\Delta_{dmp} = d_{mp} - d$,$\Delta_{Dmp} = D_{mp} - D$。它用于控制轴承与轴和外壳孔装配后的配合尺寸偏差。V_{dmp} 和 V_{Dmp} 是指同一轴承圈平均内径、外径的变动量,即 $V_{dmp} = d_{mp\,max} - d_{mp\,min}$,$V_{Dmp} = D_{mp\,max} - D_{mp\,min}$。它是控制轴承与轴和壳体孔装配后,在配合面上的圆柱度误差。

B 和 C 是滚动轴承内圈、外圈宽度的公称尺寸。Δ_{Bs} 和 Δ_{Cs} 是指轴承内、外圈单一宽度偏差,即 $\Delta_{Bs} = B_s - B$,$\Delta_{Cs} = C_s - C$。用于控制内、外圈宽度的实际偏差。V_{Bs} 和 V_{Cs} 是轴承内、外圈宽度的变动量,即 $V_{Bs} = B_{s\,max} - B_{s\,min}$,$V_{Cs} = C_{s\,max} - C_{s\,min}$。它用于控制内、外圈宽度方向的形位误差。

2. 滚动轴承的旋转精度

用于滚动轴承旋转精度的评定参数有:

K_{ia},K_{ea}——成套轴承内、外圈的径向跳动;

S_{ia},S_{ea}——成套轴承内、外圈的轴向跳动;

S_d——内圈端面对内孔的垂直度;

S_D——外圈外表面对端面的垂直度;

S_{ea1}——成套轴承外圈凸缘背面轴向跳动;

S_{D1}——外圈外表面对凸缘背面的垂直度。

对不同公差等级、不同结构型式的滚动轴承,其尺寸精度和旋转精度的评定参数有不同要求。表6—2、表6—3是按《滚动轴承向心轴承公差》(GB/T 307.1—2005)分别摘录了各级向心轴承内圈、外圈评定参数的公差值,供使用参考。

表6—2　向心轴承内径公差　　　　　　　　　μm

d/mm	公差等级	Δ_{dmp}		Δ_{ds} ①		V_{dsp} 直径系列			V_{dmp}	K_{ia}	S_d	S_{ia} ②	Δ_{Bs}			V_{Bs}
						9	0,1	2,3,4					全部	正常	修正 ③	
		上差	下差	上差	下差	最大			最大	最大	最大	最大	上差	下差		最大
30 ~ 50	0	0	− 12	—	—	15	12	9	9	15	—	—	0	− 120	− 250	20
	6	0	− 10			13	10	8	8	10			0	− 120	− 250	20
	5	0	− 8			8	6	6	4	5	8	8	0	− 120	− 250	5
	4	0	− 6	0	6	6	5	5	3	4	4	4	0	− 120	− 250	3
	2	0	− 2.5	0	− 2.5	2.5			1.5	2.5	1.5	2.5	0	− 120	− 250	1.5

续表

d/mm	公差等级	Δ_{dmp}		Δ_{ds}①		V_{dsp} 直径系列			V_{dmp}	K_{ia}	S_d	S_{ia}②	Δ_{Bs}			V_{Bs}
						9	0,1	2,3,4					全部	正常	修正③	
		上差	下差	上差	下差	最大			最大	最大	最大	最大	上差	下差		最大
50 ~ 80	0	0	−15			19	19	11	11	20			0	−150	−380	25
	6	0	−12			15	15	9	9	10			0	−150	−380	25
	5	0	−9			9	7	7	5	5	8	8	0	−150	−250	6
	4	0	−7	0	−7	7	5	5	3.5	5	5	5	0	−150	−250	4
	2	0	−4	0	−4	4			2	2.5	1.5	2.5	0	−150	−250	1.5

注:①4,2级轴承仅用于直径系列0,1,2,3及4。

②5,4,2级轴承仅适用于沟型球轴承。

③用于各级轴承的成对和成组安装时,单个轴承的内、外圈。其中0,6,5级轴承也适用于$d \geqslant 50\text{mm}$锥孔轴承的内圈。

表 6—3　向心轴承外圈公差　　　　　　μm

D/mm	公差等级	Δ_{Dmp}		Δ_{Ds}④		V_{Dsp}①⑤ 开型轴承、闭型轴承 直径系列				V_{Dmp}①	K_{ea}	S_D③ S_{D1}②	S_{ea}②③	S_{eal}②	Δ_{Cs} Δ_{C1s}②		V_{Cs} V_{C1s}②
						9	0,1	2,3,4	0,1,2,3,4								
		上差	下差	上差	下差	最大				最大	最大	最大	最大	最大	上差	下差	最大
50 ~ 80	0	0	−13	—	—	16	13	10	20	10	25	—	—	—	与同一轴承内圈的Δ_{Bs}及V_{Bs}相同		
	6	0	−11	—	—	14	11	8	16	8	13						
	5	0	−9	—	—	9	7	7	—	5	8	8	10	14	与同一轴承内圈的Δ_{Bs}相同		6
	4	0	−7	0	−7	7	5	5	—	3.5	5	4	5	7			3
	2	0	−4	0	−4	4	4	4	—	2	4	1.5	4	6			1.5
80 ~ 120	0	0	−15	—	—	19	19	11	26	11	35	—	—	—	与同一轴承内圈的Δ_{Bs}及V_{Bs}相同		
	6	0	−13	—	—	16	16	10	20	10	18						
	5	0	−10	—	—	10	8	8	—	5	10	9	11	16	与同一轴承内圈的Δ_{Bs}相同		8
	4	0	−8	0	−8	8	6	6	—	4	6	5	6	8			4
	2	0	−5	0	−5	5	5	5	—	2.5	5	2.5	6	7			2.5

注:①0,6级轴承仅适用于内、外止动环安装前或拆卸后。

②仅适用于沟型球轴承。

③5,4,2级轴承不适用于凸缘外圈轴承。

④4级轴承仅适用于直径系列1,2,3和4。

⑤2级轴承仅适用于直径系列1,2,3和4的开型和闭型轴承。

【例6—1】 有两个4级精度的中系列向心轴承,公称内径 $d = 40\text{mm}$,从表6—2查得内径的尺寸公差及形状公差为:

$$d_{s\,\text{max}} = 40\text{mm} \qquad d_{s\,\text{min}} = 40 - 0.006 = 39.994\text{mm}$$
$$d_{mp\,\text{max}} = 40\text{mm} \qquad d_{mp\,\text{min}} = 40 - 0.006 = 39.994\text{mm}$$
$$V_{dsp} = 0.005\text{mm} \qquad V_{dmp} = 0.003\text{mm}$$

假设两个轴承量得的内径尺寸如表6—4所示,则其合格与否,要按表中计算结果确定:

表6—4 mm

	第一个轴承			第二个轴承		
测量平面	I	II		I	II	
量得的单一内径尺寸 d_s	$d_{s\,\text{max}} = 40.000$ $d_{s\,\text{min}} = 39.998$	$d_{s\,\text{max}} = 39.997$ $d_{s\,\text{max}} = 39.995$	合格	$d_{s\,\text{max}} = 40.000$ $d_{s\,\text{min}} = 39.994$	$d_{s\,\text{max}} = 39.997$ $d_{s\,\text{min}} = 39.995$	合格
计算结果 d_{mp}	$d_{mp\,I} = \dfrac{40 + 39.998}{2}$ $= 39.999$	$d_{mp\,II} = \dfrac{39.997 + 39.995}{2}$ $= 39.996$	合格	$d_{mp\,I} = \dfrac{40 + 39.994}{2}$ $= 39.997$	$d_{mp\,II} = \dfrac{39.997 + 39.995}{2}$ $= 39.996$	合格
V_{dsp}	$V_{dsp} = 40 - 39.998$ $= 0.002$	$V_{dsp} = 39.997 - 39.995$ $= 0.002$	合格	$V_{dsp} = 40 - 39.994$ $= 0.006$	$V_{dsp} = 39.997 - 39.995$ $= 0.002$	不合格
V_{dmp}	$V_{dmp} = V_{dmp\,I} - V_{dmp\,II}$ $= 39.999 - 39.996 = 0.003$		合格	$V_{dmp} = V_{dmp\,I} - V_{dmp\,II}$ $= 39.997 - 39.996 = 0.001$		合格
结论	内径尺寸合格			内径尺寸不合格		

通过前面介绍和示例计算,说明滚动轴承国家标准对轴承内径 d 和外径 D,不仅规定了两种尺寸公差,还规定了两种形状公差。它的目的是既要控制轴承与轴和外壳孔配合的尺寸精度,又要控制轴承内、外圈的变形程度。

3. 滚动轴承内、外径公差带特点

滚动轴承内圈与轴配合应按基孔制,但内径的公差带位置却与一般基准孔相反,如图6—2所示,根据滚动轴承国家标准规定,0,6,5,4,2各级轴承的单一平面平均内径(d_{mp})的公差带都分布在零线下侧,即上偏差为零,下偏差为负值。这样分布主要是考虑配合的特殊需要。因为在多数情况下,轴承的内圈是随轴一起转动的,为了防止在它们之间发生相对运动而导致结合面磨损,则两者的配合应具有一定过盈。但由于内圈是薄壁零件,容易弹性变形胀大,且一定时间后又必须拆换,因此配合的过盈不宜过大,假如轴承内孔的公差带与一般基准孔一样分布在零线上侧,当采用极限与配合国家标准中的过盈配合时,所得的过盈往往太大;如果改用过渡配合,又可能出现间隙,不能保证具有一定的过盈;若采用非标准配合,又违反了标准化和互换性原则。为此,滚动轴承国标将 d_{mp} 的公差带分布在零线下侧。此时,当它与一般过渡配合的轴相配时,不但能保证获得不大的过盈,而且还不会出现间隙,从而满足了轴承内孔与轴配合的要求,同时又可按标准偏差来加工轴。

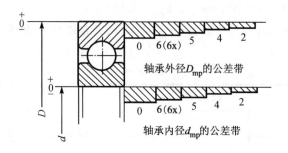

图6—2 轴承内、外径公差带图

滚动轴承的外径与外壳孔配合应按基轴制,通常两者之间不要求太紧。因此,滚动轴承公差国家标准对所有精度级轴承的单一平面平均外径(D_{mp})的公差带位置,仍按一般基准轴的规定,分布在零线以下。其上偏差为零,下偏差为负值。由于轴承精度要求很高,其公差值相对略小一些。

第四节 滚动轴承与轴和外壳孔的配合及其选择

《滚动轴承与轴和外壳的配合》(GB/T 275—1993)规定了与轴承内、外圈相配合的轴和外壳孔的尺寸公差带、形位公差、表面粗糙度以及配合选用的基本原则。

一、轴和外壳孔的尺寸公差带

轴承是一种标准化部件,由专门工厂生产。为了使轴承便于互换,轴承内圈与轴的配合采用基孔制;外圈与外壳孔的配合采用基轴制。根据生产实际情况,国家标准对与轴承内、外圈相配的轴与外壳孔的公差带,是从极限与配合国家标准(GB/T 1801—2009)中选出的。但由于轴承内圈平均内径(d_{mp})的公差带在零线以下,而极限与配合国家标准中基准孔的公差带在零线之上,所以轴承内圈与轴配合比极限与配合国家标准中的同名配合要紧得多。极限与配合国家标准中的一些过渡配合在这里实际上变成过盈配合的性质。

如前所述,滚动轴承外圈与外壳孔配合采用基轴制。其平均外径(D_{mp})的公差带位置与一般基准轴相同,但 D_{mp} 的公差值是特殊规定的,其数值相对略小些,所以,轴承外圈与外壳孔配合的松紧程度与极限与配合国家标准的同名配合相比,也不完全相同。

滚动轴承配合国家标准推荐了与0,6,5,4,2级轴承相配合的轴和外壳孔的公差带,列于表6—5中,其常用公差带图,如图6—3所示。

表 6—5　与滚动轴承各级精度相配合的轴和外壳孔公差带

轴承公差等级	轴公差带	外壳孔公差带
0 级	h8 h7　　　　　　　　　　　　　r7 g6，h6，j6，js6，k6，m6，n6，p6，r6 g5，h5，j5，　　　k5，m5	H8 G7，H7，J7，JS7，K7，M7，N7，P7 H6，J6，JS6，K6，M6，N6，P6
6 级	r7 g6，h6，j6，js6，k6，m6，n6，p6，r6 g5，h5，j5　　　k5，m5	H8 G7，H7，J7，JS7，K7，M7，N7，P7 H6，J6，JS6，K6，M6，N6，P6
5 级	k6，m6 h5，j5，js5，k5，m5	G6，H6，JS6，K6，M6 　　　JS5，K5，M5
4 级	h5，js5，k5，m5 h4，js4，k4	K6 H5，JS5，K5，M5
2 级	h3，js3	H4，JS4，K4 H3，JS3

注 1：孔 N6 与 0 级轴承（外径 $D < 150\text{mm}$）和 6 级轴承（外径 $D < 315\text{mm}$）的配合为过渡配合。

注 2：轴 r6 用于内径 $d > 120 \sim 500\text{mm}$，轴 r7 用于内径 $D > 180 \sim 500\text{mm}$。

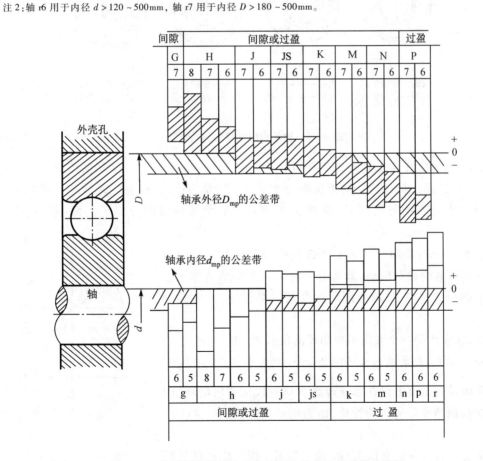

图 6—3　滚动轴承与轴和外壳孔配合的常用公差带关系图

二、轴承配合的选择

正确地选择轴承配合,对保证机器正常运转,提高轴承的使用寿命,充分发挥轴承的承载能力关系很大。选择轴承配合时,应综合地考虑:轴承的工作条件,作用在轴承上负荷的大小、方向和性质,轴承类型和尺寸,轴承游隙的要求与轴承相配的轴和外壳孔的材料和结构,工作温度,装卸和调整等因素。下面仅以主要因素分析如下。

1. 负荷类型

机器运转时,根据作用于轴承上的负荷相对于套圈的旋转情况,可将套圈所承受的负荷分为三种类型:即定向负荷、旋转负荷和摆动负荷。

(1)定向负荷:作用于轴承上的合成径向负荷与套圈相对静止,即负荷方向始终不变地作用在套圈滚道的局部区域上,该套圈所承受的这种负荷性质,称为定向负荷。例如轴承承受一个方向不变的径向负荷 F_r,固定不转的套圈所承受的负荷性质即为定向负荷[图6—4(a)、(b)]。

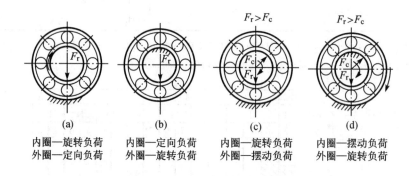

图6—4 轴承套圈承受的负荷类型

(2)旋转负荷:作用于轴承上的合成径向负荷与套圈相对旋转,即合成径向负荷顺次地作用在套圈滚道的整个圆周上,该套圈所承受的这种负荷性质,称为旋转负荷。例如轴承承受一个方向不变的径向负荷 F_r,旋转套圈所承受的负荷性质即为旋转负荷[图6—4(a)、(b)]。

(3)摆动负荷:作用于轴承上的合成径向负荷与所承受的套圈在一定区域内相对摆动,即其负荷向量经常变动地作用在套圈滚道的局部圆周上,该套圈所承受的负荷性质,称为摆动负荷。

例如,轴承承受一个方向不变的径向负荷 F_r 和一个较小的旋转径向负荷 F_c,两者的合成径向负荷 F,其大小与方向都在变动。但合成径向负荷 F 仅在非旋转套圈 $\widehat{AB}$ 一段滚道内摆动(图6—5),该套圈所承受的负荷性质,即为摆动负荷[图6—4(c)、(d)]。

通常受旋转负荷的套圈与轴(或外壳孔)相配应选过盈配

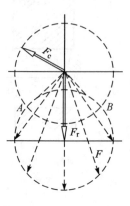

图6—5 摆动负荷

合,或较紧的过渡配合,其过盈量的大小,以不使套圈与轴或外壳孔配合表面间产生爬行现象为原则。

承受定向负荷的套圈与外壳孔或轴的配合,应选较松的过渡配合或较小的间隙配合,以便让套圈滚道间的摩擦力矩带动转位,延长轴承的使用寿命。

承受摆动负荷的套圈,特别在重载荷情况下,内、外圈都应采用过盈配合。内圈旋转时,通常内圈采用旋转负荷的配合,但是,有时外圈必须在外壳孔内游动或其负荷较轻时,可采用比旋转负荷稍松的配合。

2. 负荷的大小

滚动轴承套圈与轴或外壳孔配合的最小过盈,取决于负荷的大小。一般把径向负荷 $P \leqslant 0.07C$ 的称为轻负荷;$0.07C < P \leqslant 0.15C$ 称为正常负荷,$P > 0.15C$ 的称为重负荷,其中 C 为轴承的额定负荷。

承受较重的负荷或冲击负荷时,将引起轴承较大的变形,使结合面间实际过盈减小和轴承内部的实际间隙增大,这时为了使轴承运转正常,应选较大的过盈配合。同理,承受较轻的负荷,可选较小的过盈配合。

当轴承内圈承受旋转负荷时,它与轴配合所需的最小过盈($Y_{\min}$)可按式(6—1)计算:

$$Y_{\min} = -\frac{13Rk}{b} \frac{1}{10^6} (\text{mm}) \tag{6—1}$$

式中　R——轴承承受的最大径向负荷,单位为 kN;

k——与轴承系列有关的系数,轻系列 $k = 2.8$,中系列 $k = 2.3$,重系列 $k = 2$;

b——轴承内圈的配合宽度($b = B - 2r$,B 为轴承宽度,r 为内圈倒角),单位为 m。

为避免套圈破裂,必须按不超出套圈允许的强度计算其最大过盈($Y_{\max}$):

$$Y_{\max} = -\frac{11.4kd[\sigma_p]}{(2k-2)10^3} (\text{mm}) \tag{6—2}$$

式中　$[\sigma_p]$——允许的拉应力单位为 10^5Pa。轴承钢的拉应力 $[\sigma_p] \approx 400 \times 10^5$Pa;

d——轴承内圈内径,单位为 m;

k——同前述含义。

根据计算得到的($Y_{\min}$)便可从极限与配合国家标准(GB/T 1801—2009)中选取最接近的配合。

3. 轴承游隙

轴承游隙是指径向游隙。《滚动轴承径向游隙》(GB/T 4604—2006)规定,径向游隙分为五组,即:2 组、0 组、3 组、4 组和 5 组,游隙依次由小到大。

游隙的大小影响较大,如果游隙过大,不仅使转轴发生径向跳动与轴向跳动,还会使轴承产生振动和噪声。相反,游隙过小,使轴承滚动体与套圈产生较大的接触应力,轴承摩擦发热,从而影响轴承工作寿命。故设计时,选用游隙要适度。

在常温状态下工作的具有 0 组径向游隙的轴承(供应时无游隙标记,即其 0 组游隙),按表 6—6、表 6—7 选取的轴与外壳孔公差带,一般都能保证有适度的游隙,但如因负荷较重,轴承内径选取过盈较大配合,为了补偿变形而引起的游隙过小,应选用大于 0 组游隙的轴承。具体游隙数值可自行参考滚动轴承径向游隙国家标准(GB/T 4604—2006)。

4. 轴承的旋转精度和速度

当轴承有较高旋转精度要求时,为了消除弹性变形和振动的影响,不宜选用间隙配合,但也不宜过紧。对轴承旋转速度很高时,应选用较紧的配合。对一些精密机床的轻负荷轴承,为了避免外壳孔和轴的形状误差对轴承精度的影响,常采用较小的间隙配合,例如内圆磨床的磨头,内圈间隙 $1 \sim 4\mu m$,外圈间隙 $4 \sim 10\mu m$。

5. 轴承工作温度

轴承运转时,套圈温度经常高于相邻零件的温度,因此,轴承内圈可能因热膨胀而与轴松动;外圈可能因热膨胀而影响轴承游动。所以,在选择配合时,必须考虑轴承装置各部分的温度差及热传导方向,进行适当的修正。

6. 其他因素

(1)轴与外壳孔的结构和材料

轴承套圈与其部件的配合,不应由于轴或外壳孔表面不规则形状而导致内、外圈变形。对开式外壳,与轴承外圈的配合,不宜采用过盈配合,但也不能使外圈在外壳孔内转动。为了保证有足够的支承面,当轴承安装于薄壁外壳、轻合金外壳或空心轴上时,应采用比厚壁外壳、铸铁外壳或实心轴更紧的配合。

(2)安装与拆卸方便

在很多情况下,为了便于安装与拆卸,特别对重型机械,为了缩短拆换轴承或修理机器所需的中停时间,轴承选用间隙配合。当需要采用过盈配合时,常采用分离型轴承或内圈带锥孔和紧定套或退卸套的轴承。

滚动轴承的尺寸越大,采用过盈配合时,过盈应越大;选取间隙配合时,间隙应越大。

滚动轴承与轴和外壳孔的配合,常常综合考虑上述因素,用类比法选取。表 6—6 和表 6—7 列出了《滚动轴承与轴和外壳孔的配合》(GB/T 275—1993),它推荐的与轴承相配的轴和外壳孔的公差带,供选择时参考。

【例 6—2】 在 C616 车床主轴后支承上,装有两个单列向心球轴承(图 6—6),其外形尺寸为 $d \times D \times B = 50 \times 90 \times 20$,试选定轴的公差等级,轴承与轴和外壳孔的配合。

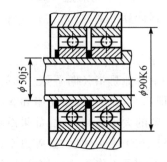

图 6—6　C616 车床主轴后轴承结构

解:分析确定轴承的公差等级:

(1)C616 车床属轻载的普通车床,主轴承受轻载荷。

(2)C616 车床主轴的旋转精度和转速较高,选择 6 级精度的滚动轴承。

分析确定轴承与轴和外壳孔的配合。

(1)轴承内圈与主轴配合一起旋转,外圈装在外壳孔中不转。

(2)主轴后支承主要承受齿轮传递力,故内圈承受旋转负荷,外圈承受定向负荷。前者配合应紧,后者配合略松。

（3）参考表6—6、表6—7选出轴公差带为 ϕ50 j 5，外壳孔公差带为 ϕ 90 J 6。

（4）机床主轴前轴承已轴向定位，若后轴承外圈与外壳孔配合无间隙，则不能补偿由于温度变化引起的主轴的伸缩性；若外圈与外壳孔配合有间隙，会引起主轴跳动，影响车床的加工精度。为了满足使用要求，将外壳孔公差带改用 ϕ 90 K 6。

（5）按滚动轴承公差国家标准，由表6—2查出6级轴承单一平面平均内径偏差（Δ_{dmp}）为 ϕ50（$_{-0.01}^{0}$）mm，由表6—3查出6级轴承单一平面平均外径偏差 Δ_{Dmp} 为 ϕ90（$_{-0.013}^{0}$）mm。

根据极限与配合国家标准（GB/T 1800.1—2009）查得：轴为 ϕ50 j5（$_{-0.005}^{+0.006}$）mm，外壳孔为 ϕ90K6（$_{-0.018}^{+0.004}$）mm。

图6—7为C616车床主轴后轴承的公差与配合图解，由此可知，轴承与轴的配合比与外壳孔的配合要紧些。

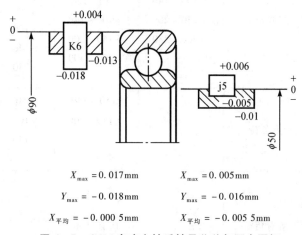

$$X_{\max} = 0.017\text{mm} \qquad X_{\max} = 0.005\text{mm}$$

$$Y_{\max} = -0.018\text{mm} \qquad Y_{\max} = -0.016\text{mm}$$

$$X_{平均} = -0.000\,5\text{mm} \qquad X_{平均} = -0.005\,5\text{mm}$$

图6—7　C616车床主轴后轴承公差与配合图解

（6）按表6—8、表6—9查出轴和外壳孔的形位公差和表面粗糙度值标注在零件图上（见图6—8和图6—9）。

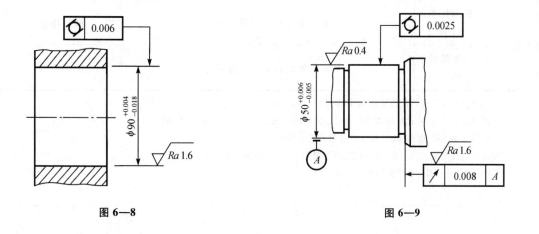

图6—8　　　　　　　　　　　　　　图6—9

表 6—6　向心轴承和轴的配合　轴公差带代号

圆柱孔轴承					
运转状态		负荷状态	深沟球轴承、调心球轴承和角接触球轴承	圆柱滚子轴承和圆锥滚子轴承	调心滚子轴承	公差带
说明	举例		轴承公称内径/mm			
旋转的内圈负荷及摆动负荷	一般通用机械、电动机、机床主轴、泵、内燃机、直齿轮传动装置、铁路机车车辆轴箱、破碎机等	轻负荷	≤18 >18～100 >100～200 —	— ≤40 >40～140 >140～200	— ≤40 >40～100 >100～200	h5 j6① k6① m6①
		正常负荷	≤18 >18～100 >100～140 >140～200 >200～280 —	≤40 >40～100 >100～140 >140～200 >200～400	≤40 >40～65 >65～100 >100～140 >140～280 >280～500	j5js5 k5② m5② m6 n6 p6 r6
		重负荷	>50～140 >140～200 >200 —	>50～100 >100～140 >140～200 >200		n6 p6③ r6 r7
固定的内圈负荷	静止轴上的各种轮子，张紧轮绳轮、振动筛、惯性振动器	所有负荷	所有尺寸			f6 g6① h6 j6
仅有轴向负荷			所有尺寸			j6,js6
圆锥孔轴承					
所有负荷	铁路机车车辆轴箱		装在退卸套上的所有尺寸			h8(IT6)⑤④
	一般机械传动		装在紧定套上的所有尺寸			h9(IT7)⑤④

注：①凡对精度有较高要求的场合，应用 j5,k5…代替 j6,k6…。

②圆锥滚子轴承、角接触球轴承配合对游隙影响不大，可用 k6,m6 代替 k5,m5。

③应选用轴承径向游隙大于基本组游隙的滚子轴承。

④凡有较高精度或转速要求的场合，应选用 h7(IT5)代替 h8(IT6)等。

⑤IT6,IT7 表示圆柱度公差数值。

表6—7　向心轴承和外壳孔的配合　孔公差带代号

运转状态		负荷状态	其他状况	公差带[1]	
说明	举例			球轴承	滚子轴承
固定的外圈负荷	一般机械、铁路机车车辆轴箱、电动机、泵、曲轴主轴承	轻、正常、重	轴向易移动,可采用剖分式外壳	H7,G7[2]	
摆动负荷		冲击	轴向能移动,可采用整体或剖分式外壳	J7,JS7	
		轻、正常			
		正常、重	轴向不移动,采用整体式外壳	K7	
		冲击		M7	
旋转的外圈负荷	张紧滑轮、轮毂轴承	轻		J7	K7
		正常		K7,M7	M7,N7
		重		—	N7,P7

注:①并列公差带随尺寸的增大从左至右选择,对旋转精度有较高要求时,可相应提高一个公差等级。
　　②不适用于剖分式外壳。

表6—8　轴和外壳孔的形位公差

基本尺寸 /mm		圆柱度 t				端面圆跳动 t_1			
		轴　颈		外壳孔		轴　肩		外壳孔肩	
		轴承公差等级							
		0	6(6x)	0	6(6x)	0	6(6x)	0	6(6x)
超过	到	公差值/μm							
	6	2.5	1.5	4	2.5	3	3	8	3
6	10	2.5	1.5	4	2.5	6	3	10	6
10	18	3.0	2.0	0	3.0	8	0	12	8
18	30	4.0	2.5	6	4.0	10	6	15	10
30	50	4.0	2.5	7	4.0	12	8	20	12
50	80	5.0	3.0	8	5.0	15	10	25	15
80	120	6.0	4.0	10	6.0	15	10	25	15
120	180	8.0	5.0	12	8.0	20	12	25	15
180	250	10.0	7.0	14	10.0	20	12	30	20
250	315	12.0	8.0	16	12.0	25	15	40	25
315	400	13.0	9.0	18	13.0	25	15	40	25
400	500	15.0	10.0	20	15.0	25	15	40	25

表6—9　轴和外壳孔的配合表面的粗糙度　　　　　　　　　　　　μm

轴或轴承座直径 /mm		轴或外壳配合表面直径公差等级								
		IT7			IT6			IT5		
		表面粗糙度								
超过	到	Rz	Ra		Rz	Ra		Rz	Ra	
			磨	车		磨	车		磨	车
	80	10	1.6	3.2	6.3	0.8	1.6	4	0.4	0.8
80	500	16	1.6	3.2	10	1.6	3.2	6.3	0.8	1.6
端	面	25	3.2	6.3	25	3.2	6.3	10	1.6	3.2

第七章 尺　寸　链

第一节　概　　述

在设计机器时,除了需要进行运动、强度和刚度等计量外,还需进行几何量分析计算(即所谓精度设计),以确定机器零件的尺寸公差、形状和位置公差(即几何公差)等。其目的在于保证机器能顺利进行装配,并能满足预定的功能要求。为此,提出了尺寸链问题。

一、尺寸链的定义及特点

在机器装配或零件加工过程中,由相互连接的尺寸形成的封闭尺寸组,称为尺寸链。

例如图7—1(a),车床尾座顶尖轴线与主轴轴线的高度差 A_0 是车床的主要指标之一,影响这项准确度的尺寸有:尾座顶尖轴线高度 A_2、尾座底板厚度 A_1 和主轴轴线高度 A_3。这4个相互联系的尺寸,构成一条尺寸链,即:

$$A_1 + A_2 - A_3 - A_0 = 0 \tag{7—1}$$

又如,一个零件在加工过程中,某些尺寸的形成也是相互联系的。图7—2所示的轴套,依次加工尺寸 A_1 和 A_2,则尺寸 A_0 就随之而定。因此,这三个相互联系的尺寸 A_1,A_2,A_0 也构成一条尺寸链:

$$A_1 - A_2 - A_0 = 0 \tag{7—2}$$

综上所述,尺寸链的特点为:

(1)尺寸链的封闭性,即必须由一系列互相关联的尺寸排列成为封闭的形式;

(2)尺寸链的制约性,即某一尺寸的变化将影响其他尺寸的变化。

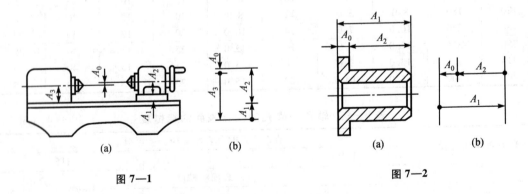

图7—1　　　　　　　　　　　　图7—2

二、尺寸链的基本术语及分类

环

寸链中,每一个尺寸简称为环,环可分为封闭环和组成环。

2. 封闭环

封闭环是加工或装配过程中最后自然形成的那个尺寸,如图 7—1 和图 7—2 中的尺寸 A_0。封闭环是尺寸链中其他尺寸互相结合后获得的尺寸,所以封闭环的实际尺寸要受到尺寸链中其他尺寸的影响。

3. 组成环

尺寸链中对封闭环有影响的全部环,或者说尺寸链中除封闭环外的其他环称为组成环。组成环可分为增环和减环。

4. 增环

在其他组成环不变的条件下,若某一组成环的尺寸增大,封闭环的尺寸也随之增大,若该环尺寸减小,封闭环的尺寸也随之减小,则该组成环称为增环,如图 7—1 中的尺寸 A_1,A_2。

5. 减环

在其他组成环不变的条件下,若某一组成环的尺寸增大,封闭环的尺寸随之减小,若该环尺寸减小,封闭环的尺寸随之增大,则该组成环称为减环,如图 7—1 中的尺寸 A_3。

6. 补偿环

在计算尺寸链中,预先选定的组成环中的某一环,且可通过改变该环的尺寸大小和位置使封闭环达到规定的要求,则预先选定的那一环称为补偿环。

7. 传递系数

各组成环对封闭环影响大小的系数称为传递系数,用 ξ 表示。如图 7—3 所示,图中尺寸链由组成环 L_1,L_2 和封闭环 L_0 组成,由图可知,组成环 L_1 的尺寸方向与封闭环尺寸方向一致,而组成环 L_2 的尺寸方向与封闭环 L_0 的尺寸方向不一致,因此封闭环的尺寸将由式(7—3)表示:

$$L_0 = L_1 + L_2 \cos\alpha \tag{7—3}$$

式中,α 为组成环尺寸方向与封闭环尺寸方向的夹角。

式(7—3)说明,L_1 的传递系数 $\xi_1 = 1$;L_2 的传递系数 $\xi_2 = \cos\alpha$。

由误差理论可知,传递系数由 $\xi_i = \dfrac{\partial f}{\partial L_i}$ 表示,$L_0 = f(L_1, L_2, \cdots, L_m)$,$m$ 为组成环环数,即传递系数等于封闭环的函数式对某一组成环所求的偏导数。若将式(7—3)中的 L_0 分别对 L_1 和 L_2 求偏导数,则可知 $\dfrac{\partial L_0}{\partial L_1} = 1$,$\dfrac{\partial L_0}{\partial L_2} = \cos\alpha$。

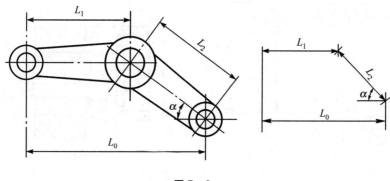

图 7—3

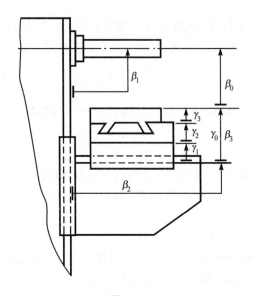

图 7—4

为了进行尺寸链的分析计算,通常需要绘制尺寸链图,在绘制尺寸链图时不需画出零件或部件的具体结构,也不严格地按尺寸比例进行绘制,而只需将组成尺寸链的各环尺寸依次排列即可,如图7—1(b)、图7—2(b)所示。

尺寸链可按下述特征进行分类。

(1)按应用情况,可分为零件尺寸链、工艺尺寸链和装配尺寸链。装配尺寸链如图7—1所示;零件尺寸链如图7—2所示。零件在加工过程中形成的尺寸链,称为工艺尺寸链。

(2)按尺寸链之间的联系方式来分,可分为基本尺寸链和派生尺寸链,如图7—4所示。图中尺寸链 β 称为基本尺寸链,尺寸链 γ 称为派生尺寸链。

(3)按尺寸链各环尺寸的不同计量单位来分,可分为长度尺寸链和角度尺寸链。前面所述尺寸链均为长度尺寸链,角度尺寸链常用于分析和计算机械结构中有关零件要素的位置准确度,如平行度、垂直度、同轴度等,如图7—5所示。要保证滑动轴承座孔端面与支承底面 B 垂直,而公差标注要求孔轴线与孔端面垂直、孔轴线与支承底面 B 平行,则构成角度尺寸链,如图7—5(b)所示。

(4)按尺寸链在空间的位置来分,可分为直线尺寸链、平面尺寸链和空间尺寸链。

全部组成环均平行于封闭环的尺寸链就是直线尺寸链,如图7—1、图7—2。若尺寸链各环同在一个或几个平行平面上,且某些组成环的尺寸方向与封闭环尺寸方向不平行就构成平面尺寸链,如图7—3。若尺寸链位于几个不平行的平面上,且有的组成环的尺寸方向与封闭环尺寸方向不平行,就构成空间尺寸链。

(5)按尺寸链是标量还是矢量来分,可分为标量尺寸链和矢量尺寸链。

若尺寸链中各环均为标量尺寸所组成,即为标量尺寸链,如图7—1至图7—4所示。若尺寸链中各环均为矢量尺寸所组成,即为矢量尺寸链,如图7—6所示。

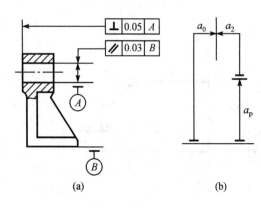

(a) (b)

图 7—5

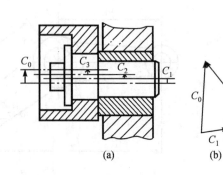

(a) (b)

图 7—6

三、计算尺寸链的有关参数

1. 平均偏差 $\bar{x}$

全部尺寸偏差的平均值称为平均偏差,也等于所有实际尺寸的平均值与基本尺寸(即公称尺寸)的差值,即 $\bar{x} = \dfrac{1}{n}\displaystyle\sum_{i=1}^{n} L_i - L_b$,如图 7—7 所示。它表明尺寸偏差变动的中心位置。

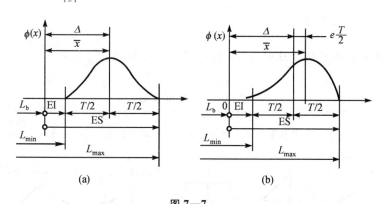

图 7—7

2. 中间偏差 Δ

上偏差与下偏差的平均值称为中间偏差,亦等于最大极限尺寸与最小极限尺寸的平均值与基本尺寸之差,即 $\Delta = (L_{max} + L_{min})\dfrac{1}{2} - L$。如图 7—7 所示,若偏差为正态分布或为其他对称分布,则平均偏差 $\bar{x}$ 等于中间偏差 Δ。若偏差为不对称分布,则平均偏差不等于中间偏差。

3. 相对不对称系数 e

表征分布曲线不对称程度的系数,称为不对称系数,其定义如下:

$$e = \frac{\bar{x} - \Delta}{\dfrac{T}{2}} \tag{7—4}$$

式中,T 为公差值。

相对不对称系数,即平均偏差 $\bar{x}$ 与中间偏差 Δ 之差比二分之一公差 $\dfrac{T}{2}$。当偏差为对称分布时,$\bar{x} - \Delta = 0$,故相对不对称系数 $e = 0$。当偏差为不对称分布时,$\bar{x} - \Delta = e\dfrac{T}{2}$,如图 7—7 所示。

4. 相对标准偏差 λ

标准偏差与二分之一公差之比,称为相对标准偏差,即:

$$\lambda = \frac{\sigma}{\dfrac{T}{2}} \tag{7—5}$$

当正态分布时,取置信概率为 99.73%,则 $T = 6\sigma$,相对标准偏差 $\lambda_n = \dfrac{1}{3}$。

5. 相对分布系数 k

任意一种分布的相对标准偏差 λ 与正态分布时的相对标准偏差 λ_n 之比,称为相对分布系数。它表征尺寸分布分散的程度。相对分布系数 k 按式(7—6)计算:

$$k = \frac{\lambda}{\lambda_n} = 3\lambda \qquad (7-6)$$

由式(7—6)可知,当正态分布时,$k = 3 \times \frac{1}{3} = 1$;当均匀分布时,$\lambda = \frac{\sigma}{T/2}$,其中 $\sigma = \frac{a}{\sqrt{3}}$($a$ 为分布界限),$T = 2a$,得 $\lambda = \frac{1}{\sqrt{3}}$,故 $k = 3 \times \frac{1}{\sqrt{3}} = 1.73$;当三角形分布时,$\lambda = \frac{\sigma}{T/2}$,其中 $\sigma = \frac{a}{\sqrt{6}}$,$T = 2a$,得 $\lambda = \frac{1}{\sqrt{6}}$,故 $k = 3 \times \frac{1}{\sqrt{6}} = 1.22$。

常见几种相对分布系数 k 及相对不对称系数 e 见表7—1。

表 7—1　e 和 k 值

分布特征	正态分布	三角分布	均匀分布	瑞利分布	偏态分布	
					外尺寸	内尺寸
分布曲线						
e	0	0	0	-0.28	0.26	-0.26
k	1	1.22	1.73	1.14	1.17	1.17

系数 e 与 k 的取值主要决定于加工工艺过程。大批量生产稳定的工艺过程,工件尺寸趋近正态分布,取 $e = 0, k = 1$。极不稳定的工艺过程,作为均匀分布,取 $e = 0, k = 1.73$。按试切法加工时,尺寸趋向偏态分布 $e = \pm 0.26, k = 1.17$,对外尺寸 e 取正号,对内尺寸 e 取负号。偏心等矢量误差,其矢量模遵循瑞利分布,取 $e = -0.28, k = 1.14$。偏心沿某一方向的分量,当方向角遵循均匀分布时,取 $e = 0, k = 1.73$。平行度误差与垂直度误差趋于偏态分布。

第二节　尺寸链的计算

计算尺寸链的目的在于正确地确定有关尺寸的公差和极限偏差。根据不同的要求,尺寸链的计算习惯上可分为正计算和反计算两类。已知封闭环的公差与极限偏差,计算组成环的公差与极限偏差称为反计算,即公差分配计算。已知各组成环的公差与极限偏差,计算封闭环的公差与极限偏差称为正计算,即公差控制计算。

要正确地进行尺寸链的分析计算,首先应查明组成尺寸链的各个环,并画出尺寸链图。查尺寸链时可利用尺寸链的封闭性规律。其具体做法是:从与封闭环两端相连的任一组成环开始,依次查找相互联系而又影响封闭环大小的尺寸,直至封闭环的另一端为止。这些相互连接成封闭形式的尺寸,便是该尺寸链的全部组成环。例如,在图 7—1(a)中,可以从封闭环 A_0 的一端尾座顶尖轴线开始,与其相连的一环是尾座顶尖轴线到其底面的距离 A_2,而 A_2 又与底板厚度 A_1 相连,A_1 是以床身导轨为基准面。主轴轴线与主轴箱底面的距离 A_3 同样以导轨为基准面。这样,就回到了封闭环 A_0 的另一端。这些相互联系并对封闭环大小有影响的尺寸,便是这条尺寸链的全部组成环。即可画出如图7—1(b)所示的尺寸链简图。

一、完全互换法计算尺寸链

完全互换法又称极值法,用此方法计算尺寸链是以极限尺寸为基础。因此,若按此方法计算的尺寸来加工工件各组成环的尺寸,则无须进行挑选或修配就能将工件装到机器上,且能达到封闭环的功能要求。

1. 基本公式

(1)封闭环的基本尺寸

由前述图7—1和图7—2可知,线性尺寸链封闭环的基本尺寸 A_0 等于所有增环的基本尺寸之和减所有减环基本尺寸之和,即:

$$A_0 = \sum_{z=1}^{m} A_z - \sum_{j=m+1}^{n-1} A_j \tag{7—7}$$

式中　A_z——增环基本尺寸;

　　　A_j——减环基本尺寸;

　　　m——增环环数;

　　　n——尺寸链总环数(包括封闭环)。

如果不是线性尺寸链,则更一般的表达式应考虑传递系数 ξ;如果是增环,ξ 取正值,减环 ξ 取负值,则:

$$A_0 = \sum_{i=1}^{n-1} \xi_i A_i \tag{7—8}$$

(2)封闭环的公差

由图7—2中,我们可以推出封闭环 A_0 的最大极限尺寸 A_{0max} 和最小极限尺寸 A_{0min},以及 A_0 的公差值 T_0,即:

$$A_{0max} = A_{1max} - A_{2min}$$

$$A_{0min} = A_{1min} - A_{2max}$$

$$T_0 = A_{1max} - A_{2min} - (A_{1min} - A_{2max}) = T_1 + T_2$$

对多环线性尺寸链,同理可以得到:

$$A_{0max} = \sum_{z=1}^{m} A_{zmax} - \sum_{j=m+1}^{n-1} A_{jmin}$$

$$A_{0min} = \sum_{z=1}^{m} A_{zmin} - \sum_{j=m+1}^{n-1} A_{jmax}$$

$$T_0 = \sum_{i=1}^{n-1} T_i$$

如果不是线性尺寸链,则更一般的表达式应考虑传递系数 ξ,则:

$$T_0 = \sum_{i=1}^{n-1} | \xi_i | T_i \tag{7—9}$$

(3)封闭环的中间偏差

当各组成环的偏差为对称分布时,封闭环的中间偏差 Δ_0 为:

$$\Delta_0 = \sum_{i=1}^{n-1} \xi_i \Delta_i \tag{7—10}$$

式中，Δ_i 为各组成环的中间偏差。

（4）用中间偏差、公差表示极限偏差

组成环的极限偏差：

$$\mathrm{ES}_i = \Delta_i + \frac{1}{2}T_i$$

$$\mathrm{EI}_i = \Delta_i - \frac{1}{2}T_i$$

（7—11）

封闭环的极限偏差：

$$\mathrm{ES}_0 = \Delta_0 + \frac{1}{2}T_0$$

$$\mathrm{EI}_0 = \Delta_0 - \frac{1}{2}T_0$$

（7—12）

（5）用基本尺寸、偏差表示极限尺寸

组成环的极限尺寸：

$$A_{i\max} = A_i + \mathrm{ES}_i$$

$$A_{i\min} = A_i + \mathrm{EI}_i$$

（7—13）

封闭环的极限尺寸：

$$A_{0\max} = A_0 + \mathrm{ES}_0$$

$$A_{0\min} = A_0 + \mathrm{EI}_0$$

（7—14）

2. 正计算

正计算即公差控制计算或校核计算。已知各组成环基本尺寸及极限偏差，求封闭环的基本尺寸及极限偏差。

【例 7—1】 如图 7—8 所示部件，齿轮 1 随轴 2 转动，轴套 3 左、右共两件固定在支架 4 上。要求齿轮 1 能自由转动，而又不致有过大的轴向游动，故齿轮端面与轴套 3 之间应保持间隙为 0.05 ~ 0.75mm。若零件的尺寸和极限偏差为：$A_1 = 16^{-0.29}_{-0.47}$，$A_2 = 4^{0}_{-0.12}$，$A_3 = 24^{0}_{-0.21}$，$A_4 = 4^{0}_{-0.12}$，且均为正态分布，试校核该结构能否保证要求的间隙。

解：（1）绘制尺寸链图[图 7—8（b）]，确定增环和减环。由图中可知，A_3 环为增环，A_1，A_2，A_4 环为减环。

（2）确定传递系数，由于是线性尺寸链，其各环的传递系数分别为：$\xi_3 = +1$，$\xi_2 = -1$，$\xi_1 = -1$，$\xi_4 = -1$。

（3）确定中间偏差，因各环中间偏差对极限偏差是对称的，则：

$$\Delta_1 = \frac{1}{2} \times (-0.29 - 0.47) = -0.38\mathrm{mm}$$

$$\Delta_2 = \frac{1}{2} \times (0 - 0.12) = -0.06\mathrm{mm}$$

$$\Delta_3 = \frac{1}{2} \times (0 - 0.21) = -0.105\mathrm{mm}$$

$$\Delta_4 = \frac{1}{2} \times (0 - 0.12) = -0.06\mathrm{mm}$$

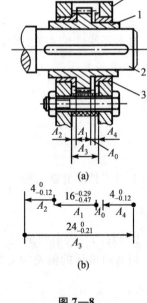

图 7—8

封闭环的中间偏差为：

$$\Delta_0 = \sum_{i=1}^{n-1} \xi_i \Delta_i = -0.105 - (-0.38 - 0.06 - 0.06) = +0.395\text{mm}$$

（4）计算封闭环公差：

$$T'_0 = \sum_{i=1}^{n-1} |\xi_i| T_i = 0.18 + 0.12 + 0.21 + 0.12 = 0.63\text{mm}$$

（5）计算封闭环上、下偏差：

$$ES'_0 = \Delta + \frac{1}{2}T'_0 = 0.395 + \frac{1}{2} \times 0.63 = 0.71\text{mm}$$

$$EI'_0 = \Delta - \frac{1}{2}T'_0 = 0.395 - \frac{1}{2} \times 0.63 = 0.08\text{mm}$$

将计算值与技术条件给定的值进行比较：

$$ES'_0 = 0.71\text{mm} < 0.75 = ES_0$$

$$EI'_0 = 0.08\text{mm} > 0.05 = EI_0$$

上述计算表明：已给定的组成环极限偏差是正确的。它们能保证装配后的技术条件。

3. 反计算

反计算即公差分配计算或设计计算。已知封闭环的公差和极限偏差，计算各组成环的公差和极限偏差。

由于反计算的未知量多于方程的个数，因此必须附加条件才能求解，这些附加条件在求公差值时，可采用组成环公差相等，或公差等级相等，在求中间偏差时，可采用"向体内缩"原则。

（1）等公差法

首先计算各组成环平均公差 T_{av}。

由式（7—9）知：

$$T_0 = \sum_{i=1}^{n-1} |\xi_i| T_i$$

故平均公差为：

$$T_{av} = \frac{T_0}{\sum\limits_{i=1}^{n-1} |\xi_i|}$$

对于线性尺寸链，$|\xi_i| = 1$，则：

$$T_{av} = \frac{T_0}{n-1} \tag{7—15}$$

此时，各组成环的公差值相同。

（2）等公差等级法

等公差等级法，其特点是所有组成环采用同一公差等级，即各组成环的公差等级系数相同。

由第一章可知：当基本尺寸小于 500mm，且公差等级在 IT5 ~ IT18 时，公差按下式计算：

$$T = a \cdot i = a(0.45\sqrt[3]{D} + 0.001D)$$

式中，a 为公差等级系数。

封闭环尺寸公差为：

$$T_0 = \sum_{i=1}^{n-1} |\xi_i| T_i = \sum_{i=1}^{n-1} |\xi_i| a(0.45\sqrt[3]{D_i} + 0.001D_i)$$

对于线性尺寸链 $|\xi_i| = 1$,则平均公差等级系数:

$$a_{av} = \frac{T_0}{\sum_{i=1}^{n-1} (0.45 \sqrt[3]{D_i} + 0.001 D_i)} \qquad (7-16)$$

由式(7—16)算出平均公差等级系数以后,按第一章表1—4选取相近的一个公差等级,再由标准公差数值表查出相应各组成环的尺寸公差值 T_i。

为了使各组成环公差分配更合理,在上述等公差法或等公差等级法求得各组成环公差值 T_i 的基础上,则可根据组成环尺寸大小、结构工艺特点及加工难易程度,对各组成环的公差值进行适当的调整,最后决定各环的公差 T_i。

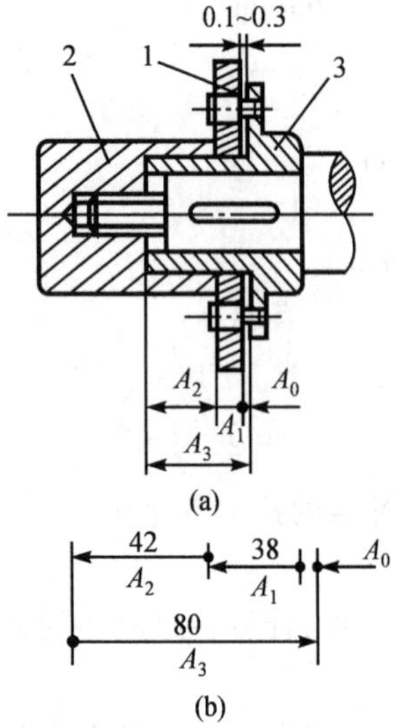

【例7—2】 如图7—9所示的部件,端盖螺母2应保证转盘1与轴套3之间的间隙为 $0.1 \sim 0.3$ mm,要求确定有关零件尺寸的极限偏差,并按等公差等级法计算尺寸链。

解:(1)绘制尺寸链图[图7—9(b)],确定增环和减环。

(2)计算基本尺寸

$$A_0 = \sum_{i=1}^{n-1} \xi_i A_i = A_3 - A_1 - A_2 = 80 - 42 - 38 = 0$$

式中, $\xi_1 = -1$, $\xi_2 = -1$, $\xi_3 = 1$。

(3)计算各组成环平均公差等级系数

因 $T_0 = \sum_{i=1}^{n-1} |\xi_i| a(0.45 \sqrt[3]{D_i} + 0.001 D_i)$, $|\xi_i| = 1$, 故:

$$a_{av} = \frac{T_0}{\sum_{i=1}^{n-1} (0.45 \sqrt[3]{D_i} + 0.001 D_i)} = \frac{300 - 100}{1.56 + 1.56 + 1.86} \approx 40$$

由标准公差计算表(表1—4)查得 $a_{av} = 40$,相近于 IT9 级。

(4)确定各组成环的标准公差值

由标准公差数值表(表1—8)查得各组成环尺寸公差值: $T_{A1} = 0.062$ mm, $T_{A2} = 0.062$ mm, $T_{A3} = 0.074$ mm。

则 $\qquad\qquad T'_0 = 0.062 + 0.062 + 0.074 = 0.198 < 0.2 = T_0$

说明所有组成环按 IT9 级选定的公差值能满足技术条件的要求。

(5)确定各组成环的极限偏差

为了保证各组成环的极限偏差能满足封闭环的要求,可预先选定一环作为调整环,而其余各环公差按"向体内缩原则"布置,即外尺寸按基轴制轴的公差带 h,内尺寸按基孔制孔的公差带 H,阶梯尺寸按对零线对称布置的公差带 JS。

若选定 A_1 环作为调整环,从图7—9中可知,组成环 A_2 和 A_3 是阶梯尺寸,其公差带应对称于零线布置,即组成环 A_2 和 A_3 的中间偏差 $\Delta_2 = \Delta_3 = 0$。根据技术要求可知,封闭环的中间偏差 $\Delta_0 = 0.2$ mm,则可求得调整环 A_1 的中间偏差。

因 $\qquad\qquad\qquad \Delta_0 = \sum_{i=1}^{n-1} \xi_i \Delta_i = \Delta_3 - \Delta_1 - \Delta_2$

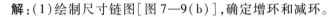

图7—9

则
$$\Delta_1 = \Delta_3 - \Delta_2 - \Delta_0 = 0 - 0 - 0.2 = -0.2\,\text{mm}$$

调整环 A_1 的上偏差：

$$\text{ES}_1 = \Delta_1 + \frac{1}{2}T_1 = -0.2 + \frac{1}{2} \times 0.062 = -0.169\,\text{mm}$$

调整环 A_1 下偏差：

$$\text{EI}_1 = \Delta_1 - \frac{1}{2}T_1 = -0.2 - \frac{1}{2} \times 0.062 = -0.231\,\text{mm}$$

将组成环 A_1 的极限偏差的计算值按接近的标准基本偏差圆整为 $38b9\left(\begin{smallmatrix} -0.170 \\ -0.232 \end{smallmatrix}\right)$，此时其中间偏差 $\Delta_1 = -0.201$。全部计算结果列于表7—2。

表 7—2　　　　　　　　　　　　mm

尺寸链各环代号	各环公差 T	各环尺寸和极限偏差	备　注
A_0	0.2	$0\left(\begin{smallmatrix} +0.30 \\ +0.10 \end{smallmatrix}\right)$	技术要求
A_1	0.062	$38b9\left(\begin{smallmatrix} -0.170 \\ -0.232 \end{smallmatrix}\right)$	
A_2	0.062	$42js9\,(\pm 0.031)$	
A_3	0.074	$80js9\,(\pm 0.037)$	

二、概率法计算尺寸链

完全互换法是按尺寸链中各环的极限尺寸来计算公差的。但是，由生产实践可知，在成批生产和大量生产中，零件实际尺寸的分布是随机的，多数情况下可考虑成正态分布或偏态分布。换句话说，如果加工中工艺调整中心接近公差带中心时，大多数零件的尺寸分布于公差带中心附近，靠近极限尺寸的零件数目极少。因此，可利用这一规律，将组成环公差放大，这样不但使零件易于加工，同时又能满足封闭环的技术要求，从而获得更大的经济效果。当然，此时封闭环超出技术要求的情况是存在的，但其概率很小，所以这种方法又称大数互换法。

1. 基本公式

概率法计算尺寸链有两个公式和完全互换法不完全一样，它们是公差计算式和中间偏差计算式。

（1）封闭环的公差

由于在大批大量生产中，封闭环 A_0 的变化和组成环 A_i 的变化都可视为随机变量，且 A_0 是 A_i 的函数（$A_0 = \sum\limits_{i=1}^{n-1} \xi_i A_i$），则可按随机函数的标准偏差的求法，得：

$$\sigma_0 = \sqrt{\left(\frac{\partial A_0}{\partial A_1}\right)^2 \sigma_1^2 + \left(\frac{\partial A_0}{\partial A_2}\right)^2 \sigma_2^2 + \cdots + \left(\frac{\partial A_0}{\partial A_{n-1}}\right)^2 \sigma_{n-1}^2}$$

式中　$\sigma_0, \sigma_1, \cdots, \sigma_{n-1}$——封闭环和各组成环的标准偏差。

令传递系数 $\left(\dfrac{\partial A_0}{\partial A_1}\right), \cdots, \left(\dfrac{\partial A_0}{\partial A_{n-1}}\right)$ 分别为 $\xi_1, \cdots, \xi_{n-1}$，则

$$\sigma_0 = \sqrt{\sum_{i=1}^{n-1} \xi_i^2 \sigma_i^2}$$

若组成环和封闭环尺寸偏差均服从正态分布,且分布范围与公差带宽度一致,则 $T_i = 6\sigma_i$,此时封闭环的公差与组成环公差有如下关系:

$$T_0 = \sqrt{\sum_{i=1}^{n-1} \xi_i^2 T_i^2} \tag{7—17}$$

如果考虑到各环的分布不为正态分布时,式(7—17)中应引入相对分布系数 k_0 和 k_i,前者为封闭环相对分布系数,后者为各组成环相对分布系数。则上式变为:

$$k_0 T_0 = \sqrt{\sum_{i=1}^{n-1} \xi_i^2 k_i^2 T_i^2}$$

$$T_0 = \frac{1}{k_0} \sqrt{\sum_{i=1}^{n-1} \xi_i^2 k_i^2 T_i^2} \tag{7—18}$$

当组成环数目大于4,且各组成环分布范围相差又不大时,封闭环将趋于正态分布,此时 $k_0 = 1$。

(2)封闭环的中间偏差

当组成环的偏差为对称分布时,封闭环的中间偏差 Δ_0 按式(7—10)计算,当组成环的偏差为不对称分布时,此时各组成环的中间偏差 Δ_i 相对于各环的平均偏差 $\overline{x}_i$ 将产生一个偏移量 $e_i \dfrac{T_i}{2}$,如图7—7所示,此时 $\overline{x}_0$ 为:

$$\overline{x}_0 = \sum_{i=1}^{n-1} \xi_i \overline{x}_i = \sum_{i=1}^{n-1} \xi_i (\Delta_i + e_i \frac{T_i}{2})$$

而几个不对称分布的组成环,所形成的封闭环已近似对称分布了,故:

$$\Delta_0 = \overline{x}_0 = \sum_{i=1}^{n-1} \xi_i (\Delta_i + e_i \frac{T_i}{2}) \tag{7—19}$$

2. 正计算

【例7—3】 以例1的尺寸链为例,改用概率法进行计算。由于绘制尺寸链图,确定增、减环,确定传递系数均与例7—1相同。又由于该尺寸链组成环均为正态分布,因此中间偏差的计算也与例7—1相同,故不再重复。

(1)计算封闭环公差

因
$$T_0 = \sqrt{\sum_{i=1}^{n-1} \xi_i^2 T_i^2}$$

代入各组成环公差值,得:

$$T_0' = \sqrt{0.18^2 + 0.12^2 + 0.21^2 + 0.12^2} = 0.324\text{mm}$$

(2)计算封闭环上、下偏差

$$\text{ES}_0' = \Delta_0 + \frac{1}{2}T_0 = 0.395 + \frac{1}{2} \times 0.324 = 0.557\text{mm}$$

$$\text{EI}_0' = \Delta_0 - \frac{1}{2}T_0 = 0.395 - \frac{1}{2} \times 0.324 = 0.233\text{mm}$$

将计算值与技术条件给定的值进行比较:

$$\text{ES}_0' = 0.557\text{mm} < 0.75\text{mm} = \text{ES}_0$$

$$\text{EI}_0' = 0.233\text{mm} > 0.05\text{mm} = \text{EI}_0$$

上述计算表明:已给定的组成环的公差和偏差是能满足技术要求的。但各组成环的公差值给得太小。因技术条件给定的封闭环公差值 $T_0 = 0.75\text{mm}$,而根据给定的组成环公差所计算出的封闭环公差 $T'_0 = 0.324\text{mm}$。因而显得不经济。

3. 反计算

[例 7—4] 以例 7—2 的尺寸链为例,改用概率法进行计算。

由于绘制尺寸链图,确定增、减环,确定传递系数以及确定偏差的方法与例 7—2 相同,因而不再重复。

设按等公差等级法

计算各组成环平均公差等级系数:

因 $\quad T_0 = \sqrt{\sum_{i=1}^{n-1} \xi_i^2 T_i^2}, \mid \xi_i \mid = 1$

则 $\quad\quad\quad\quad T_0 = \sqrt{\sum_{i=1}^{n-1} a_i^2 (0.45 \sqrt[3]{D_i} + 0.001 D_i)^2}$

因各组成环公差等级相同,即为公差等级系数相同,故平均公差等级系数为:

$$a_{\text{av}} = \frac{T_0}{\sqrt{\sum_{i=1}^{n-1} (0.45 \sqrt[3]{D} + 0.001 D)^2}}$$

将各值代入,得:

$$a_{\text{av}} = \frac{200}{\sqrt{1.56^2 + 1.56^2 + 1.86^2}} \approx 69$$

由标准公差计算表(表 1—4)查得 $a_{\text{av}} = 69$ 接近于 IT10 级(标准公差值等于 $64i$)。

由标准公差数值表(表 1—8)查得各组成环尺寸的公差值:$T_1 = T_2 = 0.10\text{mm}$,$T_3 = 0.12\text{mm}$,则:

$$T'_0 = \sqrt{0.1^2 + 0.1^2 + 0.12^2} = 0.185\text{mm} < 0.2\text{mm} = T_0$$

由于封闭环公差的计算值 T'_0 小于技术条件给定值 T_0,可见给定的组成环公差是正确的。

最后根据例 2 中第(5)条的原则,确定 A_1 和 A_2 的极限偏差,计算 A_1 的中间偏差,并按式(7—12)计算 A_1 的极限偏差,并将全部结果列于表 7—3。

表 7—3

mm

代 号	各环公差	各环尺寸和极限偏差	备 注
A_0	0.2	$0\left(^{0.30}_{0.10}\right)$	正态分布
A_1	0.1	$38\left(^{-0.15}_{-0.25}\right)$	正态分布
A_2	0.1	$42\text{js}\left(^{+0.05}_{-0.05}\right)$	正态分布
A_3	0.12	$80\text{js}\left(^{+0.06}_{-0.06}\right)$	正态分布

上述结果能否满足技术条件给定的封闭环极限偏差要求,则可采用正计算的方法进行校核计算。

(1)计算封闭环的中间偏差

$$\Delta'_0 = \Delta_3 - \Delta_1 - \Delta_2 = 0 - (-0.2) - 0 = 0.2\text{mm}$$

（2）计算封闭环的极限偏差

$$ES'_0 = \Delta'_0 + \frac{1}{2}T'_0 = 0.2 + \frac{1}{2} \times 0.185 = 0.292\text{mm}$$

$$EI'_0 = \Delta'_0 - \frac{1}{2}T'_0 = 0.2 - \frac{1}{2} \times 0.185 = 0.108\text{mm}$$

则

$$ES'_0 = 0.292\text{mm} < 0.3 = ES_0$$
$$EI'_0 = 0.108\text{mm} > 0.1 = EI_0$$

以上计算说明给定的组成环极限偏差是符合技术要求的。

由表7—2和表7—3相比较,可以看出:用概率法计算确定的组成环公差值放大约60%,而实际上出现不合格件的可能性却很小(仅有0.27%),因而给生产带来较大的经济效果。

第三节　解装配尺寸链的其他方法

在生产中,装配尺寸链各组成环的公差和极限偏差若按前述方法进行计算和给出,那么在装配时,一般不需进行修配和调整就能顺利进行装配,且能满足封闭环的技术要求。但在某些场合,为了获得更高的装配准确度,同时生产条件又不允许提高组成环的制造准确度时,则可采用分组互换法、修配法和调整法来完成这一任务。

一、分组互换法

分组互换法即分组装配法,其做法是将按封闭环的技术要求确定的组成环的平均公差扩大N倍,使组成环加工更加容易和经济,然后根据零件完工后的实际偏差,按一定尺寸间隔分成N组,装配时根据大配大、小配小的原则,按对应组进行装配,以达到封闭环规定的技术要求。由此可见,这种方法装配的互换性只能在同一组中进行。

另外,采用分组互换法给组成环分配公差时,为了保证分组装配后配合性质一致,其增环公差值应等于减环公差值。

二、修配法

修配法是将尺寸链组成环的基本尺寸按经济加工的要求给定公差值,此时,封闭环的公差值比技术条件要求的值有所扩大。为了保证封闭环的技术条件,在装配时预先选定某一组成环作为补偿环,用切去补偿环的部分材料的方法,使封闭环达到规定的技术要求。在选择补偿环时,应注意使该环在拆装和修配时比较容易,以提高生产率和发挥更大的经济效益。很明显,尺寸链中的公共环不宜选作补偿环,这是因按一个尺寸链的要求修配该环时,该环的尺寸变化将影响另一尺寸链。

三、调整法

调整法是将尺寸链组成环的基本尺寸按经济加工的要求给定公差值,此时封闭环的公差值比技术条件要求的值有所扩大,为了保证封闭环的技术条件,在装配时预先选定某一组成环作为补偿环。此时,不是采用切去补偿环材料的方法使封闭环达到规定的技术要求,而是用调整补偿环的尺寸或位置来实现这一目的。

第八章　圆锥的公差配合及检测

　　圆锥在机器制造中应用广泛。圆锥结合是常用的典型结构。它具有较高的同轴度、配合自锁性好、密封性好、间隙和过盈可以调整、能传递一定扭矩、传动副简单可靠、装拆方便等优点,所以,被广泛地应用于各种机构中。因此,锥度公差的标准化,是提高产品质量,保证零、部件的互换性不可缺少的环节。我国制定有《产品几何量技术规范(GPS)　圆锥的锥度与锥角系列》(GB/T 157—2001)、《产品几何量技术规范(GPS)　圆锥公差》(GB/T 11334—2005)、《产品几何量技术规范(GPS)　圆锥配合》(GB/T 12360—2005)和《圆锥量规公差与技术条件》(GB/T 11852—2003)4 个国家标准。

第一节　锥度与锥角

一、常用术语及定义

1. 圆锥表面

　　与轴线成一定角度,且一端相交于轴线的一条直线(母线),围绕着该轴线旋转形成的表面(图 8—1),称为圆锥表面。

2. 圆锥

　　由圆锥表面与一定尺寸所限定的几何体(图 8—2),称为圆锥。

　　圆锥分为外圆锥与内圆锥,外圆锥是外表面为圆锥表面的几何体(图 8—2);内圆锥是内表面为圆锥表面的几何体(图 8—3)。

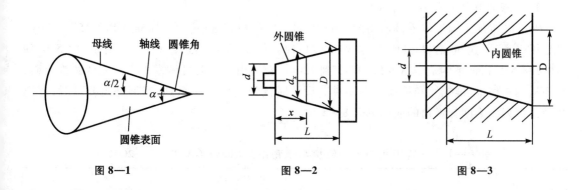

图 8—1　　　　　　　　图 8—2　　　　　　　　图 8—3

3. 圆锥角(锥角)α

　　在通过圆锥轴线的截面内两条素线间的夹角(图 8—1),称为圆锥角。

　　圆锥角代号为 α,圆锥角之半($\frac{\alpha}{2}$),称为斜角。

4. 圆锥直径

圆锥在垂直于轴线截面上的直径(图8—2),称为圆锥直径。

常用的圆锥直径有:最大圆锥直径 D,最小圆锥直径 d 和给定截面圆锥直径 d_x。

5. 圆锥长度 L

最大圆锥直径与最小圆锥直径之间的轴向距离(图8—2),称为圆锥长度。

6. 锥度 C

两个垂直圆锥轴线截面的圆锥直径差与该两截面间的轴向距离之比,称为锥度。若最大圆锥直径为 D,最小圆锥直径为 d,圆锥长度为 L,则锥度 C 为:

$$C = \frac{D - d}{L} \tag{8—1}$$

锥度 C 与圆锥角 α 的关系为:

$$C = 2\tan\frac{\alpha}{2} = 1 : \frac{1}{2}\cot\frac{\alpha}{2} \tag{8—2}$$

锥度关系式反映了圆锥直径、圆锥长度、圆锥角和锥度之间的相互关系,它是圆锥的基本公式。

锥度一般用比例或分数形式表示。

7. 公称圆锥

公称圆锥是设计给定的理想形状的圆锥。

公称圆锥可用两种形式确定:

(1)以一个公称圆锥直径(最大圆锥直径 D、最小圆锥直径 d、给定截面圆锥直径 d_x)、公称圆锥长度 L、公称圆锥角 α 或公称锥度 C 来确定。

(2)以两个公称圆锥直径和公称圆锥长度 L 来确定。

二、锥度与锥角系列

锥度与锥角系列分为一般用途与特殊用途两种。

1. 一般用途圆锥的锥度与锥角

为了减少加工圆锥体零件所用的定值刀、量具的品种和规格,国家标准(GB/T 157—2001)规定了一般用途的锥度和锥角系列共 21 种（表 8—1）。锥度 C 的范围从 1:500 到 1:0.288 675 1,锥角的范围从 6′52.5295″到 120°。它适用于一般机械零件中的光滑圆锥表面,但不适用于棱锥、锥螺纹和锥齿轮等零件。设计时优先选用第一系列,当不满足要求时,才选用第二系列。锥度与锥角的应用见表 8—2。

表 8—1　一般用途圆锥的锥度与锥角系列(摘自 GB/T 157—2001)

基本值		推算值			锥度 C
		圆锥角 α			
系列 1	系列 2	(°)(′)(″)	(°)	rad	
120°		—	—	2.094 395 10	1:0.288 675 1
90°		—	—	1.570 695 33	1:0.500 000 0

续表

基 本 值		推 算 值			
		圆锥角 α			锥度 C
系列 1	系列 2	(°)(′)(″)	(°)	rad	
	75°	—	—	1. 308 996 94	1:0. 651 612 7
60°		—	—	1. 047 197 55	1:0. 866 025 4
45°		—	—	0. 785 398 16	1:1. 207 106 8
30°		—	—	0. 523 598 78	1:1. 866 025 4
1:3		18°55′28. 7199″	18. 924 644 42°	0. 330 297 35	—
	1:4	14°15′0. 1177″	14. 250 032 70°	0. 248 709 99	
1:5		11°25′16. 2706″	11. 421 186 27°	0. 199 337 30	
	1:6	9°31′38. 2202″	9. 527 283 38°	0. 166 282 46	
	1:7	8°10′16. 4408″	8. 171 233 56°	0. 142 614 93	
	1:8	7°9′9. 6075″	7. 152 668 75°	0. 124 837 62	
1:10		5°43′29. 3176″	5. 724 810 45°	0. 099 916 79	
	1:12	4°46′18. 7970″	4. 771 888 06°	0. 083 285 16	
	1:15	3°49′5. 8975″	3. 818 304 87°	0. 066 641 99	
1:20		2°51′51. 0925″	2. 864 192 37°	0. 049 989 59	
1:30		1°54′34. 8570″	1. 909 682 25°	0. 033 330 25	
1:50		1°8′45. 1586″	1. 145 877 40°	0. 019 999 33	
1:100		34′22. 6309″	0. 572 953 02°	0. 009 999 92	
1:200		17′11. 3219″	0. 286 478 30°	0. 004 999 99	
1:500		6′52. 5295″	0. 114 591 52°	0. 002 000 00	

注:系列 1 中 120°～1:3 的数值近似按 R10/2 优先数系列,1:5 ～1:500 按 R10/3 优先数系列(见 GB/T 321)。

表 8—2 锥度与锥角的应用

锥度 C	锥角 α	标 记	应 用 范 围
1:0. 288 675 1	120°	120°	节气阀,汽车、拖拉机阀门
1:0. 500 000	90°	90°	重型顶尖,重型中心孔,阀的阀销锥体,沉头螺钉
1:0. 651 612 7	75°	75°	10 ～13mm 埋头螺钉,沉头及半沉头铆钉头
1:0. 866 025 4	60°	60°	顶尖,中心孔,弹簧夹头,埋头钻
1:1. 207 106 8	45°	45°	埋头及半埋头铆钉
1:1. 866 025 4	30°	30°	摩擦离合器,弹簧夹头
1:3	18°55′28. 7199″	1:3	受轴向力易拆开的结合面,摩擦离合器
1:5	11°25′16. 2706″	1:5	受轴向力的结合面,锥形摩擦离合器,磨床主轴
1:7	8°10′16. 4408″	1:7	重型机床顶尖,旋塞

续表

锥度 C	锥角 α	标　记	应 用 范 围
1:8	7°9′9.6075″	1:8	联轴器和轴的结合面
1:10	5°43′29.3176″	1:10	受轴向力、横向力和扭矩的结合面,电机及机器的锥形轴伸,主轴承调节套筒
1:12	4°46′18.7970″	1:12	滚动轴承的衬套
1:15	3°49′5.8975″	1:15	受轴向力零件的结合面,主轴齿轮的结合面
1:20	2°51′51.0925″	1:20	机床主轴,刀具刀杆的尾部,锥形铰刀,心轴
1:30	1°54′34.8570″	1:30	锥形铰刀,套式铰刀及扩孔钻的刀杆尾部,主轴颈
1:50	1°8′45.1586″	1:50	圆锥销,锥形铰刀,量规尾部
1:100	34′22.6309″	1:100	受陡震及静变载荷的不需拆开的联结件,如心轴等
1:200	17′11.3219″	1:200	受陡震及冲击变载荷的不需拆开的联结件,如圆锥螺栓,导轨镶条

2. 特殊用途圆锥的锥度与锥角

国家标准(GB/T 157—2001)规定了特殊用途圆锥的锥度与锥角系列,它通常用于表中最后一栏所指的范围(见表8—3)。

表8—3　特殊用途圆锥的锥度与锥角(摘自 GB/T 157—2001)

| 基本值 | 推算值 | | | 用　途 |
| | 圆锥角 α | | 锥度 C | |
	(°)(′)(″)	(°)	rad		
11°54′			0.207 694 18	1:4.797 451 1	纺织机械和附件
8°40′			0.151 261 87	1:6.598 441 5	
7°			0.122 173 05	1:8.174 927 7	
1:38	1°30′27.7080″	1.507 696 67°	0.026 314 27		
1:64	0°53′42.8220″	0.895 228 34°	0.015 624 68		
7:24	16°35′39.4443″	16.594 290 08°	0.289 625 00	1:3.428 571 4	机床主轴,工具配合
1:19.002	3°0′52.3956″	3.014 554 34°	0.052 613 90		莫氏锥度 No.5
1:19.180	2°59′11.7258″	2.986 590 50°	0.052 125 84		莫氏锥度 No.6
1:19.212	2°58′53.8255″	2.981 618 20°	0.052 039 05		莫氏锥度 No.0
1:19.254	2°58′30.4217″	2.975 117 13°	0.051 925 59		莫氏锥度 No.4
1:19.922	2°52′31.4463″	2.875 401 76°	0.050 185 23		莫氏锥度 No.3
1:20.020	2°51′40.7960″	2.861 332 23°	0.049 939 67		莫氏锥度 No.2
1:20.047	2°51′26.9283″	2.857 480 08°	0.049 872 44		莫氏锥度 No.1

莫氏锥度在工具行业中应用极广,其有关参数、尺寸及公差,请参看国家标准(GB/T 1443—1996)。

第二节　圆　锥　公　差

圆锥公差包括圆锥公差项目和给定方法。下面分别介绍其特点。

一、圆锥公差项目

圆锥公差项目有圆锥直径公差 T_D、圆锥角公差 AT、给定截面直径公差 T_{DX} 和圆锥形状公差 T_F。

1. 圆锥直径公差 T_D

圆锥直径允许的变动量称为圆锥直径公差。其数值为允许的上极限圆锥直径与下极限圆锥直径之差(图 8—4),用公式表示为:

$$T_D = D_{max} - D_{min} = d_{max} - d_{min} \qquad (8—3)$$

上、下极限圆锥的变动界限称为极限圆锥。它与公称圆锥共轴,且圆锥角相等。在垂直于圆锥轴线的任意截面上,这两个圆锥的直径差都相等。

两个极限圆锥所限定的区域,称为圆锥直径公差区[①](图 8—4)。

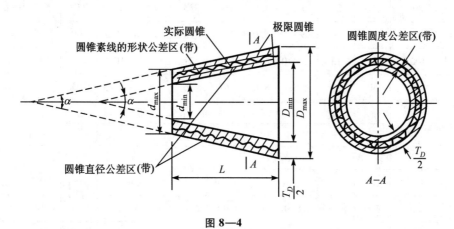

图 8—4

圆锥直径公差,可按圆锥配合的使用要求和制造条件,以公称圆锥直径(一般以最大圆锥直径 D)为公称尺寸,从极限与配合国家标准(GB/T 1800.1—2009)规定的标准公差和基本偏差中选用。

对于有配合要求的圆锥,其内、外圆锥直径公差区位置,按圆锥配合国家标准(GB/T 12360—2005)有关规定选取。对于无配合要求的圆锥,建议选用基本偏差 Js 和 js,确定内、外圆锥直径公差区位置。

2. 圆锥角公差 AT

圆锥角允许的变动量称为圆锥角公差。其数值为允许的上极限与下极限圆锥角之差

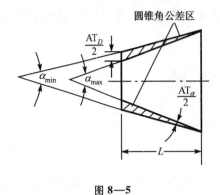

图 8—5

（图 8—5），用公式表示：

$$AT_\alpha = \alpha_{max} - \alpha_{min} \qquad (8—4)$$

两个极限圆锥角限定的区域，称为圆锥角公差区（图 8—5）。

圆锥角公差 AT 按加工精度的高低分为 12 个公差等级，用 AT_1，AT_2，…，AT_{11}，AT_{12} 表示，其中 AT_1 精度最高、AT_{12} 精度最低。圆锥角公差数值见表 8—4。表中数值用于棱体的角度时，以该角短边长度作为 L 选取公差值。

表 8—4　圆锥角公差（摘自 GB/T 11334—2005）

基本圆锥长度 L/mm		圆锥角公差等级							
		AT4			AT5			AT6	
		AT_α		AT_D	AT_α		AT_D	AT_α	AT_D
大于	至	μrad	(″)	μm	μrad	(″)	μm	μrad	(′)(″)	μm
16	25	125	26	>2~3.2	200	41	>3.2~5.0	315	1′05″	>5.0~8.0
25	40	100	21	>2.5~4.0	160	33	>4.0~6.3	250	52″	>6.3~10.0
40	63	80	16	>3.2~5.0	125	26	>5.0~8.0	200	41″	>8.0~12.5
63	100	63	13	>4.0~6.3	100	21	>6.3~10.0	160	33″	>10.0~16.0
100	160	50	10	>5.0~8.0	80	16	>8.0~12.5	125	26″	>12.5~20.0

基本圆锥长度 L/mm		圆锥角公差等级							
		AT7			AT8			AT9	
		AT_α		AT_D	AT_α		AT_D	AT_α	AT_D
大于	至	μrad	(′)(″)	μm	μrad	(′)(″)	μm	μrad	(′)(″)	μm
16	25	500	1′43″	>8.0~12.5	800	2′45″	>12.5~20.0	1250	4′18″	>20~32
25	40	400	1′22″	>10.0~16.0	630	2′10″	>16.0~25.0	1000	3′26″	>25~40
40	63	315	1′05″	>12.5~20.0	500	1′43″	>20.0~32.0	800	2′45″	>32~50
63	100	250	52″	>16~25.0	400	1′22″	>25.0~40.0	630	2′10″	>40~63
100	160	200	41″	>20~32.0	315	1′05″	>32.0~50.0	500	1′43″	>50~80

由于同一加工方法不同圆锥长度 L 的角度误差不同，L 越大角度误差可以越小，所以在同一公差等级中，按公称圆锥长度 L 的不同，规定了不同的圆锥角度公差值 AT_α。公称长度 L 在 6mm ~ 630mm 范围内，划分了 10 个尺寸分段。

如需要更高或更低等级的圆锥角公差时，按公比 1.6 向两端延伸得到。更高等级用 AT_0，AT_1，…表示，更低等级用 AT_{13}，AT_{14}…表示。

圆锥角公差可用两种形式表示：

①AT_α——以角度单位微弧度（μrad）①或以度、分、秒（°、′、″）表示圆锥角公差值；

②AT_D——以长度单位微米（μm）表示公差值，它是用与圆锥轴线垂直且距离为 L 的两端直径变动量之差所表示的圆锥角公差。

查表示例 1：$L = 63$mm，选用 AT7，查表得 AT_α 为 315μrad 或 1′05″，则 AT_D 为 20μm。

示例 2：$L = 50$mm，选用 AT7，查表得 AT_α 为 315μrad 或 1′05″，则 $AT_D = AT_\alpha \times L \times 10^{-3} = 315 \times 50 \times 10^{-3}$ μm $= 15.75$μm，取 AT_D 为 15.8μm。

AT_D 与 AT_α 的关系如下：

$$AT_D = AT_\alpha \times L \times 10^{-3} \qquad (8—5)$$

式中，AT_D 单位为 μm；AT_α 单位为 μrad；L 单位为 mm。

AT_D 值应按式（8—5）计算，表 8—4 中仅给出了圆锥长度 L 的尺寸段相对应的 AT_D 范围值。AT_D 计算结果的尾数按 GB/T 8170 的规定进行修约，其有效位数应与表 8—4 中所列该 L 尺寸段的最大范围值的位数相同。

圆锥角的极限偏差，可以按单向或双向取值。双向取值时，可以是对称的，也可以是不对称的（见图 8—6）。

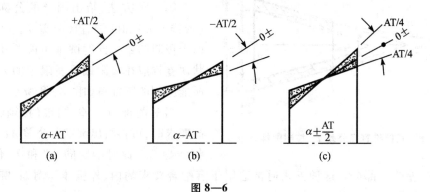

图 8—6

3. 给定截面圆锥直径公差 T_{DS}

给定截面圆锥直径公差是指在垂直于圆锥轴线的给定截面内，圆锥直径的允许变动量。它的公差区是在给定圆锥截面内，由直径等于两个同心圆所限定的区域（图 8—7）。

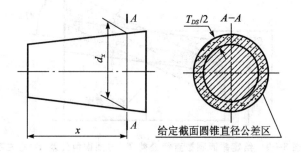

图 8—7

注：① μrad（微弧度）等于在半径为 1m，弧长为 1μm 时，所产生的角度。即 5μrad ≈ 1″（秒），300μrad ≈ 1′（分）。

给定截面圆锥直径公差 T_{DS} 是以给定截面圆锥直径 d_x 为公称尺寸,按极限与配合国家标准(GB/T1800.1—2009)规定的标准公差和基本偏差中选取。

T_{DS} 与圆锥直径公差 T_D 的区别:T_{DS} 只对给定截面起作用,其公差区限定的是平面区域;而 T_D 对整个圆锥任意截面的直径都起作用。其公差区限定的是空间区域。

4. 圆锥形状公差 T_F

圆锥形状公差包括素线直线度公差和截面圆度公差。

T_F 在一般情况下,不单独给出,而是由对应的两极限圆锥公差区限制。当对形状精度有更高要求时,应单独给出相应的形状公差。其数值可从《形位公差 未注公差》国家标准(GB/T1184—1996)附录中选用,但应不大于圆锥直径公差的 50%。

二、圆锥公差给定方法

对一个具体的圆锥零件来说,并不都需要给定上述四项公差,而是按圆锥零件的功能要求和工艺特点选取公差项目。我国圆锥国家标准规定了两种圆锥公差的给定方法。

第一种方法,给出圆锥的公称圆锥角 α(或锥度 C)和圆锥直径公差 T_D。由 T_D 确定两个极限圆锥。此时圆锥角误差和圆锥的形状误差均应在极限圆锥所限定的区域内。T_D 所能限制的圆锥角如图 8—8 所示。

当对圆锥角公差、圆锥的形状公差有更高要求时,可再给出圆锥角公差 AT、圆锥的形状公差 T_F。此时给定的 AT 和 T_F 值,只能占

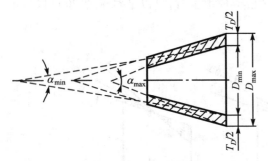

图 8—8　用圆锥直径公差 T_D 控制圆锥误差

圆锥直径公差的一部分。这种方法通常适用于有配合要求的内、外锥体。例如,圆锥滑动轴承、钻头的锥柄等。

第二种方法,同时给出给定截面圆锥直径公差 T_{DS} 和圆锥角公差 AT。此时,给定截面直径和圆锥角应分别满足这两项公差的要求。T_{DS} 和 AT 的关系见图 8—9。

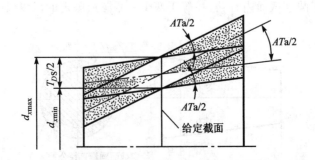

图 8—9　给定截面圆锥直径公差 T_{DS} 与圆锥角公差 AT 的关系

从图 8—9 可知,当圆锥在给定截面上具有最小极限尺寸 $d_{x\,min}$ 时,其圆锥角公差为图中下面两条实线限定的两对顶三角形区域,此时实际圆锥角必须在此公差区内;当圆锥在给定截面上具有最大极限尺寸 $d_{x\,max}$ 时,其圆锥角公差为图中上面两条实线限定的两对顶三角形区域;

当圆锥在给定截面上具有某一实际尺寸 d_x 时,其圆锥角公差为图中两条虚线限定的两对顶三角形区域。

该法是在圆锥素线为理想直线情况下给定的。它适用于对圆锥工件的给定截面有较高精度要求的情况。例如阀类零件,为使圆锥配合在给定截面上有良好接触,以保证有良好的密封性,常采用这种公差。

第三节　圆　锥　配　合

圆锥配合国家标准(GB/T 12360—2005)同样适用于圆锥锥度 C 从 1:3 至 1:500、圆锥长度 L 从 6mm 至 630mm 的光滑圆锥的配合。

圆锥配合区别于圆柱配合的主要特点是内、外圆锥相对轴向位置的不同,可以获得间隙配合、过盈配合或过渡配合。因此,圆锥配合按内、外圆锥相对位置的确定方法分为两类:结构型圆锥配合与位移型圆锥配合。

一、圆锥配合的特征

1. 结构型圆锥配合

结构型圆锥配合是采用适当的结构,使内、外圆锥保持固定的相对轴向位置,配合性质完全取决于内、外圆锥直径公差区的相对位置的圆锥配合,称为结构型圆锥配合。

实现轴向位置固定的方法,可以是内、外圆锥基准平面之间直接接触[图8—10(a)],也可以采用其他附加的结构,保持内、外圆锥基准平面之间的距离[图8—10(b)]。

结构型圆锥配合可形成间隙配合、过盈配合或过渡配合。

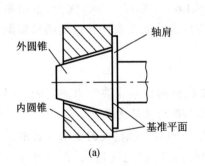
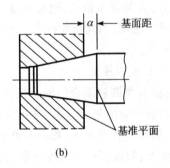

(a)　　　　　　　　(b)

图 8—10

2. 位移型圆锥配合

用调整内、外圆锥相对轴向位置的方法,获得要求的配合性质的圆锥配合称为位移型圆锥配合。

图 8—11(a)表示内圆锥由它与外圆锥相接触的实际初始位置 P_a 起,向左移动距离 E_a 到达终止位置 P_f,则形成间隙配合;图 8—11(b)表示内圆锥由实际初始位置 P_a 起,在一定轴向装配力的作用下,向右移动 E_a 到达终止位置 P_f,则形成过盈配合。

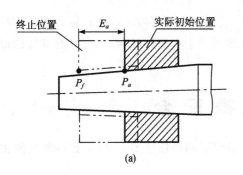
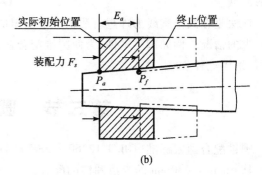

图 8—11

二、圆锥配合的确定

1. 结构型圆锥配合

（1）结构型圆锥配合的圆锥直径公差区（带）的代号、数值及公差等级，采用极限与配合国家标准（GB/T 1800.1—2009）规定的标准公差和基本偏差。为了减少定值刀、量具的数量，推荐优先采用基孔制配合，即内圆锥基本偏差为 H。

（2）圆锥直径配合公差（T_{Df}），等于两结合圆锥内、外直径公差（T_{Di}，T_{De}）之和。其公差值大小，直接影响配合精度，推荐内、外圆锥直径公差不低于 IT9 级。如对接触精度有较高要求，可按圆锥公差国家标准（GB/T 11334—2005）规定的圆锥角公差 AT 系列值（表 8—4），给出圆锥角极限偏差及圆锥形状公差。

（3）配合的基本偏差，通常在基本偏差 D（d）～ZC（zc）中选择。应按优先、常用和一般公差带的顺序选用，组成所需配合。对高精度配合，允许按由功能要求计算得到的极限间隙或过盈确定配合。

2. 位移型圆锥配合

（1）位移型圆锥配合的配合性质，是由内、外圆锥的轴向位移或装配力决定的。圆锥直径公差仅影响接触的初始位置、终止位置及接触精度，而与配合性质无关。

（2）圆锥直径公差区，根据对终止位置基面距的要求和对接触精度的要求来选取。如对基面距有要求，圆锥直径公差按极限与配合国家标准 IT8～IT12 级之间选取，必要时通过计算来选取。若对基面距无严格要求，可选较低的公差等级。如对接触精度要求较高，可增选圆锥角公差。

为了计算和加工方便，圆锥配合国家标准推荐位移型圆锥配合的基本偏差用 H,h 或 J,j 的组合。

（3）轴向位移的大小将决定配合间隙量或过盈量的大小。轴向位移量的极限值，由功能要求的极限间隙或极限过盈量计算得到。极限间隙或极限过盈量，可以通过计算法或类比法从极限与配合国家标准（GB/T 1801—2009）中选取。对于较重要的联结，也可直接采用计算值。

位移型圆锥配合不用于形成过盈配合，例如，机床主轴的圆锥滑动轴承是位移型圆锥间隙配合。机床主轴锥孔与铣刀杆锥柄形成位移型过盈配合。

轴向位移量反映了配合松紧的变动情况。它的给定取决于配合精度要求,其数量与允许的最大过盈(间隙)与最小过盈(间隙)有关,从图8—12中可知:

$$T_E = E_{a\max} - E_{a\min} \qquad (8\text{—}6)$$

式中　$E_{a\max}$,$E_{a\min}$——最大、最小轴向位移;

　　　　T_E——轴向位移公差。

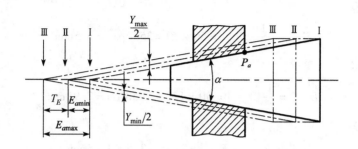

图8—12

I —实际初始位置;II —最小过盈位置;III —最大过盈位置

根据功能要求的极限过盈或极限间隙,位移型圆锥配合的轴向位移和轴向位移公差,按下列公式计算。

①对间隙配合

$$E_{a\min} = \frac{1}{C}\left| X_{\min} \right| \qquad (8\text{—}7)$$

$$E_{a\max} = \frac{1}{C}\left| X_{\max} \right| \qquad (8\text{—}8)$$

$$T_E = E_{a\max} - E_{a\min} = \frac{1}{C}\left| X_{\max} - X_{\min} \right| \qquad (8\text{—}9)$$

式中　　C——锥度;

　　$X_{\max}$——配合的最大间隙;

　　$X_{\min}$——配合的最小间隙;

$E_{a\max}$,$E_{a\min}$——最大、最小的轴向位移;

　　T_E——轴向位移公差。

②对过盈配合

$$E_{a\min} = \frac{1}{C}\left| Y_{\min} \right| \qquad (8\text{—}10)$$

$$E_{a\max} = \frac{1}{C}\left| Y_{\max} \right| \qquad (8\text{—}11)$$

$$T_E = E_{a\max} - E_{a\min} = \frac{1}{C}\left| Y_{\max} - Y_{\min} \right| \qquad (8\text{—}12)$$

式中　C——锥度;

　　$Y_{\max}$——配合的最大过盈;

　　$Y_{\min}$——配合的最小过盈。

计算示例：

【例 8—1】 某位移型圆锥配合的基本直径为 $\phi100\mathrm{mm}$，锥度 $C=1:50$，要求形成与 H8/u7 相同的配合性质。试计算其极限轴向位移和轴向位移公差。

解：由"极限与配合"国家标准（GB/T 1801—2009）可知，对于 $\phi100$H8/u7，最大过盈 $Y_{max}=159\mu\mathrm{m}$，最小过盈 $Y_{min}=70\mu\mathrm{m}$。

最小轴向位移

$$E_{a\,min}=\frac{1}{C}\left|Y_{min}\right|=50\times70=3500\mu\mathrm{m}=3.5\mathrm{mm}$$

最大轴向位移

$$E_{a\,max}=\frac{1}{C}\left|Y_{max}\right|=50\times159=7950\mu\mathrm{m}=7.95\mathrm{mm}$$

轴向位移公差

$$T_E=E_{a\,max}-E_{a\,min}=7.95-3.5=4.45\mathrm{mm}$$

或

$$T_E=\frac{1}{C}\left|Y_{max}-Y_{min}\right|=50\times(159-70)=4450\mu\mathrm{m}=4.45\mathrm{mm}$$

【例 8—2】 某位移型圆锥配合的锥度 $C=1:20$，由计算确定其极限间隙 $X_{max}=60\mu\mathrm{m}$，$X_{min}=30\mu\mathrm{m}$，试计算其极限轴向位移和轴向位移公差。

解：按公式求得：

最大轴向位移

$$E_{a\,max}=\frac{1}{C}\left|X_{max}\right|=20\times60=1200\mu\mathrm{m}=1.2\mathrm{mm}$$

最小轴向位移

$$E_{a\,min}=\frac{1}{C}\left|X_{min}\right|=20\times30=600\mu\mathrm{m}=0.6\mathrm{mm}$$

轴向位移公差

$$T_E=E_{a\,max}-E_{a\,min}=1.2-0.6=0.6\mathrm{mm}$$

或

$$T_E=\frac{1}{C}\left|X_{max}-X_{min}\right|=20\times(60-30)=600\mu\mathrm{m}=0.6\mathrm{mm}$$

由装配力产生轴向位移而达到的过盈配合，其给出的极限装配力由设计要求传递的力矩直接计算得到。目前，圆锥配合国家标准没有给出装配力的计算公式。

三、圆锥轴向极限偏差的计算

圆锥配合的内圆锥或外圆锥直径上、下偏差转换为轴向极限偏差，可用以确定圆锥配合的极限初始位置和内、外圆锥基准平面之间的极限轴向距离。当用圆锥量规检验圆锥直径时，可用以确定与圆锥直径上、下偏差相应的圆锥量规的轴向距离。

圆锥轴向极限偏差，是圆锥的某一极限圆锥与其公称圆锥轴向位置的偏离，如图 8—13、图 8—14 所示。规定下极限圆锥与公称圆锥的偏离为轴向上偏差（es_z，ES_z）；上极限圆锥与公称圆锥的偏离为轴向下偏差（ei_z，EI_z），轴向上偏差与轴向下偏差之代数差的绝对值为轴向公差（T_z）。

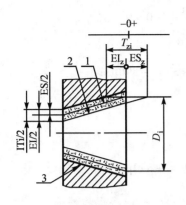
图 8—13 内圆锥轴向偏差示意图
1—公称圆锥;2—下极限圆锥;3—上极限圆锥

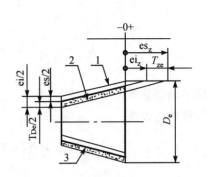
图 8—14 外圆锥轴向偏差示意图
1—公称圆锥;2—下极限圆锥;3—上极限圆锥

由图 8—13 可得内圆锥的轴向极限偏差(ES_z,EI_z)和轴向公差(T_{zi})的计算公式为:

轴向上偏差

$$ES_z = -\frac{1}{C} \times EI \qquad (8—13)$$

轴向下偏差

$$EI_z = -\frac{1}{C} \times ES \qquad (8—14)$$

轴向公差

$$T_{zi} = \frac{1}{C} \times T_{Di} \qquad (8—15)$$

由图 8—14 可得外圆锥的轴向极限偏差(es_z,ei_z)和轴向公差(T_{ze})的计算公式为:

轴向上偏差

$$es_z = -\frac{1}{C} \times ei \qquad (8—16)$$

轴向下偏差

$$ei_z = -\frac{1}{C} \times es \qquad (8—17)$$

轴向公差

$$T_{ze} = \frac{1}{C} \times T_{De} \qquad (8—18)$$

内圆锥的轴向基本偏差:

$$E_z = -\frac{1}{C} \times 直径基本偏差 \qquad (8—19)$$

外圆锥的轴向基本偏差:

$$e_z = -\frac{1}{C} \times 直径基本偏差 \qquad (8—20)$$

由此可见,由直径上偏差(ES,es)算得轴向下偏差(EI_z,ei_z),由直径下偏差(EI,ei)算得轴向上偏差(ES_z,es_z),且符号相反。

【例 8—3】 内、外圆锥的锥度 $C = 1:10$,$D = 50mm$,内圆锥的直径公差区为 H8,外圆锥直径公差区为 f7,试求内、外圆锥轴向极限偏差、基本偏差和公差。

解:查第一章表 1—8、表 1—10 和表 1—11 得内、外圆锥极限偏差:

内圆锥 H8 $ES = +39\mu m$ $EI = 0\mu m$

外圆锥 f7 $es = -25\mu m$ $ei = -50\mu m$

内圆锥的轴向极限偏差,由前述公式得:

$$ES_z = -\frac{1}{C} \times EI = -\frac{1}{\frac{1}{10}} \times 0 = 0$$

$$EI_z = -\frac{1}{C} \times ES = -\frac{1}{\frac{1}{10}} \times 39 = -390\,\mu m$$

内圆锥轴向基本偏差： $E_z = 0$

内圆锥轴向公差：

$$T_{zi} = \frac{1}{C} \times T_{Di} = \frac{1}{\frac{1}{10}} \times 39 = +390\,\mu m$$

外圆锥的轴向极限偏差，由前述公式得：

$$es_z = -\frac{1}{C} \times ei = -\frac{1}{\frac{1}{10}} \times (-50) = +500\,\mu m$$

$$ei_z = -\frac{1}{C} \times es = -\frac{1}{\frac{1}{10}} \times (-25) = +250\,\mu m$$

外圆锥轴向基本偏差：

$$e_z = -\frac{1}{C} \times es = -\frac{1}{\frac{1}{10}} \times (-25) = 250\,\mu m$$

外圆锥轴向公差：

$$T_{ze} = \frac{1}{C} \times T_{De} = \frac{1}{\frac{1}{10}} \times 25 = 250\,\mu m$$

《圆锥配合》国家标准（GB/T 12360—2005）在附录中还介绍了"圆锥角偏差对圆锥配合的影响、基准平面间极限初始位置和极限终止位置的计算"等内容，希望读者自行参考，这里不再阐述。

四、相配内、外圆锥的公差注法

根据《圆锥配合》（GB/T 12360—2005）的要求，相配内、外圆锥应保持正确的相对径向和（或）轴向位置，因此在标注尺寸及公差时，应使内、外圆锥的锥度或圆锥角相同，标注尺寸公差的圆锥直径的公称尺寸相同，标明与基准平面有关的圆锥直径及其位置。下面介绍用基本锥度法标注相配内、外圆锥的公差注法。

图 8—15 表示，在给定截面的圆锥直径用带公差的尺寸（$\phi d_x \pm 0.05$）注出，该截面距基准平面之间的距离，必须用理论正确尺寸（L_{x1}, L_{x2}）注出。

图 8—16 表示，给定截面距基准平面的距离用带公差的尺寸（$L_{x1} \pm 0.2, L_{x2} \pm 0.2$）注出，而圆锥直径以理论正确尺寸（$\phi d_x$）注出。

关于未注公差角度的极限偏差，在未注公差的线性和角度尺寸公差国家标准（GB/T 1804—2000）中做了规定，请参看第一章表1—26选用。

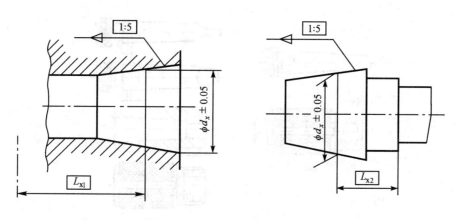

图8—15 相配内、外圆锥的公差注法（1）

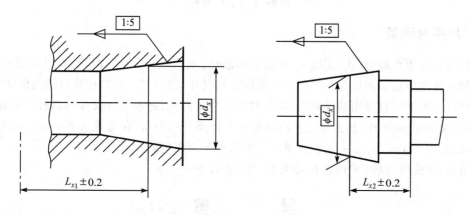

图8—16 相配内、外圆锥的公差注法（2）

第四节 锥度的测量

测量锥度的计量器具和测量方法很多,现将常用的测量方法和相应的计量器具介绍如下。

一、用圆锥量规测量

圆锥量规用以检验内、外锥体工件的锥度和轴向位移量。检验内锥体用锥度塞规,检验外锥体用锥度环规。圆锥量规的结构型式如图8—17所示。它的规格尺寸和量规公差,在《圆锥量规公差与技术条件》(GB/T 11852—2003)国家标准中有详细规定,可供选用,这里未做介绍。

圆锥结合时,一般对锥度要求比对直径要求严,所以用圆锥量规检验工件时,首先应用涂色法检验工件的锥度。用涂色法检验锥度时,要求工件锥体表面接触靠近大端,接触长度不低于国标的规定:高精度工件为工作长度的85%;精密工件为工作长度的80%;普通工件为工作长度的75%。

用圆锥量规检验工件的轴向位移量时,圆锥量规的一端有两条刻线(塞规)或台阶(套规),其间的距离 Z 就是允许的轴向位移量。若被测锥体端面在量规的两条刻线或台阶的两端面之间,则被验锥体的轴向位移量合格(图8—17)。

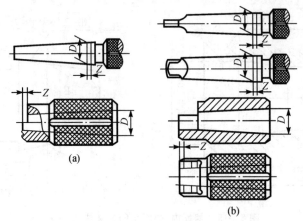

图 8—17　圆锥量规

二、用平台测量

平台测量是用平板、量块、正弦尺、指示表和滚柱(或钢球)等常用计量器具组合进行测量。这种测量方法的特点是测量与被测角度有关的线值尺寸,通过三角函数计算出被测角度值。

正弦尺是锥度测量常用的计量器具,分宽型和窄型两类,每种型式又按两圆柱中心距 L 分为 100mm 和 200mm 两种,其主要尺寸的偏差和工作部分的形状、位置误差都很小。在检测锥度时,不确定度为 $1\mu m \sim 5\mu m$,通常测量公称锥角小于 $30°$ 的锥度。

测量前,首先按式(8—21)计算量块组的高度 h(图 8—18):

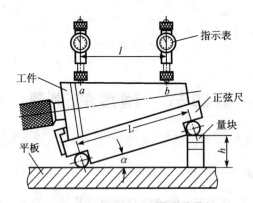

图 8—18　用正弦尺测量圆锥量规

$$h = L\sin\alpha \tag{8—21}$$

式中　α——圆锥角;

$\quad\quad L$——正弦尺两圆柱中心距。

然后按图 8—18 所示进行测量,如果被测的圆锥角恰好等于公称值,则指示表在 a,b 两点的指示值相同,即锥角上母线平行于平板工作面;如果被测角度有误差,则 a,b 两点示值必有一差值 n,n 对测量长度之比即为锥度误差:

$$\Delta C = n/l \tag{8—22}$$

如换算成锥角误差时,可按式(8—23)近似计算:

$$\Delta\alpha = \Delta C \times 2 \times 10^5 = 2 \times 10^5 \times \frac{n}{l}(\text{s}) \tag{8—23}$$

检验内、外锥体直径和锥角(度)的方法很多,现将常用的检测方法列于表8—5,以供测量时选用参考。

表 8—5

	检测示意图		
在二坐标或三坐标测量机上用接触法测量	被检测参数和计算式	$D_0 = (2L - d)\tan\frac{\alpha}{2} - \frac{d}{A\cos\frac{\alpha}{2}} +$ $2\tan\frac{\alpha}{2} = \frac{A - A_1}{L_1}$	$d_0 = A - 2L\tan\frac{\alpha}{2}$ $2\tan\frac{\alpha}{2} = \frac{A_1 - A}{L_1}$
在二坐标或三坐标测量机上用接触法测量	直径或锥角检测的不确定度	直径 $1\mu m \sim 5\mu m$,锥角 $1.5\mu m \sim 8\mu m$	直径 $1\mu m \sim 3\mu m$,锥角 $1.5\mu m \sim 5\mu m$
	适用范围	任意角度,直径 $>10mm$	直径,任意角度
用标准钢球、标准圆柱、量块组合检测	检测示意图		
	被检测参数和计算式	$D_0 = (2L_2 + D)\tan\frac{\alpha}{2} + \frac{D}{\cos\frac{\alpha}{2}}$ $2\tan\frac{\alpha}{2} = \frac{D - d}{2\cos\frac{\alpha}{2}(2L_1 - 2L_2 + d - D)}$	$d_0 = A - d\left(1 + \cot\frac{90° - \frac{\alpha}{2}}{2}\right)$ $2\tan\frac{\alpha}{2} = \frac{A_1 - A}{L}$
	直径或锥角检测的不确定度	直径 $5\mu m \sim 20\mu m$,角度 $7\mu m \sim 30\mu m$	直径 $1\mu m \sim 20\mu m$,角度 $15\mu m \sim 30\mu m$
	适用范围	角度 $>3°$	直径,角度 $<30°$,任意直径,角度 $<30°$

注1:表中所列的检测不确定数值,对检测直径,适用于一个直径的检测,对检测锥角,则适用于直径差的检测;

注2:检测的不确定度下限值,适用于在计量室条件下,用较高精度的计量器具测三次求得的平均值;其上限值,则适用在车间条件下用精度不高的计量器具进行检测的情况。

第九章　螺纹公差及检测

第一节　概　　述

一、螺纹分类及使用要求

螺纹结合是机械制造和仪器制造中应用最广泛的结合形式。螺纹一般可分为圆柱螺纹与圆锥螺纹;密封螺纹与非密封螺纹;机械紧固螺纹与传动螺纹;对称牙型螺纹与非对称牙型螺纹等。

若按螺纹的用途可将其分为紧固螺纹、传动螺纹和紧密螺纹三类。

1. 紧固螺纹

用于紧固或连接零件,如公制普通螺纹等。这是使用最广的一种螺纹结合。对这种螺纹结合的主要要求是可旋合性和连接的可靠性。

2. 传动螺纹

用于传递动力或精确的位移,如梯形螺纹、丝杆等。对这种螺纹结合的主要要求是传递动力的可靠性,或传动比的稳定性(或精确性)。这种螺纹结合要求有一定的保证间隙,以便传动及储存润滑油。

3. 紧密螺纹

用于密封的螺纹结合,对这种螺纹结合的主要要求是结合紧密,不漏水、漏气和漏油。

除上述三类螺纹外,还有一些专门用途的螺纹,如石油螺纹、气瓶螺纹、灯泡螺纹、光学细牙螺纹等。

二、螺纹部分术语及定义

下面主要介绍普通圆柱螺纹的部分术语及定义。

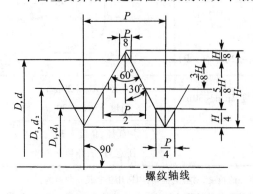

图 9—1

1. 基本牙型

普通螺纹的基本牙型如图 9—1 所示。它是在原始三角形中削去顶部($H/8$)和底部($H/4$)所形成的,是内、外螺纹共有的理论牙型,也是确定螺纹设计牙型的基础。

2. 螺距 P 与导程 Ph

相邻两牙在中径线上对应两点间的轴向距离称为螺距;同一条螺旋线上的相邻两牙在中径线上,对应两点间的轴向距离称为导程。单线螺纹的螺距和导程相同。

3. 原始三角形高度 H

它是指原始三角形顶点到底边的垂直距离，$H=\sqrt{3}P/2$。

4. 牙型高度 $5H/8$

它是指在原始三角形削去顶部（$H/8$）和底部（$2H/8$）后的高度，即等于牙顶高 $3H/8$ 与牙底高 $2H/8$ 之和。

5. 大径 d 或 D

与外螺纹牙顶或内螺纹牙底相重合的假想的圆柱直径。国家标准规定，公制普通螺纹的大径的基本尺寸为螺纹公称直径，也是螺纹的基本大径。大径也是外螺纹顶径，内螺纹底径。

6. 小径 d_1 或 D_1

与外螺纹牙底或内螺纹牙顶相重合的假想的圆柱面的直径。小径的基本尺寸为螺纹的基本小径。小径也是外螺纹的底径，内螺纹的顶径。

7. 外螺纹最大小径 d_{3max}

如图 9—4 所示，它应小于螺纹环规通端的最小小径。以保证通端螺纹环规能通过。

8. 中径 d_2 或 D_2

一个假想圆柱的直径，该圆柱的母线通过牙型上沟槽和凸起宽度相等的地方。若在基本牙型上该圆柱的母线正好通过牙型上沟槽和凸起宽度相等，且等于 $P/2$ 时，此时的中径称基本中径。

9. 单一中径

一个假想圆柱的直径，该圆柱的母线通过牙型上沟槽宽度等于螺距基本尺寸一半的地方。如图 9—2 所示，当螺距有误差时，单一中径和中径是不相等的。

10. 牙型角 α 和牙型半角 $\alpha/2$

在螺纹牙型上，两相邻牙侧间的夹角称为牙型角。对于公制普通螺纹牙型角 $\alpha=60°$。牙侧与螺纹轴线的垂线间的夹角称为牙侧角。牙型左、右对称的牙侧角称为牙型半角。

11. 螺纹旋合长度

两个相互配合的螺纹沿螺纹轴线方向相互旋合部分的长度。

12. 螺纹最大实体牙型

由设计牙型和各直径的基本偏差和公差所决定的最大实体状态下的螺纹牙型。对于

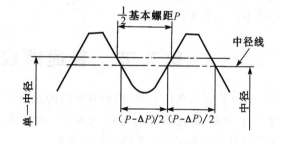

图 9—2

P—基本螺距；ΔP—螺距误差

普通外螺纹，它是基本牙型的三个基本直径分别减去基本偏差（上偏差 es）后所形成的牙型。对于普通内螺纹，它是基本牙型的三个基本直径分别加上基本偏差（下偏差 EI）后所形成的牙型。

13. 螺纹最小实体牙型

由设计牙型和各直径的基本偏差和公差所决定的最小实体状态下的牙型。对于普通外螺纹，它是在最大实体牙型的顶径和中径上分别减去它们的顶径公差和中径公差（底径未做规定）后所形成的牙型。对于普通内螺纹，它是在最大实体牙型的顶径和中径上分别加上它们的顶径公差和中径公差（底径未做规定）后所形成的牙型。

14. 螺距误差中径当量

将螺距误差换算成中径的数值。在普通螺纹结合中，未单独规定螺距公差来限制螺距误

差,而是将螺距误差换算成在中径上的影响量,即螺距误差中径当量,用规定中径公差来间接地限制螺距误差。对于牙型角为 $\alpha = 60°$ 的普通螺纹,螺距累积误差的中径当量 $f_{P\Sigma}$ 按式(9—1)计算,式中的 ΔP_{Σ} 为螺距累积误差,单位为 μm。

$$f_{P\Sigma} = 1.732 | \Delta P_{\Sigma} | (\mu m) \tag{9—1}$$

15. 牙侧角误差中径当量

将牙侧角误差换算成中径的数值。在普通螺纹中,未单独规定牙侧角公差(即牙型半角的公差)来限制牙侧角的误差,而是将牙侧角的误差换算成在中径上的影响量,即牙侧角误差中径当量,用规定中径公差来间接地限制牙侧角误差。例如对牙型半角为 $30°$ 的普通外螺纹,当牙型半角误差 $\Delta \frac{\alpha}{2}$ 为负时,牙型半角误差的中径当量 $f_{\frac{\alpha}{2}}$ 按式(9—2)计算。当牙型半角误差 $\Delta \frac{\alpha}{2}$ 为正时,牙型半角误差的中径当量 $f_{\frac{\alpha}{2}}$ 按式(9—3)计算。式中 P 为基本螺距,单位为 mm, $\Delta \frac{\alpha}{2}$ 单位为分。

$$f_{\frac{\alpha}{2}} = 0.44P\Delta \frac{\alpha}{2}(\mu m) \tag{9—2}$$

$$f_{\frac{\alpha}{2}} = 0.291P\Delta \frac{\alpha}{2}(\mu m) \tag{9—3}$$

16. 作用中径

在规定旋合长度内,恰好包容实际螺纹的一个假想螺纹的中径。这个假想螺纹具有理想的螺距、半角以及牙型高度。并在牙顶处和牙底处留有间隙,以保证包容时与实际螺纹的大、小径不发生干涉。

第二节　普通螺纹公差及基本偏差

从互换性的角度来看,影响互换性的几何要素主要有 5 个,即大径、中径、小径、螺距和牙型半角。但在普通螺纹结合中,未规定牙型半角公差和螺距公差,而是规定螺纹中径公差来对牙型半角误差和螺距误差进行综合控制。

一、螺纹公差

国家标准《普通螺纹　公差》(GB/T 197—2003)将内、外螺纹的中径、大径和小径公差做了规定,其相关直径的公差等级如表 9—1 所示。由于内、外螺纹的底径(d_1 和 D)是在加工时和中径一起由刀具切出,其尺寸由加工保证,因此也未规定公差。

不同公差等级的公差值,按表 9—2 所列公式进行计算。其中的公差等级系数 k_1, k_2 按表 9—3 进行选取。

表 9—1

螺 纹 直 径	公 差 等 级	螺 纹 直 径	公 差 等 级
内螺纹小径 D_1	4,5,6,7,8	外螺纹大径 d	4,6,8
内螺纹中径 D_2	4,5,6,7,8	外螺纹中径 d_2	3,4,5,6,7,8,9

表 9—2

直径公差	计算公式
T_d	$k_1(180P^{2/3} - 3.15P^{-1/2})$
T_{d_2}	$k_1 90P^{0.4} d^{0.1}$
T_{D_1}	$k_1(433P - 190P^{1.22})$,当 $P = 0.2 \sim 0.8$ 时
	$k_1 230P^{0.7}$,当 $P \geqslant 1$ 时
T_{D_2}	$k_2 T_{d_2}$

表 9—2 中,T_d,T_{d_2},T_{D_2} 和 T_{D_1} 的单位为 μm;P 和 d 的单位为 mm。d 为该螺纹直径尺寸段的几何平均值。

表 9—3

公差等级	3	4	5	6	7	8	9
系数 k_1	0.5	0.63	0.8	1	1.25	1.6	2
系数 k_2		0.85	1.06	1.32	1.7	2.12	

从计算公式中可以看出 6 级是基本级,其他级别按 R10 的数系的数值乘 6 级的公差来获得,而内螺纹的中径公差比外螺纹的中径公差大 32%,这是考虑内螺纹加工比外螺纹困难的缘故。

内、外螺纹各直径的公差值见表 9—4 和表 9—5。

二、螺纹的基本偏差

国家标准《普通螺纹 公差》(GB/T 197—2003)对大径、中径和小径三者规定了相同的基本偏差。其内螺纹的公差带位置如图 9—3 所示,外螺纹的公差带位置如图 9—4 所示。图中螺纹的基本牙型是计算螺纹偏差的基准。内、外螺纹的公差带相对于基本牙型的位置,与圆柱体的公差带位置一样,由基本偏差来确定。对于外螺纹基本偏差是上偏差 es;对于内螺纹基本偏差是下偏差 EI。

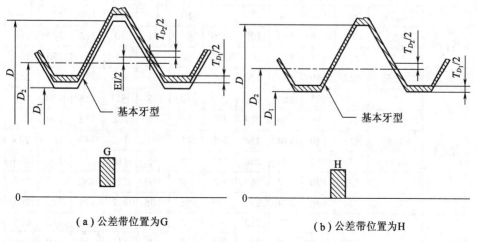

(a) 公差带位置为 G
(b) 公差带位置为 H

图 9—3

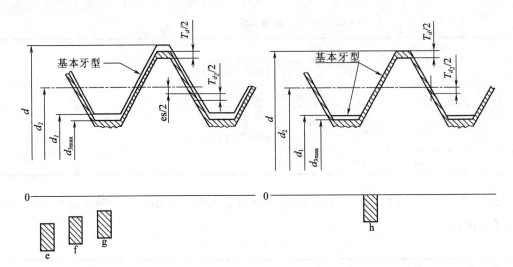

（a）公差带位置为 e,f 和 g   （b）公差带位置为 h

图 9—4

外螺纹的下偏差：$ei = es - T$

内螺纹的上偏差：$ES = EI + T$

式中，T 为螺纹公差。

在普通螺纹标准中，对内螺纹规定 G，H 两种公差带位置如图 9—3；对外螺纹规定了 e,f,g,h 四种公差带位置如图 9—4。H 和 h 的基本偏差为零。G 的基本偏差是正数值，e,f,g 的基本偏差为负数值，其数值的绝对值按依秩减小排列。各种公差带位置的基本偏差值按表 9—6 所列公式进行计算。

表 9—4 普通螺纹中径公差（摘录）   μm

公称直径 D/mm		螺距	内螺纹中径公差 T_{D_2}					外螺纹中径公差 T_{d_2}						
			公差等级					公差等级						
>	≤	P/mm	4	5	6	7	8	3	4	5	6	7	8	9
5.6	11.2	0.75	85	106	132	170	—	50	63	80	100	125	—	—
		1	95	118	150	190	236	56	71	90	112	140	180	224
		1.25	100	125	160	200	250	60	75	95	118	150	190	236
		1.5	112	140	180	224	280	67	85	106	132	170	212	265
11.2	22.4	1	100	125	160	200	250	60	75	95	118	150	190	236
		1.25	112	140	180	224	280	67	85	106	132	170	212	265
		1.5	118	150	190	236	300	71	90	112	140	180	224	280
		1.75	125	160	200	250	315	75	95	118	150	190	236	300
		2	132	170	212	265	335	80	100	125	160	200	250	315
		2.5	140	180	224	280	355	85	106	132	170	212	265	335
22.4	45	1	106	132	170	212	—	63	80	100	125	160	200	250
		1.5	125	160	200	250	315	75	95	118	150	190	236	300

续表

公称直径 D/mm		螺 距	内螺纹中径公差 T_{D_2}					外螺纹中径公差 T_{d_2}					
>	≤	P/mm	公 差 等 级					公 差 等 级					
			4	5	6	7	8	3	4	5	6	7	8	9
22.4	45	2	140	180	224	280	355	85	106	132	170	212	265	335
		3	170	212	265	335	425	100	125	160	200	250	315	400
		3.5	180	224	280	355	450	106	132	170	212	265	335	425
		4	190	236	300	375	475	112	140	180	224	280	355	450
		4.5	200	250	315	400	500	118	150	190	236	300	375	475

表9—5　螺纹顶径公差（摘录）　　　　　　μm

螺距 P/mm	内螺纹小径公差 T_{D_1} 公差等级					外螺纹大径公差 T_d 公差等级		
	4	5	6	7	8	4	6	8
1	150	190	236	300	375	112	180	280
1.25	170	212	265	335	425	132	212	335
1.5	190	236	300	375	475	150	236	375
1.75	212	265	335	425	530	170	265	425
2	236	300	375	475	600	180	280	450
2.5	280	355	450	560	710	212	335	530
3	315	400	500	630	800	236	375	600
3.5	355	450	560	710	900	265	425	670
4	375	475	600	750	950	300	475	750

表9—6

内螺纹下偏差 EI	外螺纹上偏差 es
	$es_e = -(50 + P)$[①]
	$es_f = -(30 + 11P)$[②]
$EI_G = +(15 + 11P)$	$es_g = -(15 + 11P)$
$EI_H = 0$	$es_h = 0$

注：①对 P≤0.45mm 的螺纹,此公式不适用;

　　②对 P≤0.3mm 的螺纹,此公式不适用。

其中,EI 和 es 的单位为 μm,P 的单位为 mm。

内、外螺纹的基本偏差值见表9—7。

合格的螺纹其实际牙型各个部分都应该在公差带内,即实际牙型应在图9—3 和图9—4 中的画有断面线的公差带内。

表 9—7　螺纹基本偏差（摘录）　　　　　　　　　　μm

螺距 P/mm	内螺纹的基本偏差 EI		外螺纹的基本偏差 es			
	G	H	e	f	g	h
1	+26		−60	−40	−26	
1.25	+28		−63	−42	−28	
1.5	+32		−67	−45	−32	
1.75	+34		−71	−48	−34	
2	+38	0	−71	−52	−38	0
2.5	+42		−80	−58	−42	
3	+48		−85	−63	−48	
3.5	+53		−90	−70	−53	
4	+60		−95	−75	−60	

第三节　标准推荐的公差带及其选用

　　按不同的公差带位置（G,H,e、f、g,h）及不同的公差等级（3~9级）可组成各种不同的公差带。公差带的代号由表示公差等级的数字和表示基本偏差的字母组成,如6H,5g等。

　　根据使用场合,又将螺纹分为三个精度等级,即精密级、中等级和粗糙级。精密级用于精密螺纹;中等级用于一般用途;粗糙级用于制造螺纹比较困难或对精度要求不高的地方。

　　另外,标准对螺纹的旋合长度也做了规定,将旋合长度分为三组,即短旋合长度 S、中旋合长度 N 和长旋合长度 L,一般情况下,应当采用中旋合长度。螺纹旋合长度见表 9—8 所列。

表 9—8　螺纹旋合长度（摘录）　　　　　　　　　　mm

公称直径 D 或 d		螺距 P	旋 合 长 度			
>	≤		S	N		L
			≤	>	≤	>
5.6	11.2	0.75	2.4	2.4	7.1	7.1
		1	3	3	9	9
		1.25	4	4	12	12
		1.5	5	5	15	15
11.2	22.4	1	3.8	3.8	11	11
		1.25	4.5	4.5	13	13
		1.5	5.6	5.6	16	16
		1.75	6	6	18	18
		2	8	8	24	24
		2.5	10	10	30	30

续表

公称直径 D 或 d		螺距 P	旋 合 长 度			
			S	N		L
>	≤		≤	>	≤	>
22.4	45	1	4	4	12	12
		1.5	6.3	6.3	19	19
		2	8.5	8.5	25	25
		3	12	12	36	36
		3.5	15	15	45	45
		4	18	18	53	53
		4.5	21	21	63	63

在生产中,为了减少刀、量具的规格和数量,对公差带的数量(或种类)应加以限制。根据螺纹的使用精度和旋合长度,国家标准推荐了一些常用公差带,如表9—9和表9—10所示。除非特殊需要,一般不宜选择标准以外的公差带。

从表9—9和表9—10中可以看出:在同一精度中,对不同旋合长度(S,N,L)的螺纹中径,采用了不同的公差等级,这是考虑到不同旋合长度对螺距累积误差有不同影响的缘故。

内、外螺纹选用的公差带可以任意组合,但为了保证足够的接触高度,标准推荐完工后的螺纹零件宜优先组成 H/g,H/h 或 G/h 配合。对公称直径小于和等于 1.4mm 的螺纹,应选用 5H/6h,4H/6h 或更精密的配合。

如无其他特殊说明,推荐公差带也适用于涂镀前的螺纹。涂镀后,螺纹实际轮廓上的任何一点均不应超越按公差 H 或 h 所确定的最大实体牙型。

表9—9　内螺纹选用公差带

精　度	公 差 带 位 置 G			公 差 带 位 置 H		
	S	N	L	S	N	L
精　密				4H	5H	6H
中　等	(5G)	*6G	(7G)	*5H	6H	*7H
粗　糙		(7G)	(8G)		7H	8H

注:大量生产的精制紧固螺纹,推荐采用带方框的公差带;带 * 的公差带应优先选用,其次是不带 * 的公差带,最后是带
( )中的公差带。

表9—10　外螺纹选用公差带

精　度	公差带位置 e			公差带位置 f			公差带位置 g			公差带位置 h		
	S	N	L	S	N	L	S	N	L	S	N	L
精　密								(4g)	(4g 5g)	(3h 4h)	*4h	(5h 4h)
中　等		*6e	(7e 6e)		*6f		(5g 6g)	6g	(7g 6g)	(5h 6h)	6h	(7h 6h)
粗　糙		(8e)	(9e 8e)					8g	(9g 8g)			

第四节 螺 纹 标 记

螺纹完整标记由螺纹代号 M、公称直径值、导程代号 Ph(单线螺纹可省略)、螺距值、中径公差带代号、顶径公差带代号、旋合长度代号和螺纹旋向代号 LH(右旋省略)所组成。

如:

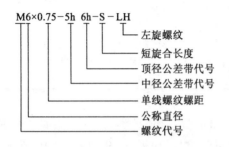

当螺纹为粗牙螺纹时,螺距项标注可以省略;当顶径公差带和中径公差带相同时,只标注一个公差带的代号;当旋合长度为中等长度 N 时,长度代号 N 可以省略。

如:M10 - 6g。它表示普通外螺纹、公称直径 10mm、粗牙螺纹、中径和顶径公差带 6g、旋合长度为中等 N、右旋螺纹。

又如:M10 - 6H。它表示普通内螺纹、公称直径 10mm、粗牙螺纹、中径和顶径公差带 6H、旋合长度为中等 N、右旋螺纹。

在下列情况下,中等精度螺纹不标注其公差带代号。

内螺纹:公称直径 $D \leqslant 1.4$mm,公差带代号为 5H;公称直径 $D \geqslant 1.6$mm,公差带代号为 6H。对螺距为 0.2mm 的螺纹,其公差等级为 4 级。

外螺纹:公称直径 $d \leqslant 1.4$mm,公差带代号为 6h;公称直径 $d \geqslant 1.6$mm,公差带代号为 6g。

表示内、外螺纹配合时,内螺纹公差带代号在前,外螺纹公差带代号在后,中间用斜线分开。

如:M20×2 - 6H/5g 6g,即表示公差带为 6H 的内螺纹与公差带为 5g 6g 的外螺纹组成的配合。

另外,如果要进一步表明螺纹的线数,可在螺距后面加线数(用英语说明),如双线为 two starts、三线为 three starts。

如:M14 × Ph6P2(three starts) - 7H - L - LH

第五节 梯形螺纹简述

国家标准规定的梯形螺纹是由原始三角形截去顶部和底部所形成,其原始三角形为顶角等于 30°的等腰三角形。为了保证梯形螺纹传动的灵活性,必须使内、外螺纹配合后在大径和小径间留有一个保证间隙 a_c,为此,分别在内、外螺纹的牙底上,由基本牙型让出一个大小等于 a_c 的间隙,如图 9—5 所示。

梯形螺纹标准中,对内、外螺纹的大、中、小径分别规定了表 9—11 所示的公差等级:

表 9—11

直 径	公差等级	直 径	公差等级
内螺纹小径 D_1	4	外螺纹中径 d_2	(6)7,8,9
外螺纹大径 d	4	外螺纹小径 d_3	7,8,9
内螺纹中径 D_2	7,8,9		

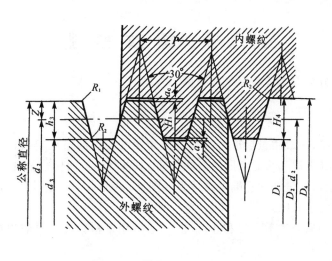

图 9—5

标准对内螺纹的大径 D_4、中径 D_2 和小径 D_1 只规定了一种基本偏差 H（下偏差）其值为零；对外螺纹的中径 d_2 规定了 h，e 和 c 三种基本偏差，对大径 d 和小径 d_3 规定了一种基本偏差 h，其中 h 的基本偏差（上偏差）为零，e 和 c 的基本偏差（上偏差）为负。

梯形螺纹的标记如下：

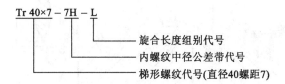

梯形螺纹副的标记：

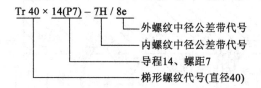

机床中的传动丝杆和螺母就是采用的梯形螺纹。其特点是精度要求高，特别是对螺距公差（或螺旋线公差）的要求。丝杆及螺母的精度分为 6 级，它们是：4，5，6，7，8，9，精度依秩降低。对于丝杆其所规定的公差（或极限偏差）项目，除螺距公差、牙型半角极限偏差、大径和中径以及小径公差外，还增加了丝杆螺旋线公差（只用于 4，5 和 6 级的高精度丝杆），丝杆全长上中径尺寸变动量公差和丝杆中径跳动公差。

如果需更多了解丝杆其他信息，请看相关标准，这里不再赘述。对于螺母，其螺距、牙型半角也不单独规定公差,而是规定中径公差来综合控制。

第六节 螺 纹 检 测

螺纹的检测可分为综合检验和单项测量。

一、综合检验

尺寸不大的螺纹,一般用量规进行检验。检验螺纹所用的量规包括顶径检验量规和中径检验量规。顶径检验量规和第五章所述量规相同,不再赘述。而中径量规是综合量规,它也有通规和止规,即通端螺纹量规和止端螺纹量规。图9—6(a)、(b)分别表示出了用螺纹量规检验外螺纹和内螺纹的示意图。

图9—6(a)中的通端光滑卡规和止端光滑卡规,用于检验外螺纹的顶径(大径);图9—6

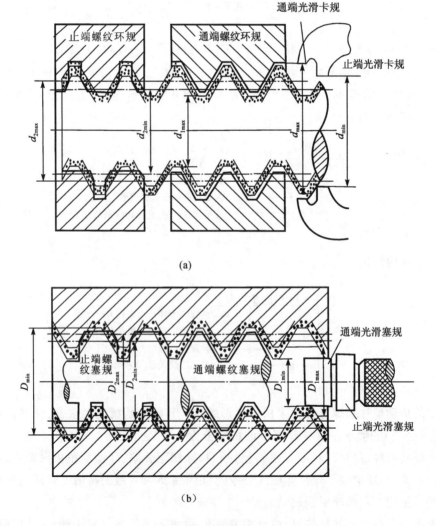

(a)

(b)

图 9—6

(b)中的通端光滑塞规和止端光滑塞规用于检验内螺纹的顶径(小径)。

图9—6(a)中的通端螺纹环规是检验除顶径外的被检外螺纹的所有轮廓,即被检外螺纹轮廓上的各点均不应超过该外螺纹的最大实体牙型。当然,它也限制了作用中径,即限制了实际中径与牙型半角误差的中径当量和螺距误差的中径当量之和。因此,该量规应采用完整牙型。由于该量规要限制螺距累积误差,所以通端螺纹环规的轴向长度应与被检螺纹的旋合长度相同。

图9—6(a)中的止端螺纹环规主要用于检验外螺纹的实际中径,为了防止牙型半角误差和螺距误差对检验结果的影响,止端螺纹环规应采用截短牙型,且螺纹圈数也减少。

图9—6(b)中的通端螺纹塞规是检验除顶径外的被检内螺纹的所有轮廓,即被检内螺纹轮廓上的各点均不应超过该螺纹的最大实体牙型。很明显,它也限制了作用中径,即限制了实际中径与牙型半角误差的中径当量和螺距误差的中径当量之和的差值。因此,该量规也应采用完整牙型。也由于该量规要限制螺距累积误差,所以通端螺纹塞规的轴向长度也应与被检螺纹旋合长度相同。

图9—6(b)中的止端螺纹塞规,也主要用于检验内螺纹的实际中径,为了防止牙型半角误差和螺距累积误差对检验结果的影响,止端螺纹塞规也应采用截短牙型,且螺纹圈数也应减少。

由上述可知,螺纹量规检验被检螺纹时,通端螺纹量规(环规或塞规)能顺利与被检螺纹旋合,而止端螺纹量规(环规或塞规)不能与被检螺纹旋合或不完全旋合,则被检螺纹合格。反之,则为不合格。

二、单项测量

对大尺寸普通螺纹、精密螺纹和传动螺纹通常采用单项测量。下面简述几种最常用的单项测量方法。

1. 三针量法

三针量法主要用于测量精密螺纹(如丝杆、螺纹塞规)的中径 d_2。它是用三根直径相等的精密量针放在螺纹槽中,用其他仪器量出尺寸 M,如图9—7所示。然后根据被测螺纹的螺距 P、牙型半角 $\alpha/2$ 及量针直径 d_0,按几何关系推算出计算中径的公式:

对普通螺纹($\alpha = 60°$)

$$d_2 = M - 3d_0 + 0.866P$$

对梯形螺纹($\alpha = 30°$)

$$d_2 = M - 4.863\ 7d_0 - 1.866P$$

为使牙型半角误差对中径 d_2 的测量结果没有影响,则 d_0 的最佳值应按下式选取:

对普通螺纹　$d_{0最佳} = 0.577P$

对梯形螺纹　$d_{0最佳} = 0.518P$

2. 用工具显微镜测量螺纹各要素

在工具显微镜上可用影像法或轴切法测量螺纹的各要素(中径、螺距、牙型半角)。图9—8为国产万能工具显微镜

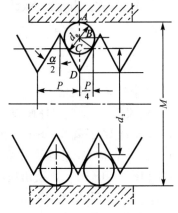

图9—7

19JA 的外形图。

显微镜上附有可换目镜头,其中最常用的是测角目镜头。图 9—9(a)为测角目镜头的外形图。图 9—9(b)是从目镜 2 中观察到的米字刻线视场。图 9—9(c)是从测角目镜 3 中观察到的角度读数视场,图中读数为 12°30′。上述两种刻线(米字刻线和以度为分度值的圆周刻线)均刻在目镜头内的同一块圆形玻璃分划板上,可借目镜头上的手轮 5(图 9—9(a))转动。下面介绍用影像法测量螺纹各要素。

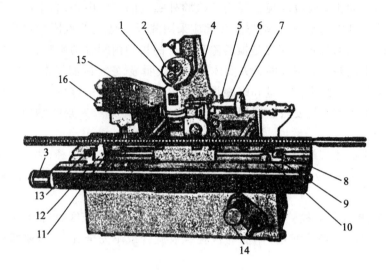

图 9—8

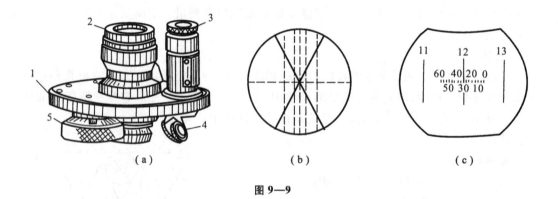

（a）　　　　　　　　　　（b）　　　　　　　　　　（c）

图 9—9

(1)中径 d_2 的测量

调整仪器(包括使立柱倾斜一个中径上的螺纹升角 $\varphi_{中}$),直至被测螺纹轮廓影像与米字线的 $a - a'$ 刻线对准[图 9—10(a)],由横向读数屏 16(图 9—8)读出第一次读数。使立柱往相反方向倾斜一个中径上的螺纹升角 $\varphi_{中}$。移动横向滑架,直至螺纹轮廓对面的牙侧边与 $a - a'$ 刻线对准[图9—10(b)],再读出横向投影屏 16(图 9—8)的读数。前后两次读数之差即为被测中径 d_2。为了消除安装误差,可分别测出左、右两侧中径,并取两者的平均值作为实际中径。

(2)螺距 P 的测量

调整仪器,使螺纹轮廓的一边与米字刻线中间虚线对准[图 9—11(a)],读出纵向投影屏

15(图9—8)的读数。然后移动纵向滑台,再使同一虚线与第 n 个牙上的螺纹轮廓对准[9—11(b)],再读纵向投影屏15(图9—8)上的读数。前后两次读数之差,即为 n 个螺距的实际尺寸 $P_{n实际}$。它与 n 个螺距的公称尺寸之差,即为 n 个螺距的累积误差 ΔP_{Σ}。为了消除安装误差,可分别测出螺牙左、右侧的实际尺寸 $P_{n实际}$,并取两者的平均值作为测量结果。

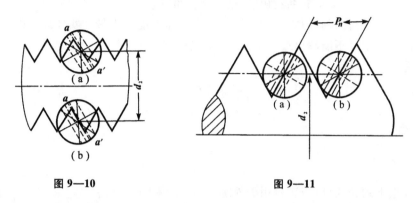

图9—10   图9—11

(3)牙型半角 $\alpha/2$ 的测量

调整测量仪器,使米字线的交叉点位于螺纹牙侧边中部,然后转动目镜头手轮,使 $a - a'$ 与被测螺纹轮廓一侧边对准[图9—12(b)],从小目镜3[图9—9(a)]中读取角度读数。[图9—12(b)]中读数为329°13′,则螺纹牙型左半角 $\dfrac{\alpha}{2}$(左) $= 360° - 329°13' = 30°47'$。用同样方法,使 $a - a'$ 线与轮廓上另一侧边对准,如图9—12(c)所示。即得另一半角的数值 $\dfrac{\alpha}{2}$(右) $= 30°8'$[图9—12(c)]。为了消除安装误差,也可在螺纹对边分别测出螺牙左、右两个牙型半角,并和前述两个已测出的半角分别取平均值作为最后的牙型左、右半角的测量结果。

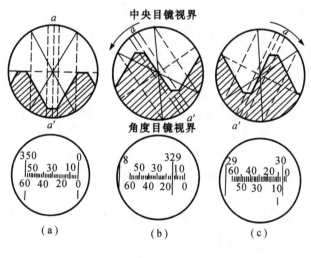

图9—12

这里要指出的是:用影像法测量,测得的是法向牙型角 α_n,如需求出轴向牙型角 α,可按式(9—4)计算:

$$\tan\alpha_n = \tan\alpha \cdot \cos\varphi_{中} \tag{9—4}$$

式中,$\varphi_{中}$ 为中径上的螺纹升角。

  3. 大型普通螺纹合格性判断

  大型普通螺纹由于使用量规的困难,通常采用单项测量。对于螺纹顶径的测量其结果合格与否,与光滑工件测量结果的判断相同,这里不再赘述。

  而对螺纹中径合格的判断是:实际螺纹的作用中径不能超出最大实体牙型的中径,而实际螺纹上任一部位的中径不能超出最小实体牙型的单一中径。即

  对于外螺纹:

$$d_{2作用} \leqslant d_{2max}$$
$$d_{2单一} \geqslant d_{2min}$$

  对于内螺纹:

$$D_{2作用} \geqslant D_{2\min}$$
$$D_{2单一} \leqslant D_{2\max}$$

  作用中径按下列公式计算,正号用于外螺纹,负号用于内螺纹:

$$d_2(D_2)_{作用} = d_2(D_2)_{单一} \pm \left(f_{\frac{\alpha}{2}} + f_{P\Sigma} + f_{\Delta P}\right) \tag{9—5}$$

$$d_2(D_2)_{作用} = d_2(D_2)_{实际} \pm \left(f_{\frac{\alpha}{2}} + f_{P\Sigma}\right) \tag{9—6}$$

$$d_{2实际} - d_{2单一} = f_{\Delta P} \tag{9—7}$$

式中　$f_{\frac{\alpha}{2}}$——半角误差的中径当量;

  　　$f_{P\Sigma}$——螺距累积误差的中径当量;

  　　$f_{\Delta P}$——测量中径处螺距偏差的中径当量。

  由于螺纹加工时,牙型左、右半角均可能存在误差,且误差大小也不相等,因此其左右半角的中径当量也可能不相同。根据分析,这时应采用两者的平均值。当外螺纹左、右半角均小于30°,即牙型半角误差 $\Delta\frac{\alpha}{2}$ 为负时,按公式(9—2)计算:

$$f_{\frac{\alpha}{2}} = 0.44P\left(\Delta\frac{\alpha_1}{2} + \Delta\frac{\alpha_2}{2}\right)\Big/2 = 0.073 \times 3P\left(\Delta\frac{\alpha_1}{2} + \Delta\frac{\alpha_2}{2}\right)$$

  当外螺纹左、右半角均大于30°,即牙型半角误差 $\Delta\frac{\alpha}{2}$ 为正时,按公式(9—3)计算:

$$f_{\frac{\alpha}{2}} = 0.291P\left(\Delta\frac{\alpha_1}{2} + \Delta\frac{\alpha_2}{2}\right)\Big/2 = 0.073 \times 2P\left(\Delta\frac{\alpha_1}{2} + \Delta\frac{\alpha_2}{2}\right)$$

  将上两式合并,则:

$$f_{\frac{\alpha}{2}} = 0.073\left(k_1\left|\Delta\frac{\alpha_1}{2}\right| + k_2\left|\Delta\frac{\alpha_2}{2}\right|\right) \tag{9—8}$$

式中,当 $\Delta\frac{\alpha_1}{2}$(或 $\Delta\frac{\alpha_2}{2}$)为负时,k_1(或 k_2)取3;当 k_1(或 k_2)为正时,k_1(或 k_2)取2。

  而 $f_{P\Sigma}$ 按式(9—1)计算,$f_{\Delta P}$ 按式(9—9)计算,即

$$f_{\Delta P} = \frac{\Delta P}{2} \cdot \cos\frac{\alpha}{2} \tag{9—9}$$

式中,ΔP 为三针法测量中径处的螺距偏差。

第十章　键和花键的公差与配合

第一节　键　联　结

一、概述

键联结用于轴与轴上零件(齿轮、皮带轮、联轴器等)之间的联结,用以传递扭矩和运动。它属于可拆卸联结,在机械结构中应用很广泛。

根据键联结的功能,其使用要求如下:

(1)键和键槽侧面应有足够的接触面积,以承受负荷,保证键联结的可靠性和寿命;

(2)键嵌入轴槽要牢固可靠,以防止松动脱落,又要便于拆装;

(3)对导向键,键与键槽间应有一定的间隙,以保证相对运动和导向精度要求。

键联结的尺寸系列及其选择,强度验算,可参考有关设计手册。

键的类型有:平键、半圆键、楔键和切向键,其中平键又可分为普通平键,导向平键和滑键,楔键可分为普通楔键和钩头锲键。其中以平键及半圆键应用最广泛,键的结构见表10—1。

表 10—1

类　型		图　形	类　型		图　形
平键	普通平键	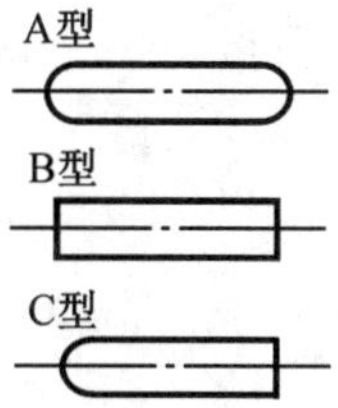 A型 B型 C型	半圆键		
	导向平键	A型 B型	楔键	普通楔键	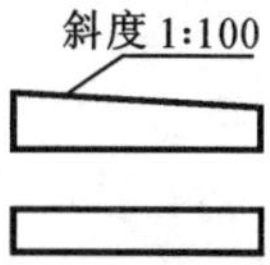 斜度1:100
		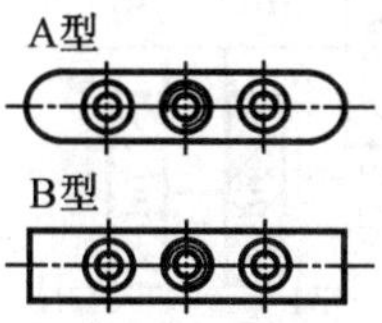		钩头楔键	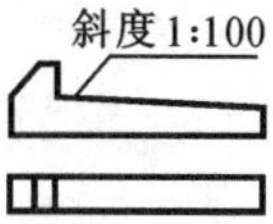 斜度1:100
	滑键	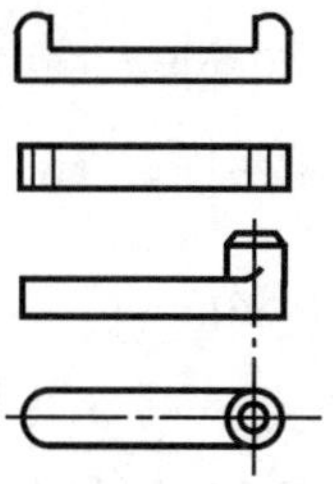	切向键		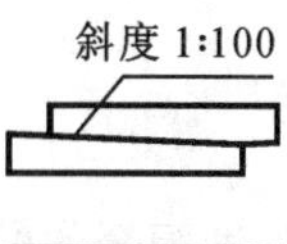 斜度1:100

二、键联结的公差与配合

键联结公差与配合的特点如下。

（1）配合的主要参数为键宽。由于扭矩的传递是通过键侧来实现的，因此配合的主要参数为键和键槽的宽度。键联结的配合性质也是以键与键槽宽的配合性质来体现的。

（2）采用基轴制。由于键侧面同时与轴和轮毂键槽侧面联结，且二者往往有不同的配合要求，此外，键是标准件，可用标准的精拔钢制造，因此，把键宽作基准，采用基轴制。

这里介绍平键和半圆键的公差与配合（GB/T 1095—2003 及 GB/T 1098—2003）。

在平键和半圆键联结中，配合尺寸是键和键槽宽度（见图 10—1），其公差带见图 10—2。

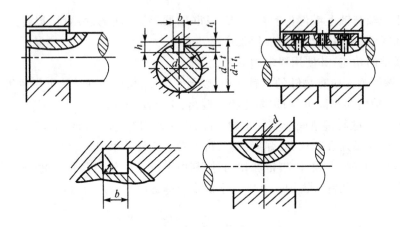

图 10—1

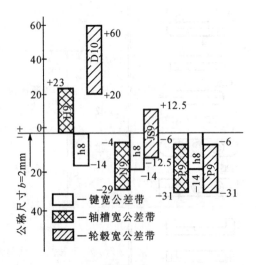

图 10—2

各种配合的配合性质及应用见表 10—2。

非配合尺寸公差规定如下：

t,t_1——见表 10—3 或表 10—5，L（轴槽长）——H 14，L（键长）——h 14，h——h 11，d（半

圆键直径)——h 12。各要素公差见表10—3～表10—6。

表 10—2　各种配合性质及应用

配合种类	尺寸 b 的公差			配合性质及应用
	键	轴槽	轮毂槽	
较松联结	h 8	H 9	D 10	键在轴上及轮毂中均能滑动。主要用于导向平键,轮毂可在轴上做轴向移动
一般联结		N 9	JS 9	键在轴上及轮毂中均固定。用于载荷不大的场合
较紧联结		P 9	P 9	键在轴上及轮毂中均固定,而比上种配合更紧。主要用于载荷较大,载荷具有冲击性,以及双向传递扭矩的场合

表 10—3　平键、键及键槽剖面尺寸及键槽公差（摘录）　　　　mm

轴　键	键　　　　　　　　　　槽										
		宽　度　b					深　度			半径 r	
公称直径 d 公称尺寸 b×h	公称尺寸 b	偏　差					轴 t		毂 t_1		
		较松键联结		一般键联结		较紧键联结					
		轴 H9	毂 D10	轴 N9	毂 JS9	轴和毂 P9	公称	偏差	公称	偏差	最小	最大
>22～30　8×7	8	+0.036 0	+0.098 +0.040	0 −0.036	±0.018	−0.015 −0.051	4.0	+0.2 0	3.3	+0.2 0	0.16	0.25
>30～38　10×8	10						5.0		3.3			
>38～44　12×8	12						5.0		3.3			
>44～50　14×9	14	+0.043 0	+0.120 +0.050	0 −0.043	±0.0215	−0.018 −0.061	5.5		3.8		0.25	0.40
>50～58　16×10	16						6.0		4.3			
>58～65　18×11	18						7.0		4.4			
>65～75　20×12	20						7.5		4.9			
>75～85　22×14	22	+0.052 0	+0.149 +0.065	0 −0.052	±0.026	−0.022 −0.074	9.0		5.4		0.40	0.60
>85～95　25×14	25						9.0		5.4			
>95～110　28×16	28						10.0		6.4			

注：(1)(d−t)和(d+t_1)两个组合尺寸的偏差按相应的 t 和 t_1 的偏差选取,但(d−t)偏差值应取负号(−)；

　　(2)导向平键的轴槽与轮毂槽用较松键联结的公差。

表 10—4　平键公差（摘录）　　　　mm

	公称尺寸	8	10	12	14	16	18	20	22	25	28
b	偏差 h8	0 −0.022		0 −0.027				0 −0.033			
	公称尺寸	7	8	8	9	10	11	12	14	16	
h	偏差 h11	0 −0.090						0 −0.110			

表 10—5　半圆键,键及键槽剖面尺寸及键槽公差(摘录)　　　　　　mm

轴颈 d		键	键槽										
键传递扭矩	键定位用	公称尺寸 b×h×d	宽 度 b				深 度				半径 r		
			公称尺寸	偏 差			轴 t		轴 t₁				
				一般键联结		较紧键联结	公称	偏差	公称	偏差	最小	最大	
				轴 N9	毂 JS9	轴和毂 P9							
>8 ~ 10	>12 ~ 15	3.0×5.0×13	3.0	−0.004 −0.029	±0.012	−0.006 −0.031	3.8		1.4		0.08	0.16	
>10 ~ 12	>15 ~ 18	3.0×6.5×16	3.0				5.3		1.4				
>12 ~ 14	>18 ~ 20	4.0×6.5×16	4.0				5.0		1.8				
>14 ~ 16	>20 ~ 22	4.0×7.5×19	4.0				6.0	+0.2 0	1.8	+0.1 0			
>16 ~ 18	>22 ~ 25	5.0×6.5×16	5.0				4.5		2.3				
>18 ~ 20	>25 ~ 28	5.0×7.5×19	5.0	0 −0.030	±0.015	−0.012 −0.042	5.5		2.3		0.06	0.25	
>20 ~ 22	>28 ~ 32	5.0×9.0×22	5.0				7.0		2.3				
>22 ~ 25	>32 ~ 36	6.0×9.0×22	6.0				6.5	+0.3 0	2.8				
>25 ~ 28	>36 ~ 40	6.0×10.0×25	6.0				7.5		2.8	+0.2 0			

注：$(d-t)$和$(d+t_1)$两个组合尺寸的偏差按相应的 t 和 t_1 的偏差选取,但$(d-t)$偏差值应取负号$(-)$。

表 10—6　半圆键公差(摘录)　　　　　　mm

键 宽 b		高 度 h		直 径 d	
公称尺寸	偏差 h8	公称尺寸	偏差 h11	公称尺寸	偏差 h12
3.0	0	5.0	0	13	0
3.0	−0.014		−0.075	16	
				16	−0.180
4.0		6.5		19	0
4.0		6.5			−0.210
5.0		7.5		16	0
5.0	0	6.5	0		−0.180
5.0	−0.018	7.5	−0.090	19	0
6.0		9.0		22	
6.0		9.0		22	
		10.0		25	−0.210

注：键槽配合表面的表面粗糙度为 $Ra=1.6\sim6.3\,\mu m$,键槽底面的表面粗糙度为 $Ra=6.3\,\mu m$。

在键联结中除了对有关尺寸有公差要求外,对有关表面的形状和位置也有公差要求。因为键和键槽的形位误差除了造成装配困难,影响联结的松紧程度外,还使键的工作面负荷不均,使联结性质变坏,对中性不好,因此,对键和键槽的形位误差必须加以限制。在国家标准中对键及键槽的形位公差做了如下规定:

(1)键槽(轴槽及毂槽)对轴及轮毂轴线的对称度,根据不同的功能要求和键宽公称尺寸 b,一般可按 GB/T 1184—1996《形状和位置公差　未注公差值》对称度公差 7~9 级选取;

（2）当键长 L 与键宽 b 之比大于或等于 8 时，键宽 b 的两侧面在长度方向的平行度应符合 GB/T 1184—1996《形状和位置公差　未注公差值》的规定，当 $b \leqslant 6mm$ 时按 7 级；$b \geqslant 8$ 至 36mm 时按 6 级；当 $b \geqslant 40mm$ 时按 5 级。

第二节　花键联结

一、概述

与键联接相比，花键联结具有下列优点：（1）定心精度高；（2）导向性好；（3）承载能力强。因而在机械中获得广泛应用。

花键联结分为固定联结与滑动联结两种。

花键联结的使用要求为：保证联结强度及传递扭矩可靠；定心精度；滑动联结还要求导向精度及移动灵活性，固定联接要求可装配性。

按齿形的不同，花键分为矩形花键、渐开线花键和三角花键（图 10—3），其中矩形花键应用最广泛。

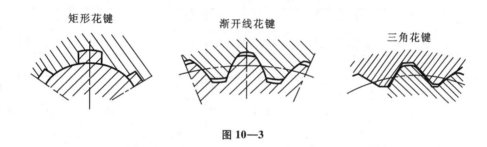

矩形花键　　渐开线花键　　三角花键

图 10—3

二、矩形花键

1. 花键定心方式

花键联结的主要要求是保证内、外花键联结后具有较高的同轴度，并能传递扭矩。花键有大径 D、小径 d 和键（槽）宽 B 三个主要尺寸参数，若要求这三个尺寸同时起配合定心作用，以保证内、外花键同轴度是很困难的，而且也无必要。因此，为了改善其加工工艺性，只需将尺寸 B 和 D 或 d 做得较准确，使其起配合定心作用，而另一尺寸 d 或 D 则按较低精度加工，并给予较大的间隙。

由于扭矩的传递是通过键和键槽两侧面来实现的，因此，键和槽宽不论是否作为定心尺寸，都要求有较高的尺寸精度。

根据定心要素的不同，分为三种定心方式：（1）按大径 D 定心；（2）按小径 d 定心；（3）按键宽 B 定心，如图 10—4 所示。

国家标准《矩形花键尺寸、公差和检验》（GB/T 1144—2001）规定，矩形花键用小径定心，因为小径定心有一系列优点。当用大径定心时，内花键定心表面的精度依靠拉刀保证。而当内花键定心表面硬度要求高（HRC40 以上）时，热处理后的变形难以用推刀修正；当内花键定心表面粗糙度要求高（$Ra < 0.63 \mu m$）时，用拉削工艺也难以保证；在单件、小批生产及大规格花

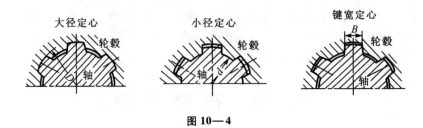

图 10—4

键中,内花键也难以用拉削工艺,因为该种加工方式不经济。采用小径定心时,热处理后的变形可用内圆磨修复,而且内圆磨可达到更高的尺寸精度和更高的表面粗糙度要求。因而小径定心的定心精度更高,定心稳定性较好,使用寿命长,有利于产品质量的提高。外花键小径精度可用成形磨削保证。

2. 矩形花键的公差与配合

GB/T 1144—2001 规定的小径 d、大径 D 及键(槽)宽 B 的尺寸公差带如表 10—7 所列。

表 10—7　内、外花键尺寸公差带

内　花　键				外　花　键			装配型式
d	D	B		d	D	B	
		拉削后不热处理	拉削后热处理				
一　般　用							
H7	H10	H9	H11	f7	a11	d10	滑动
				g7		f9	紧滑动
				h7		h10	固定
精 密 传 动 用							
H5	H10	H7、H9		f5	a11	d8	滑动
				g5		f7	紧滑动
				h5		h8	固定
H6				f6		d8	滑动
				g6		f7	紧滑动
				h6		h8	固定

对花键孔规定了拉削后热处理和不热处理两种。标准中规定,按装配型式分滑动、紧滑动和固定三种配合。其区别在于,前两种在工作过程中,既可传递扭矩,且花键套还可在轴上移动;后者只用来传递扭矩,花键套在轴上无轴向移动。

花键联结采用基孔制,目的是减少拉刀的数目。

对于精密传动用的内花键,当需要控制键侧配合间隙时,槽宽公差带可选用 H7,一般情况下可选用 H9。

当内花键小径公差带为 H6 和 H7 时,允许与高一级的外花键配合。

为保证装配性能要求,小径极限尺寸应遵守包容原则。

各尺寸(D，d 和 B)的极限偏差,可按其公差带代号及基本尺寸由"极限与配合"国家标准相应表格查出。

内、外花键除尺寸公差外,还有形位公差要求,主要是位置度公差(包括键、槽的等分度),如表 10—8 所列。

表 10—8　位置度公差　　　　　　　　　　　μm

键槽宽或键宽 B/mm		3	3.5 ~ 6	7 ~ 10	12 ~ 18
t_1 键槽宽		10	15	20	25
键宽	滑动、固定	10	15	20	25
	紧滑动	6	10	13	16

键(槽)宽位置度公差与小径尺寸公差的关系应符合最大实体要求。

也可规定键(槽)宽对称度公差(代替位置度公差)。键(槽)宽对称度公差与小径尺寸公差的关系则应遵守独立原则。其公差值见表 10—9。

表 10—9　对称度公差值　　　　　　　　　μm

键槽宽或键宽 B		3	3.5 ~ 6	7 ~ 10	12 ~ 18
t_2	一般用	10	12	15	18
	精密传动用	6	8	9	11

对较长的花键,可根据产品性能自行规定键侧对轴线的平行度公差。

花键联结在图纸上的标注,按顺序包括以下项目:键数 N,小径 d,大径 D,键宽 B,花键公差带代号。示例如下:

花键:$N = 6$;$d = 23\dfrac{\text{H7}}{\text{f7}}$;$D = 26\dfrac{\text{H10}}{\text{a11}}$;$B = 6\dfrac{\text{H11}}{\text{d10}}$ 的标记如下:

花键规格:$N \times d \times D \times B$　　　$6 \times 23 \times 26 \times 6$

花键副:$6 \times 23\dfrac{\text{H7}}{\text{f7}} \times 26\dfrac{\text{H10}}{\text{a11}} \times 6\dfrac{\text{H11}}{\text{d10}}$ GB/T 1144—2001

内花键:$6 \times 23\text{H7} \times 26\text{H10} \times 6\text{H11}$ GB/T 1144—2001

外花键:$6 \times 23\text{f7} \times 26\text{a11} \times 6\text{d10}$ GB/T 1144—2001

以小径定心时,花键各表面的粗糙度如表 10—10 所列。

表 10—10　花键表面粗糙度推荐值　　　　　μm

加工表面		内 花 键	外 花 键
Ra 不大于	小　径	1.6	0.8
	大　径	6.3	3.2
	键　侧	6.3	1.6

键和花键的检测与一般长度尺寸的检测类同,这里不再赘述,关于花键综合量规,请参阅其他相关书籍。

第十一章　渐开线圆柱齿轮精度及检验

第一节　概　述

在机械产品中,齿轮传动的应用是极为广泛的。凡有齿轮传动的机器或仪器,其工作性能、承载能力、使用寿命及工作精度等都与齿轮本身的制造精度有密切关系。

随着生产和科学的发展,要求机械产品在降低自身重量的前提下,传递的功率越来越大,转速也越来越高,有些机械则对工作精度的要求越来越高,从而,对齿轮传动的精度提出了更高的要求。因此,研究齿轮误差对使用性能的影响,探讨提高齿轮加工和测量精度的途径,并制定出相应的精度标准,具有重要的意义。

一、齿轮传动的使用要求

各种机械上所用的齿轮,对齿轮传动的要求因用途的不同而异,但归纳起来有以下四项:

(1)传递运动的准确性——即要求齿轮在一转范围内,最大的转角误差限制在一定的范围内,以保证从动件与主动件运动协调一致;

(2)传动的平稳性——即要求齿轮传动瞬间传动比变化不大,因为瞬间传动比的突然变化,会引起齿轮冲击,产生噪声和振动;

(3)载荷分布的均匀性——即要求齿轮啮合时,齿面接触良好,以免引起应力集中,造成齿面局部磨损,影响齿轮的使用寿命;

(4)传动侧隙——即要求齿轮啮合时,非工作齿面间应具有一定的间隙。这个间隙对于贮藏润滑油、补偿齿轮传动受力后的弹性变形、热膨胀以及补偿齿轮及齿轮传动装置其他元件的制造误差、装配误差都是必要的。否则,齿轮在传动过程中可能卡死或烧伤。

二、齿轮加工误差

在机械制造中,齿轮的加工方法很多,而按齿廓的形成原理可分为仿形法和范成法两类。前者如用成形铣刀在铣床上铣齿;后者如用滚刀在滚齿机上滚齿,如图11—1所示。在滚齿加工中,产生加工误差的主要因素如下。

(1)几何偏心($e_几$)。这是由于齿轮孔的几何中心($O—O$)与齿轮加工时的旋转中心($O'—O'$)不重合而引起的。

(2)运动偏心($e_运$)。这是由于分度蜗轮的加工误差(主要是齿距累积误差)及安装偏心($e_蜗$)所引起的。

(3)机床传动链的高频误差。加工直齿轮时,受分度传动链的传动误差(主要是分度蜗杆的径向跳动和轴向窜动)的影响;加工斜齿轮时,除分度链外,还受差动传动链的传动误差的影响。

(4)滚刀的安装误差($e_刀$)和加工误差(如滚刀的径向跳动、轴向窜动和齿型角误差等)。

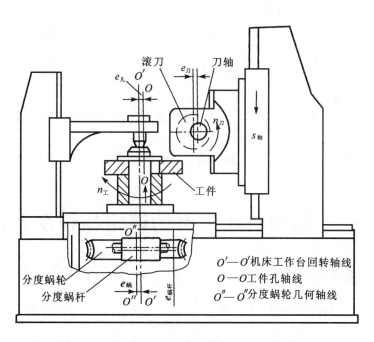

图 11—1

按范成法加工齿轮,其齿廓的形成是刀具对齿坯周期地连续滚切的结果,犹如齿条—齿轮副的啮合传动过程。因而加工误差是齿轮转角的函数,具有周期性,这是齿轮误差的特点。上述各因素中,前二者所产生的齿轮误差以齿轮一转为周期,称为长周期误差;后两个因素所产生的误差,在齿轮一转中,多次重复出现,称为短周期误差(即高频误差)。

长周期误差影响齿轮运动均匀性,如图 11—2(a)所示。高频误差会引起齿轮瞬时传动比的急剧变化,影响齿轮工作平稳性[图 11—2(b)],在高速传动中,将产生振动和噪音。事实上,齿轮的长短周期误差同时存在,因而齿轮的运动误差是一条复杂的周期函数(图 11—3)。

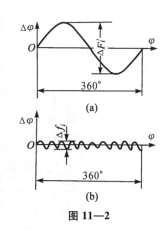

图 11—2

三、渐开线圆柱齿轮精度标准

我国现行的渐开线精度标准由下列两标准组成:

(1)《圆柱齿轮 精度制 第 1 部分:轮齿同侧齿面偏差的定义和允许值》(GB/T 10095.1—2008)。

(2)《圆柱齿轮 精度制 第 2 部分:径向综合偏差与径向跳动的定义和允许值》(GB/T 10095.2—2008)。

标准适用范围:分度圆直径 $d = 5 \sim 10\,000$mm,法向模数 $m_n = 0.5 \sim 70$mm,齿宽 $b = 4 \sim 1\,000$mm。径向综合偏差 F''_i 及 f''_i 的适用范围:分度圆直径 $d = 5 \sim 1\,000$mm,法向模数 $m_n = 0.2 \sim 10$mm。

另外,下列4检验实施规范用作标准贯彻的指导性文件:

(1)《圆柱齿轮　检验实施规范　第1部分:轮齿同侧齿面的检验》(GB/Z18620.1—2008)。

(2)《圆柱齿轮　检验实施规范　第2部分:径向综合偏差、径向跳动、齿厚和侧隙的检验》(GB/Z18620.2—2008)。

(3)《圆柱齿轮　检验实施规范　第3部分:齿轮坯、轴线中心距和轴线平行度的检验》(GB/Z18620.3—2008)。

(4)《圆柱齿轮　检验实施规范　第4部分:表面结构和轮齿接触斑点的检验》(GB/Z18620.4—2008)。

第二节　圆柱齿轮精度的评定指标及其检验

一、运动准确性的评定指标

运动准确性的评定指标包括下列4项。

1. 切向综合编差

(1)切向综合总偏差(F'_i)是被测齿轮与测量齿轮单面啮合检验时,被测齿轮一转范围内,齿轮分度圆上实际圆周位移与理论圆周位移的最大差值(图11—3)。

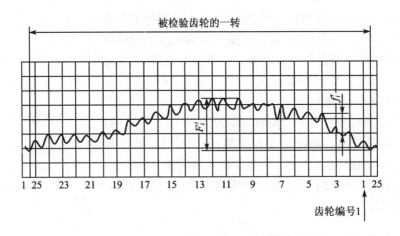

图11—3　切向综合偏差

(2)一齿切向综合偏差(f'_i)是被测齿轮与测量齿轮单面啮合检验时,被测齿轮转过一个齿距内的切向综合偏差(图11—3)。

F'_i是评定齿轮运动准确性的综合指标,f'_i是齿轮传动平稳性的评定指标。

这两项误差是在齿轮单面啮合综合检查仪(简称单啮仪)上测量的。

单啮仪原理示意图如图11—4所示。图中,1为测量齿轮;2为被测齿轮;3为节圆盘(摩擦盘)。被测齿轮在保持设计中心距下与测量齿轮作单面啮合传动,节圆盘构成理想传动副,产生理想的均匀运动($\phi_2 = i\phi_1$),而被测齿轮则产生实际转角($\phi'_2 = i\phi_1 + \Delta\phi$),将两运动进行比较,两者之差($\Delta\phi$)就是被测齿轮瞬间转角误差。连续记录各瞬间转角误差就形成了齿轮运动误差曲线(图11—3)。

下面介绍光栅式单啮仪的原理。

为了测量被测齿轮的转角误差,必须建立一标准传动,使它与由被测齿轮及测量齿轮组成的传动做连续比较,两者之差值就是齿轮的转角误差。光栅式单啮仪是由两光栅盘建立标准传动的。被测齿轮与测量蜗杆单面啮合组成实际传动,如图11—5所示。仪器的传动链是:电动机通过传动系统带动测量蜗杆和圆光栅盘Ⅰ转动,测量蜗杆再带动被测齿轮及其同轴上的光栅盘Ⅱ转动。

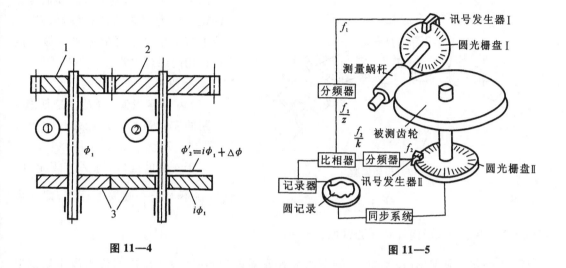

图11—4　　　　　　　　　　　图11—5

高频光栅盘Ⅰ和低频光栅盘Ⅱ分别通过讯号发生器Ⅰ和Ⅱ将测量蜗杆和被测齿轮的角位移转变成电讯号,并根据测量蜗杆的头数 k 及被测齿轮的齿数 z,通过分频器,将高频电讯号(f_1)做 z 分频,低频电讯号(f_2)做 k 分频,于是将光栅Ⅰ和Ⅱ发出的脉冲讯号变为同频讯号。

当被测齿轮有误差时将引起被测齿轮的回转角误差,此回转角的微小角位移误差变为两电讯号的相位差,两电讯号输入比相器进行比相后输出,再输入电子记录器记录,便可得出被测齿轮误差曲线,最后根据定标值读出误差值。

光栅讯号发生器的原理如图11—6,它主要是由旋转圆光栅1、固定光栅2(指示光栅)及光电元件6(光电管或光电二极管、三极管、光敏电阻)组成。圆光栅盘1上刻有大量均匀分布的辐射线条(透明的与不透明的间隔相等),当其刻有 10 800 条刻线时,相邻两条刻线间的夹角为 $2'$。固定光栅盘与圆光栅盘1的刻线完全相同。当固定光栅2与圆光栅1叠放在一起,使两光栅之间只保持很小的缝隙,并使两光栅刻线中心有一个微小偏移

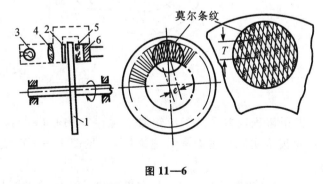

图11—6

e,这时在平行光照射下,即呈现出明暗间隔的莫尔条纹。平行光是由光源3发出的光经过透

镜 4 产生。当光栅 1 旋转时,莫尔条纹将随之产生径向移动,每转动一个线纹夹角 $\theta(2')$,莫尔条纹就相应地移动一个条纹距离 $T(T$ 称为莫尔条纹的周期)。

在圆光栅盘后放一光阑 5 及光电元件 6,就可以接收到由圆光栅盘 1 旋转而产生的、以 T 为周期的交变讯号。

若圆光栅盘的转动不均匀,交变电讯号的频率将随之不断变化,此信号经放大整形后转换成脉冲信号,其相位亦随之变化。由同频率的二路讯号比相,则得相位差。这一相位差代表被测齿轮角位移误差。这个角位移误差可通过记录仪画出误差曲线,如图 11—3 所示。

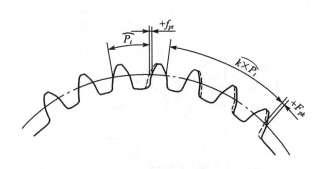

图 11—7 齿距偏差

图 11—3 中,曲线上最高和最低点间的距离即为切向综合总偏差(F'_i),曲线上多次重复出现的振幅的最大值为一齿切向综合偏差(f'_i)。

2. 齿距偏差

(1)齿距累积偏差(F_{pk})是任意 k 个齿距的实际弧长与理论弧长的代数差(图 11—7)。

关于 k 值的确定:除另有规定外,F_{pk} 应在不大于 $\frac{1}{8}$ 圆周上评定,即在齿距数 $k = 2 \sim$ 小于 $\frac{z}{8}$ 弧段内评定。通常取 $k = \frac{z}{8}$。

(2)齿距累积总偏差(F_p)是齿轮同侧齿面任意弧段($k = 1$ 至 $k = z$)内的最大齿距累积偏差。它表现为齿距累积偏差曲线的总幅值(图 11—8)。

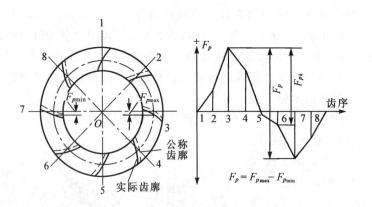

$$F_p = F_{p\max} - F_{p\min}$$

图 11—8

齿距累积偏差是由于齿轮加工时存在偏心($e_几$、$e_运$)产生的,由于偏心的存在使被加工齿轮齿廓实际位置偏离其理论位置(见图 11—8),使齿距不均匀,从而影响齿轮运动准确性。

(3)单个齿距偏差(f_{pt})是指在齿面端平面上,在接近齿高中部的一个与齿轮轴线同心的圆上,实际齿距与理论齿距之代数差(图 11—7)。

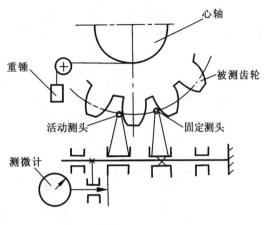

在范成法(如滚齿)中,f_{pt}是由机床分度传动链的周期误差(主要是分度蜗杆跳动)引起的。

f_{pt}影响齿轮传动平稳性。

齿距偏差可用相对量法或绝对量法测量。前者用得较多。

图 11—9 为在万能测齿仪上用相对量法测量齿距偏差。方法是:以齿轮上任一齿距为基准,把仪器测微仪示值调整为零,然后依次测出其余各齿距对基准齿距偏差($f_{pt相对i}$),然后通过数据处理求出(F_p,f_{pt})(详见重庆大学精密测试实验室编、中国质检出版社出版的《互换性与技术测量实验指导书》有关部分。)

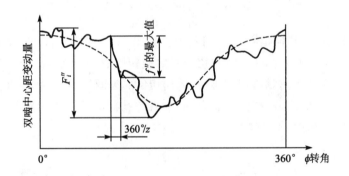

3. 径向综合偏差

(1)径向综合总偏差(F''_i)是在径向(双面)综合检验时,被测齿轮的左右齿面同时与测量齿轮接触,转一整圈时出现的中心距最大值与最小值之差(图 11—10)。

图 11—10 径向综合偏差曲线

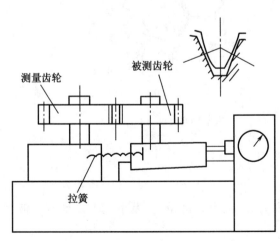

图 11—11

(2)一齿径向综合偏差(f''_i)是指被测齿轮双面啮合综合检验时,对应一个齿距的径向综合偏差值(图 11—10)。

径向综合偏差是由于被测齿轮存在几何偏心 $e_几$ 及短周期误差(如齿廓偏差和齿距偏差等)的影响而产生的。

F''_i影响运动准确性,f''_i影响传动平稳性。

径向综合偏差是在齿轮双面啮合综合检查仪(简称双啮仪)上测量的。

双啮仪结构简图如图 11—11 所示。测量齿轮装在固定轴上,被测齿轮装在可移动滑板

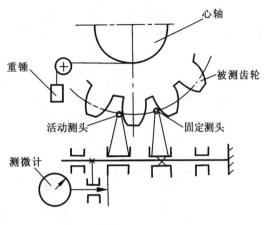
图 11—9

205

的轴上,该滑板可在滑座导轨上作径向移动。拉簧的作用是保证两齿轮在检验过程中始终保持双面啮合。在被测齿轮与测量齿轮双啮转动中,连续测出中心距的变化。

4. 径向跳动(F_r)

径向跳动(F_r)可在齿轮齿圈径向跳动检查仪上测量。测量时,以齿轮孔为基准,把测头依次放在各齿槽内,测头于齿高中部与齿面双面接触,逐齿测量,并读出指示表读数,最大读数与最小读数之差即为F_r,如图11—12所示。

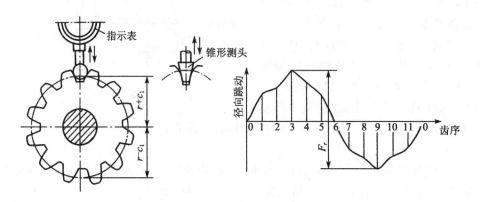

图11—12　齿轮径向跳动测量

径向跳动(F_r)是由于几何偏心($e_几$)引起的。如图11—13所示,齿轮加工时,由于齿坯孔与心轴之间有间隙,因而孔中心O可能与切齿时的旋转中心O'不重合,产生一偏心量$e_几$。在切齿过程中,刀具至O'的距离始终保持不变,因而切出的齿圈以O'为中心,而从齿圈上各齿到孔中心O的距离是变化的,从而产生F_r。此时,沿着与孔同心的圆上齿距是不均匀的,从而产生齿距累积偏差(F_p),如图11—14所示。

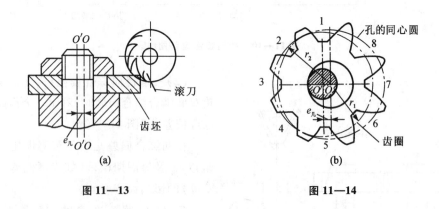

图11—13　　　　　　　图11—14

二、齿轮传动平稳性的评定指标

传动平稳性的评定指标除上述的f_i'、f_i''和f_{pt}外,还有齿廓偏差、基节偏差及螺旋线波度偏差。

1. 齿廓偏差

齿廓偏差是指实际齿廓偏离设计齿廓的量。该偏差量在齿轮端平面内,且垂直于渐开线齿廓方向计值。

设计齿廓就是符合设计规定的齿廓,通常采用渐开线,也可采用修正的渐开线。在高速传动中,为了减少冲击,并考虑弹性变形的影响,可采用以理论渐开线为基础而加以修正的齿廓,如修缘齿廓,凸齿廓等。

齿廓偏差可细分如下。

(1)齿廓总偏差(F_{α})

F_{α}是指在计值范围内,包容实际齿廓迹线的两条设计齿廓迹线间的距离〔见图11—15(a)〕。该图中设计齿廓为未修正渐开线,设计齿廓迹线为直线(在渐开线检查仪上检验时的记录线)。包容实际齿廓迹线的包容线为两条直线。图中齿顶处有偏向体内的负偏差。

(2)齿廓形状偏差($f_{f\alpha}$)

$f_{f\alpha}$是指在计值范围内,包容实际齿廓迹线的两条与平均齿廓迹线(中线)相同的两直线间的距离。两包容线应平行于中线〔见图11—15(b)〕。

被测齿面的平均齿廓(中线)就是实际齿廓的"最小二乘中线",即实际齿廓各点对该线偏差的平方和为最小。

(3)齿廓倾斜偏差($f_{H\alpha}$)

$f_{H\alpha}$是指在计值范围内的两端与平均齿廓迹线(中线)相交的两条设计齿廓迹线间的距离〔见图11—15(c)〕。

在图11—15中,齿廓可用长度L_{AF}等于两条端面基圆切线(齿廓发生线)之差。其中一条是从齿顶外界限点A到基圆的切线(齿顶发生线),另一条是从齿根内界限点F到基圆的切线(齿根发生线)。即L_{AF}就是从齿顶界限点到齿根界限点的齿廓可用长度相对应的展开线长度。齿顶界限点A是齿顶、齿顶倒棱或齿顶倒圆的起始点。齿根界限点F是齿根圆角或挖根的起始点。

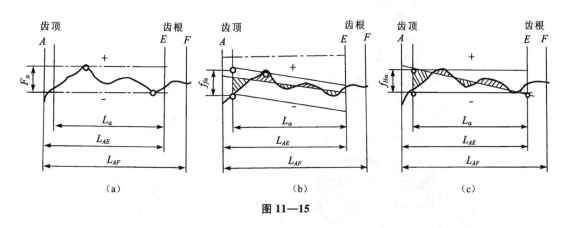

图11—15

有效长度L_{AE}是可用长度L_{AF}中对应于有效齿廓(齿廓工作部分)的部分。它的齿顶界限点仍为A点,而齿根界限点则为该齿轮与配对齿轮有效啮合的终止点E。当配对齿轮为未知时,可按与基本齿条相啮合计算E点。

齿廓计值范围L_{α}是长度等于有效长度L_{AE}的92%,且从E点向齿顶延伸。

计值范围外的齿廓偏差按以下规则计值:正偏差必须计入;负偏差,其公差值为规定公差的 3 倍。

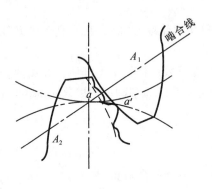

图 11—16

齿廓偏差是由刀具制造误差(如齿形角误差)和安装误差(滚刀安装偏心及倾斜)以及机床传动链短周期误差(分度蜗杆跳动)所引起的。

齿廓偏差影响传动平稳性,如图 11—16 所示。理论上,A_1 齿与 A_2 齿应在啮合线上的 a 点接触。而由于 A_2 齿的齿形有误差,使接触点由 a 变到 a',即接触点偏离了啮合线,产生啮合线外的啮合,从而引起瞬间传动比的突变,破坏了传动平稳性,产生振动和噪声。

齿廓偏差可以在渐开线检查仪上测量。仪器分为单圆盘式和万能式两种。下面介绍单圆盘式渐开线检查仪。

这种仪器的工作原理如图 11—17 所示。被测齿轮 1 与一个直径等于该齿轮基圆的圆盘 2 装在同一轴上。杠杆 6 和指示表 7 共同装在纵滑板 4 上,杠杆 6 的一端与指示表接触,另一端与被测齿廓接触,通过调整,使杠杆 6 的端点在直尺 3 上的投影刚刚落在 3 的边缘上。用手轮 8 移动横滑板,使基圆盘 2 压在直尺 3 上,在弹簧力的作用下,使 2 与 3 之间产生一定的摩擦力。当用手轮 9 移动纵滑板 4 时,由于摩擦力的作用,直尺 3 带动基圆盘 2 及被测齿轮 1 转动。此时,直尺 3 边缘上任一点的运动轨迹相对于基圆盘是一条理论的渐开线,也就是说,杠杆 6 的端点的运动轨迹是理论渐开线。当被测齿廓是理论渐开线时,则与杠杆 6 端点的运动轨迹重合。反之,如存在齿廓偏差时,杠杆 6 被齿形推动,从指示表 7 即可读出 F_α。

2. 基圆齿距偏差(基节偏差 f_{pb})

基圆齿距偏差 f_{pb} 是实际基圆齿距与其公称值之差(图 11—18)。

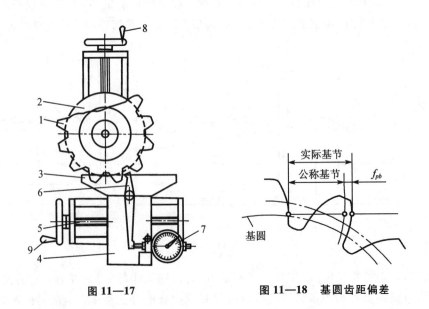

图 11—17   图 11—18 基圆齿距偏差

f_{pb} 主要是刀具误差(如刀具基节偏差、齿形角误差等)引起的。在滚、插齿加工时,由于基圆两端点是刀具相邻齿同时切出的,故与机床传动链误差无关。

对于直齿轮,f_{pb}会使传动啮合过渡的一瞬间发生冲击,影响传动平稳性。现说明如下。

(1)当主动轮基节大于从动轮基节时[图 11—19(a)],第一对齿 A_1,A_2 啮合终止时,第二对齿 B_1,B_2 尚未进入啮合。此时,A_1 的齿顶将沿着 A_2 的齿根"刮行"(称为顶刃啮合),发生啮合线外的啮合,使从动轮突然降速,直到 B_1 和 B_2 齿进入啮合时,使从动轮又突然加速。因此,从一对齿啮合过渡到下一对齿啮合的过程中,瞬间传动比产生变化,引起冲击,产生振动和噪声。

(2)当主动轮基节小于从动轮基节时,如图 11—19(b)所示。第一对齿 A'_1,A'_2 的啮合尚未结束,而第二对齿 B'_1 和 B'_2 就已开始进入啮合,B'_2 的齿顶反向撞击 B'_1 的齿腹,使从动轮突然加速,强迫 A'_1 和 A'_2 脱离啮合。B'_2 的齿顶在 B'_1 的齿腹上"刮行",同样产生顶刃啮合。直到 B'_1 和 B'_2 进入正常啮合,恢复正常转速时为止。这种情况比前一种更坏,因为冲击力与运动方向相反,故振动、噪声更大。

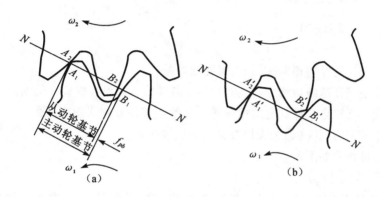

图 11—19

上述两种情况产生的冲击,在齿轮一转中多次重复出现,误差的频率等于齿数,称为齿频误差,它是影响传动平稳性的重要原因。

基节偏差与单个齿距偏差(f_{pt})的关系是:

$$f_{pb} = f_{pt}\cos\alpha_n$$

三、载荷分布均匀性的评定指标

理论上,一对轮齿在啮合过程中,若不考虑弹性变形的影响,则由齿顶到齿根每瞬间都沿着全齿宽成一直线接触。对于直齿轮,齿面是切于基圆柱的平面上的直线 $K-K$ 的运动轨迹——渐开面。故轮齿每瞬间的接触线是一根平行于轴线的直线 $K-K$(图 11—20)。

对于斜齿轮,齿面是切于基圆柱的平面上且与轴线夹角为 β_b 的直线 $K-K$ 的运动轨迹——渐开螺旋面。故切于基圆柱的平面与斜齿轮齿面的交线为一直线 $K-K$,该直线即为齿面某瞬时的接触线,它与基圆柱母线间的夹角为 β_b(图 11—21)。

实际上,由于齿轮的制造误差和安装误差,齿轮啮合运转时在齿长方向上并不是沿全齿宽上接触,而在啮合过程中也并不是沿全齿高接触。影响接触长度的误差为:螺旋线总偏差(F_β)(直齿轮即为齿向误差),螺旋线倾斜偏差($f_{H\beta}$);影响接触高度的误差为:齿廓总偏差(F_α),齿廓倾斜偏差($f_{H\alpha}$)等。从承载能力看,一般对接触长度的要求高于接触高度。

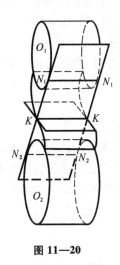
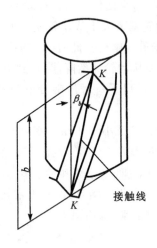

图 11—20   图 11—21

齿轮载荷分布均匀性的评定指标为:螺旋线偏差。

螺旋线偏差是指在基圆切线方向上测得的实际螺旋线对设计螺旋线的偏离量。

设计螺旋线是指符合设计规定的螺旋线。在螺旋线误差曲线图中(图 11—22),未经修形的螺旋线的迹线一般为直线(螺旋线检查仪上的记录线)。

螺旋线偏差可细分如下。

(1)螺旋线总偏差(F_β)

F_β 是指在计值范围内,包容实际螺旋线迹线的两条设计螺旋线迹线间的距离〔见图 11—22(a)〕。

(2)螺旋线形状偏差(波度)($f_{f\beta}$)

$f_{f\beta}$ 是指在计值范围内,包容实际螺旋线迹线的两条与平均螺旋线迹线完全相同的直线间的距离。两条包容线与平均螺旋线迹线的距离为常数〔见图 11—22(b)〕。

平均螺旋线迹线为实际螺旋线迹线的"最小二乘中线"。

(3)螺旋线倾斜偏差($f_{H\beta}$)

$f_{H\beta}$ 是指在计值范围两端与平均螺旋线迹线相交的两条设计螺旋线迹线间的距离〔见图 11—22(c)〕。

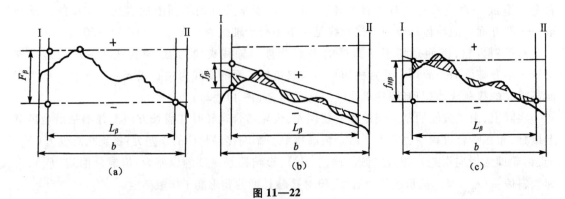

(a)   (b)   (c)

图 11—22

计值范围 L_β 是齿宽 b 在两端分别减去下面两个数中的较小的一个数后得到的。这两数一个等于 5% 齿宽 b,另一个是一个模数的长度。

在计值范围外,F_β 及 $f_{f\beta}$ 按以下规则计值:正偏差必须计入;负偏差,其允许值为规定的公差的 3 倍。

螺旋线形状偏差(波度)($f_{f\beta}$)是齿面的周期性波纹度。它在齿轮端面表现为齿廓形状偏差(齿面波度,$f_{f\alpha}$),在纵向表现螺旋线波度,如图 11—23 所示。

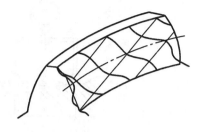

图 11—23   由分度蜗杆误差产生的螺旋线波度

螺旋线波度误差是分度蜗杆副的周期误差和滚刀进给丝杆的轴向窜动产生的。

前者产生误差如图 11—24(b)所示。其特点是:波峰(谷)沿齿面接触线分布(见图 11—23),波峰(谷)连线平行于齿轮轴线[见图 11—24(b)],误差频率等于分度蜗轮齿数(Z_y)(分度蜗杆为单头)。误差波长 l_y 为:

$$l_y = \pi d/z_y \sin \beta \qquad\qquad (11—1)$$

式中 β——螺旋角;

z_y——分离蜗轮齿数;

d——分度圆直径。

后者产生的误差如图 11—24(a)所示。其特点是:波峰(谷)连线垂直于齿轮轴线。其波长 l_p 为:

$$l_p = P/\cos \beta \qquad\qquad (11—2)$$

式中 P——进给丝杆螺距。

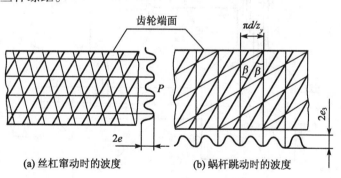

(a) 丝杠窜动时的波度   (b) 蜗杆跳动时的波度

图 11—24   齿面的两种波度

螺旋线波度误差使齿轮在传动过程中发生周期振动,严重影响传动平稳性。该误差是宽斜齿轮、人字齿轮产生高频误差的主要原因;对于这类齿轮,由滚刀误差引起的齿廓误差及基节偏差不影响其传动平稳性。因轴向重合度 ε_β 较大,会有一对以上的轮齿同时啮合。

螺旋线波度误差的测量如图 11—25 所示。仪器两定脚的间距应等于奇数个误差波长。使定位脚沿螺旋线移动,则误差由指示器显示出来,仪器示值为误差的两倍。

应注意:若两定位脚间距为误差波长偶数倍,则误差显示不出来。

螺旋线倾斜偏差($f_{H\beta}$)是由于齿坯端面跳动,刀架导轨倾斜及机床差动传动链的调整误差等引起的。

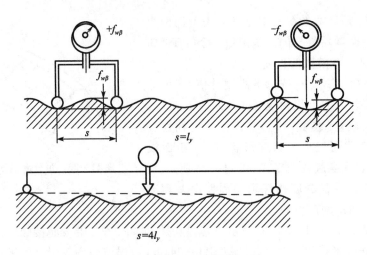

图 11—25　波度曲线检测原理

螺旋线偏差可用标准轨迹法测量,即将被测齿轮实际螺旋线与由机构形成的标准螺旋线比较,从而测出其偏差。

F_β 可用导程仪测量。该仪器的工作原理如图 11—26 所示。

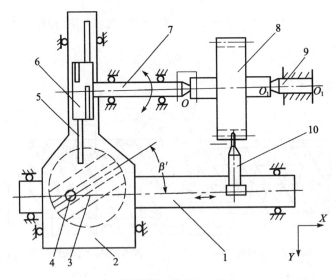

图 11—26

为了测量 F_β,测头 10 相对于被测齿轮 8 的运动轨迹应当是标准螺旋线,当齿轮螺旋线有误差时,测头便感应出来,经处理后送记录器画出误差曲线。

标准螺旋运动的形成机构由纵向滑架 1、横向滑架 2、导尺 3、滑块 4、钢带 5、基准圆盘 6 等组成。测头 10(电感测微仪)装在纵向滑架上。钢带 5 有两条,每条都是一头固定在横向滑架上,另一头固定在基准圆盘上。基准圆盘和被测齿轮同轴安装。导尺 3 装在横向滑架上。滑块 4 固定在纵向滑架上。光学分度装置与导尺 3 固定在一起,用以调整导尺的角度 β',β' 按式(11—3)计算:

$$\tan\beta' = \frac{D}{d}\tan\beta \qquad\qquad (11—3)$$

式中　　D——基准圆盘直径；

　　　　d,β——被测齿轮分度圆直径和螺旋角。

当纵向滑架 1 纵向移动时，通过滑块 4、导尺 3 推动横向滑架作横向移动，由钢带带动基准圆盘及被测齿轮回转，从而使测头 10 相对于齿轮的运动轨迹是一条标准螺旋线。误差由电感测头 10 测出，处理后送记录器画出误差曲线。

四、传动侧隙及其影响要素

如前所述，为了保证齿轮副能正常运转，要求齿轮啮合时，在其非工作齿面间应具有一定的间隙，这就是侧隙。

1. 侧隙的定义

侧隙是两相配齿轮的工作面相接触，在两非工作齿面之间形成的间隙，如图 11—27 所示。它可分为如下两种。

（1）圆周侧隙（j_t）：当固定两相啮合齿轮中的一个，另一个齿轮所能转过的节圆弧长的最大值（图 11—28）。j_t 在齿轮端面上计值。

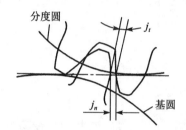

图 11—27　齿轮副的法向侧隙

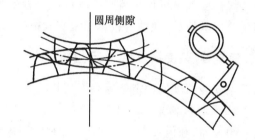

图 11—28　齿轮副的圆周侧隙

（2）法向侧隙（j_n）：当两齿轮的工作齿面互相接触，其非工作齿面之间的最短距离（图 11—27）。j_n 是在基圆切平面上垂直于齿面的方向计值。

j_t 与 j_n 的关系：

$$j_n = j_t \cdot \cos\alpha_t \cdot \cos\beta_b \qquad (11-4)$$

式中　　α_t——端面压力角；

　　　　β_b——基圆柱上的螺旋角。

2. 传动侧隙的影响要素

（1）齿厚偏差

对单个齿轮而言，产生侧隙的主要要素是齿厚偏差。众所周知，具有公称齿厚的齿轮副，在公称中心距下啮合时，是无侧隙的。通常采用减薄齿厚的办法来获得必要的侧隙，这就是齿厚偏差。

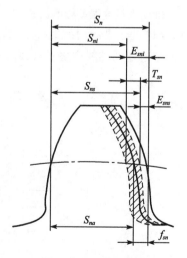

图 11—29　齿厚偏差

齿厚偏差（f_{sn}）：实际齿厚与公称齿厚之差（图 11—29）。

图中：E_{sns}，E_{sni}，T_{sn}——齿厚上偏差、齿厚下偏差及齿厚公差。

S_n，S_{ns}，S_{ni}，S_{na}——公称齿厚、最大极限齿厚、最小极限齿厚及实际齿厚。

（2）公法线长度偏差

公法线实际长度与其理论值之差（图11—30）。

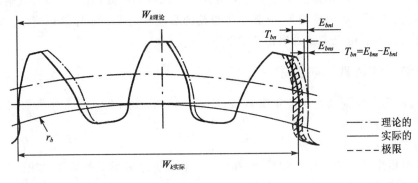

图中：E_{bns}，E_{bni}，T_{bn}——公法线长度上偏差、公法线长度下偏差及公法线长度公差。

$W_{k理论}$，$W_{k实际}$——公法线理论长度、公法线实际长度。

公法线长度测量可代替齿厚的测量。两者的测量详见重庆大学精密测试实验室编、中国质检出版社出版的《互换性与技术测量实验指导书》有关部分。

五、齿轮副安装精度的评定指标

齿轮副安装精度的评定指标有下列几项。

1. 中心距极限偏差（$\pm f_a$）

中心距偏差：在齿宽中间平面内，实际中心距与公称中心距之差。它是影响传动侧隙的要素之一。

2. 轴线平行度公差

轴线平行度误差影响齿长方向上的齿面接触精度。对x，y两方向的轴线平行度误差均应控制。

（1）轴线平面内的平行度偏差（$f_{\Sigma\delta}$）：在轴线平面内测得的平行度误差（图11—31）。轴线平面是通过两轴线中之长轴线与另一根短轴线的一端所确定的平面。

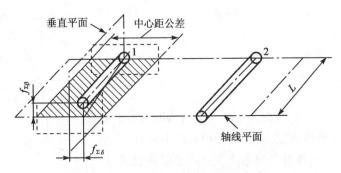

图11—31　齿轮副的中心距偏差及平行度误差

（2）垂直平面上的平行度偏差（$f_{\Sigma\beta}$）：在与轴线平面垂直的平面内测得的平行度误差（图11—31）。

3. 接触斑点

装配好的齿轮副,在轻微制动下,运转后齿面上分布的接触痕迹(图11—32)。在齿面展开图上计算其高度、宽度的百分比。

沿齿长方向:接触痕迹长度 b''(扣除超过模数值的断开部分 c)与工作长度 b' 之比的百分数,即 $[(b''-c)/b'] \times 100\%$。

沿齿高方向:接触痕迹的平均高度 h'' 与工作高度 h' 之比的百分数,即 $(h''/h') \times 100\%$。

所谓"轻微制动"是指所施加的载荷应能保证被测齿面保持稳定的接触。

接触斑点是齿面接触精度综合评定指标。

此外,安装精度的评定指标还有侧隙,如前述。

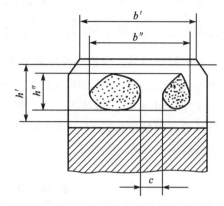

图11—32　齿轮副的接触斑点

第三节　圆柱齿轮精度标准的应用

一、精度等级及其选择

按标准规定,齿轮精度分为13个等级(0~12级),其中0级最高,12级最低。而径向综合偏差 F_i'' 及一齿径向综合偏差 f''_i 则分为9级(4~12级)。

5级精度齿轮各要素的公差或极限偏差的计算公式见表11—1。

表11—1　各项要素的公差或极限偏差的计算式　　　　　μm

各项偏差、公差的术语	计 算 式
单个齿距极限偏差	$\pm f_{pt} = \pm [0.3(m_n + 0.4\sqrt{d}) + 4]$
齿距累积极限偏差	$\pm F_{pk} = \pm (f_{pt} + 1.6\sqrt{(k-1)m_n})$
齿距累积总偏差的公差	$F_p = 0.3m_n + 1.25\sqrt{d} + 7$
齿廓总偏差的公差	$F_\alpha = 3.2\sqrt{m_n} + 0.22\sqrt{d} + 0.7$
齿廓形状公差	$f_{f\alpha} = 2.5\sqrt{m_n} + 0.17\sqrt{d} + 0.5$
齿廓倾斜极限偏差	$\pm f_{H\alpha} = 2\sqrt{m_n} + 0.14\sqrt{d} + 0.5$
螺旋线总偏差的公差	$F_\beta = 0.1\sqrt{d} + 0.63\sqrt{b} + 4.2$
螺旋线形状公差	$f_{f\beta} = 0.07\sqrt{d} + 0.45\sqrt{b} + 3$
螺旋线倾斜极限偏差	$\pm f_{H\beta} = 0.07\sqrt{d} + 0.45\sqrt{b} + 3$
一齿切向综合公差	$f'_i = k(9 + 0.3m_n + 3.2\sqrt{m_n} + 0.34\sqrt{d})$
切向综合公差	$F'_i = F_p + f'_i$
径向综合公差	$F''_i = 3.2m_n + 1.01\sqrt{d} + 6.4$
一齿径向综合公差	$f''_i = 2.96m_n + 0.01\sqrt{d} + 0.8$
径向跳动公差	$F_r = 0.8F_p$

表 11—1 各计算公式中，m_n，d 和 b 以各尺寸分段几何平均值代入。在 f_i' 公式中 k 的取值：当总重合度 $\varepsilon_r < 4$ 时，$k = 0.2\left(\dfrac{\varepsilon_r + 4}{\varepsilon_r}\right)$；当 $\varepsilon_r \geq 4$ 时，$k = 0.4$。

表中列出的是 5 级精度各要素公差或极限偏差的计算式。其他各级则以 5 级为基础，分别除以（或乘以）公比 $\sqrt{2}$，即可求得其公差或极限偏差值。

实际应用时，可直接从各公差表格中查出各要素的公差或极限偏差而无需计算。各要素的公差或极限偏差见表 11—14 ~ 表 11—20。

接触斑点见表 11—2。

表 11—2　直齿轮装配后的接触斑点　　　　　　μm

精度等级	b_{c1} 占齿宽的百分比/%	h_{c1} 占有效齿面高度的百分比/%	b_{c2} 占齿宽的百分比/%	h_{c2} 占有效齿面高度的百分比/%
4 级及更高	50	70	40	50
5 和 6	45	50	35	30
7 和 8	35	50	35	30
9 ~ 12	25	50	25	30

齿轮副中心极限偏差见表 11—3。

表 11—3　齿轮副中心距极限偏差 $\pm f_a$

按平稳性精度等级	1 ~ 2	3 ~ 4	5 ~ 6	7 ~ 8	9 ~ 10	11 ~ 12
f_a	0.5IT4	0.5IT6	0.5IT7	0.5IT8	0.5IT9	0.5IT11

轴线平行度公差计算式：

$$f_{\Sigma\beta} = 0.5\left(\frac{L}{b}\right) F_\beta \qquad\qquad (11\text{—}5)$$

$$f_{\Sigma\delta} = 2 f_{\Sigma\beta} \qquad\qquad (11\text{—}6)$$

按各项误差对齿轮传动性能的影响，可将各误差分为 Ⅰ，Ⅱ，Ⅲ 三类，见表 11—4。

表 11—4　齿轮误差组

误差类	公差与极限偏差项目	对传动性能的主要影响
Ⅰ	F_i'，F_p，F_{pk}，F_i''，F_r	传递运动的准确性
Ⅱ	f_i'，f_i''，f_{pt}，f_{pb}，F_α，F_β，$f_{f\alpha}$，$f_{f\beta}$	传动的平稳性
Ⅲ	F_β，F_α，$f_{H\alpha}$，$f_{H\beta}$	载荷分布的均匀性

精度等级的选择：一般情况下，齿轮三类精度指标应选用相同的精度等级。但也允许根据齿轮使用要求的不同，对三类指标选用不同的等级，而在同一类指标中各项公差与极限偏差应选用相同的等级，单齿面工作的齿轮，对非工作齿面可规定不同的等级，即可降低其精度要求。

选择精度等级时,必须根据其用途、工作条件及技术要求,如运动精度、圆周速度、传递的功率、振动和噪音要求、工作持续时间和工作寿命等方面的要求来确定,同时还应考虑工艺的可能性和经济性。

由于齿轮传动的用途和工作条件的不同,对Ⅰ,Ⅱ,Ⅲ类误差的要求也各不相同。通常是根据齿轮传动性能的主要要求,首先确定某一类误差的精度等级,然后再确定齿轮的其余精度要求。

分度、读数齿轮(如精密机床分度机构和仪器读数机构中的齿轮)用于传递精确的角位移,其主要要求是传递运动的准确性。这类齿轮可根据传动链的运动精度,按误差传递规律,计算出齿轮一转中允许的最大转角误差,由此定出Ⅰ类误差的精度等级,然后再根据工作条件确定其他精度要求。

高速动力齿轮(如汽轮机减速器的齿轮)用于传递大的动力。其特点是传递功率大、速度高。主要要求传动平稳,噪音及振动小,同时对齿面接触也有较高的要求。这类齿轮应首先根据其圆周速度或噪音强度要求确定Ⅱ类误差的精度等级。通常Ⅲ类误差的精度也不宜低于Ⅱ类误差。同时Ⅰ类误差的精度也不应过低。因齿轮转速高时,一转的传动比变化对传动平稳性也是有影响的。

低速动力齿轮(如轧钢机、矿山机械及起重机械用的齿轮),其特点是传递功率大、速度低。主要要求是齿面接触良好,而对运动准确性和传动平稳性则要求不高。因为Ⅱ类误差中的齿廓偏差等也要影响齿面接触精度,故Ⅱ类误差的精度不应过份低于Ⅲ类误差的精度。一般情况下,低速重载齿轮可选择Ⅲ类误差的精度高于Ⅱ类误差的精度,中、轻载齿轮Ⅱ、Ⅲ类误差选择同级精度。

表11—5、表11—7列出部分齿轮精度等级的适用范围,表11—6列出各种机械所采用的齿轮的精度等级,供选择齿轮精度等级时参考。

表 11—5　各级精度圆柱齿轮的加工方法及应用情况

要素 分级	精　度　等　级					
	4	5	6	7	8	9
切齿方法	在周期误差很小的精密机床上用范成法加工	在周期误差很小的精密机床上用范成法加工	在精密机床上用范成法加工	在精密机床上用范成法加工	用范成法或分度法(用按齿轮实际齿数设计齿型的刀具)加工	任何方法
工作表面(齿面)的最后加工	精密磨齿,对大齿轮用精密滚刀滚齿和研齿或剃齿	精密磨齿,对大齿轮用精密滚刀滚齿和研齿或剃齿	精密磨齿或剃齿	对于未经热处理的齿轮用精密刀具加工;对于淬硬齿轮,必须作最后加工(磨齿、研齿、珩齿)	不用磨齿,必要时要剃齿或研齿	不需要特殊的精加工工序

续表

要素 分级		精 度 等 级					
		4	5	6	7	8	9
工作表面粗糙 度 $Ra/\mu m$		≤3.2	≤3.2	≤3.2	≤6.3	≤20	≤40
工作条件 及 应用范围		用于特殊精密分度机构的齿轮;在极高速度下工作的、需要极高的平稳性及极低噪声的齿轮传动[2];特别精密的分度机构的齿轮;极高速涡轮传动的齿轮;检验6～7级精度齿轮的测量齿轮	用于精密分度机构的齿轮;在高速下工作,需要高平稳性及低噪声的齿轮[2];精密分度机构的齿轮;高速涡轮传动的齿轮;检验8～9级精度齿轮的测量齿轮	用于高速下平稳工作、要求高效率及低噪声的齿轮[2];分度机构的齿轮[1];航空制造业中特别重要的小齿轮;读数装置中特别精密的传动齿轮	在偏高速和适度功率或偏大功率和适度速度条件下工作的齿轮;金属切削机床中需要运动协调性的进给齿轮;高速减速器的齿轮;航空制造业的齿轮;读数装置齿轮	无特殊精度要求的普通机器的齿轮;分度机构以外的机床齿轮;航空及汽车拖拉机制造中不重要的小齿轮;起重机构的齿轮;农业机器重要的小齿轮;普通减速器的齿轮	用于粗糙工作的、对它不提正常精度要求的齿轮;因结构理由受载远低于计算载荷的传动齿轮
圆周速度/ $m \cdot s^{-1}$	直齿轮	≤50	≤20	≤15	≤10	≤6	≤2
	斜齿轮	≤70	≤40	≤30	≤15	≤10	≤4
效率		不低于0.99 (在机器的减速器中包括轴承,不低于0.985)	不低于0.99 (包括轴承,不低于0.985)	不低于0.99 (包括轴承,不低于0.985)	不低于0.98 (包括轴承,不低于0.975)	不低于0.97 (包括轴承,不低于0.965)	不低于0.96 (包括轴承,不低于0.95)

注:(1)传动平稳性公差的精度可以低一级。

(2)如果不是多级传动,则运动准确性的精度可以低一级。

表11—6 应用于各类机械产品的齿轮精度等级

应用范围	精度等级	应用范围	精度等级
测量齿轮	2～5	航空发动机	4～7
汽轮机齿轮	3～6	拖拉机	8～10
金属切削机床	3～8	通用减速器	6～9
内燃机	5～8	轧钢机	6～10
电气机车	6～8	矿用绞车	8～10
轻型汽车	5～8	起重机构	7～10
载重汽车	6～9	农业机器	8～11

表 11—7　齿轮传动平稳性评定指标精度等级的应用

设备或机器	齿轮特征	精度等级						
		4	5	6	7	8	9	10
		传动的圆周速度/m·s⁻¹						
冶金机械	直齿轮	—	—	10~15	6~10	2~6	0.5~2	—
	斜齿轮			15~30	10~15	4~10	1~4	
地质勘探机械	直齿轮	—	—	—	6~10	2~6	0.5~2	
	斜齿轮				10~15	4~10	1~4	
煤炭机械	直齿轮	—	—	—	6~10	2~6	<2	低
	斜齿轮				10~15	4~10	<4	速
发动机	任何齿轮	>40（>4000）	>60（<2000）>40（2000~4000）	15~60（<2000）<40（2000~4000）	到15（<2000）—	—	—	—
履带式机器	模数<2.5	—	16~28	11~16	7~11	2~7	2	
	模数6~10	—	13~18	9~13	4~9	<4	—	
拖拉机	任何齿轮		—	未淬火	淬火	—	—	—
造船机械	直齿轮				<9~10	<5~6	<2.5~3	0.5
	斜齿轮				<13~16	<8~10	<4~5	
森林机械	任何齿轮			<15	<10	<6	<2	手动
通用减速器	斜齿轮					<12		
回转机构	直齿轮	—	—	<15~18	<10~12	<5~6	<2~3	—
	斜齿轮	—	—	<13~36	<20~25	<9~12	<4~6	—

注：括号中的数字是指单位长度的载荷(N/cm)。

检验项目的选择：如表 11—4 中所列，三类误差中，每类均有若干个误差项目。在生产中，无须对所有全部项目进行检验。标准推荐的基本检验项目是：齿轮累积总偏差 F_p、单个齿距偏差 f_{pt}、齿廓总偏差 F_α 和螺旋线总偏差 F_β。只有高速齿轮才须控制齿距累积偏差 F_{pk}。切向综合总偏差 F'_i 和一齿切向综合偏差 f'_i 不是必检项目。齿廓形状偏差 $f_{f\alpha}$、齿廓倾斜偏差 $f_{H\alpha}$、螺旋线形状偏差 $f_{f\beta}$ 和螺旋线倾斜偏差 $f_{H\beta}$ 供工艺分析用。径向综合偏差 f''_i、一齿径向综合偏差 f''_i 和径向跳动 F_r 是控制径向误差的项目。

二、齿轮副侧隙的计算

齿轮副侧隙按齿轮工作条件决定，而与齿轮的精度等级无关。如汽轮机中的齿轮传动，因工作温升高，为保证正常润滑，避免因发热卡死，要求有大的保证侧隙。而对于需要正反转或读数机构中的传动齿轮，为避免空程的影响，则要求较小的保证侧隙。

齿轮副的最小侧隙 j_{nmin} 应包括以下三部分：(1)保证正常润滑所需的侧隙 j_{nmin1}；(2)补偿齿轮传动工作时，因温度上升所引起的热变形所需的侧隙 j_{nmin2}；(3)补偿齿轮受力变形所需的侧隙 j_{nmin3}。一般情况下，j_{nmin3} 较小，而且是使侧隙增大，故通常忽略不计。

1. j_{nmin1}

j_{nmin1} 取决于其圆周速度及相应的润滑方式。标准中推荐的 j_{nmin1} 值见表 11—8。

表 11—8　对于中、大模数齿轮最小极限侧隙 j_{nmin1} 的推荐值　　　μm

法向模数 m_n/mm	最小中心距 a_i/mm					
	50	100	200	400	800	1600
1.5	0.09	0.11	—	—	—	—
2	0.10	0.12	0.15	—	—	—
3	0.12	0.14	0.17	0.24	—	—
5	—	0.18	0.21	0.28	—	—
8	—	0.24	0.27	0.34	0.47	—
12	—	—	0.35	0.42	0.55	—
18	—	—	—	0.54	0.67	0.94

表 11—8 中数值是按下列条件决定的:齿轮、箱体材料为黑色金属;齿轮节圆工作速度 $v <$ 15m/s;轴承为常用商业产品。

当圆周速度较大时,j_{nmin1} 按表 11—9 选取。

表 11—9　最小极限侧隙 j_{nmin1} 的推荐值　　　μm

	齿轮圆周速度/m·s^{-1}			
	≤10	>10 ~ 25	>25 ~ 60	>60
最小侧隙	10m_n	20m_n	30m_n	(30 ~ 50)m_n
润滑方式	油池润滑		喷油润滑	

注:m_n 为法向模数,mm。

2. j_{nmin2}

$$j_{nmin2} = 1000 \cdot a(\alpha_1 \cdot \Delta t_1 - \alpha_2 \cdot \Delta t_2)2\sin\alpha_n(\mu m) \tag{11—7}$$

式中　a——传动中心距,mm;

　　α_1,α_2——齿轮和箱体材料的线膨胀系数;

　　α_n——法向啮合角;

Δt_1,Δt_2——齿轮和箱体工作温度与标准温度之差,即:$\Delta t_1 = t_1 - 20$;$\Delta t_2 = t_2 - 20$。

$$j_{nmin} = j_{nmin1} + j_{nmin2} \tag{11—8}$$

三、齿厚上偏差、下偏差(E_{sns},E_{sni})的计算

控制齿轮副侧隙的因素是:中心距偏差和齿厚偏差。分析时,可把侧隙、齿厚和中心距三者视为尺寸链的三个环,而侧隙则为此尺寸链的封闭环。为了获得必需的侧隙,可把其中一个因素固定下来,改变另一因素。标准规定采用“基中心距制”。所谓“基中心距制”即在固定中心距极限偏差的情况下,通过改变齿厚偏差的大小而获得不同的最小侧隙 j_{nmin}。

为了得到设计所要求的最小极限侧隙 j_{nmin},必须使齿轮的齿厚作必要的减薄,即基本齿条作必

要径向位移。E_{sns}除保证获得要求的最小极限侧隙j_{nmin}外,还应补偿齿轮的加工误差与安装误差。

补偿齿轮副的制造误差和安装误差所引起的侧隙减小量J_n按式(11—9)计算:

$$J_n = \sqrt{f_{pb_1}^2 + f_{pb_2}^2 + 2(F_\beta \cos\alpha_n)^2 + (f_{\Sigma\delta}\sin\alpha_n)^2 + (f_{\Sigma\beta}\cos\alpha_n)^2} \qquad (11—9)$$

当$\alpha_n = 20$时,以$f_{\Sigma\delta} = F_\beta$,$f_{\Sigma\beta} = 0.5F_\beta$

代入得:

$$J_n = \sqrt{f_{pb_1}^2 + f_{pb_2}^2 + 2.104F_\beta^2} \qquad (11—9a)$$

考虑中心距偏差f_a为负值将侧隙减小,故最小极限侧隙j_{nmin}与齿轮副中两齿轮的齿厚上偏差E_{sns}、中心距偏差f_a的关系如下:

$$j_{nmin} = |E_{sns1} + E_{sns2}|\cos\alpha_n - f_a \cdot 2\sin\alpha_n - J_n \qquad (11—10)$$

通常为便于设计和计算,可取$E_{sns1} = E_{sns2} = E_{sns}$,由式(11—10)可得齿厚上偏差的计算式为:

$$E_{sns} = -\frac{j_{nmin} + J_n}{2\cos\alpha_n} - f_a \tan\alpha_n \qquad (11—11)$$

齿厚公差T_{sn}按式(11—12)计算:

$$T_{sn} = \sqrt{F_r^2 + b_r^2} \times 2\tan\alpha_n \qquad (11—12)$$

式中 F_r——径向跳动公差;

      b_r——切齿径向进刀公差。

b_r值见表11—10。

表 11—10 b_r值

公差等级	4	5	6	7	8	9
b_r值	1.26IT7	IT8	1.26IT8	IT9	1.26IT9	IT10

按 I 类误差的精度等级及齿轮分度圆直径查表确定。

齿厚下偏差E_{sni}为:

$$E_{sni} = -(|E_{sns}| + T_s) \qquad (11—13)$$

【例 11—1】 设有一直齿圆柱齿轮副,模数 $m = 5$mm,齿形角 $\alpha = 20°$,齿宽 $b = 50$mm,齿数 $Z_1 = 20$,$Z_2 = 60$,工作速度 18m/s,已选定其精度等级为 6 级,齿轮的工作温度 $t_1 = 75℃$,箱体的工作温度 $t_2 = 50℃$,齿轮线膨胀系数 $\alpha_1 = 11.5 \times 10^{-6}$;铸铁箱体 $\alpha_2 = 10.5 \times 10^{-6}$。试确定小齿轮齿厚上、下偏差($E_{sns}$,$E_{sni}$)。

解:(1)计算齿轮副的最小极限侧隙j_{nmin}

① j_{nmin1}由表 11—9 查得:

$$j_{nmin1} = 20 \times m_n = 20 \times 5 = 100\mu m$$

② j_{nmin2}

$$j_{nmin2} = 1000 \times a[\alpha_1(t_1 - 20) - (t_2 - 20)] \times 2\sin\alpha.$$

$$a = \frac{m(Z_1 + Z_2)}{2} = \frac{5(20 + 60)}{2} = 200mm$$

$$j_{nmin2} = 1000 \times 200[11.5 \times 10^{-6} \times (75 - 20) - 10.5 \times 10^{-6} \times (50 - 20) \times 2\sin20°] = 43.43\mu m$$

③ j_{nmin}

$$j_{nmin} = j_{nmin1} + j_{nmin2} = 143\mu m$$

（2）计算齿厚上、下偏差（E_{sns}，E_{sni}）

按式（11—11）及式（11—9a）：

$$E_{sns} = -\left(\frac{j_{nmin} + J_n}{2\cos\alpha} + f_a \tan\alpha \right)$$

$$J_n = \sqrt{f_{pb1}^2 + f_{pb_2}^2 + 2.104 F_{\beta}^2}$$

由表查得：$f_{pb1} = 11\,\mu m$，$f_{pb_2} = 13\,\mu m$。

由表 11—17 查得：$F_{\beta} = 14\,\mu m$。

$$J_n = \sqrt{11^2 + 13^2 + 2.104 \times 14^2} = 26.5\,\mu m。$$

由表 11—3 查得：$f_a = \frac{1}{2} IT 7, a = 200mm, f_a = 23\,\mu m$。

$$E_{sns} = -\left(\frac{143 + 26.5}{2 \times \cos20°} + 23 \times \tan20° \right)$$

$$= 98.55\,\mu m$$

由式（11—12）：

$$T_s = \sqrt{F_r^2 + b_r^2} \times 2\tan\alpha$$

由表 11—10 查得：$b_r = 1.26 IT8$，小齿轮分度圆 $d_1 = 100mm$，查表得 IT8 $= 54\,\mu m$，$b_r = 1.26 \times 54 = 68.04\,\mu m$。

由表 11—20 查得：$F_r = 22\,\mu m$，则：

$$T_s = \sqrt{22^2 + 68.04^2} \times 2\tan20° = 52.05\,\mu m$$

由式（11—13）：

$$E_{sni} = E_{sns} - T_s = -98.55 - 52.05 = -150.6\,\mu m$$

四、齿坯公差及齿面表面粗糙度

齿坯的内孔、顶圆和端面通常作为齿轮加工、测量和装配的基准，它们的精度对齿轮的加工、测量和装配有很大的影响，所以必须给它们规定公差。

齿坯公差见表 11—11。一般情况下，齿轮孔或轴齿轮的轴颈通常是加工时的工艺基准，而且也是检验和安装基准，所以对高精度（1~3级）齿轮不仅要规定尺寸公差，还要进一步规定形状公差，通常控制其圆柱度公差。而对普通精度（4~12级）的齿轮则只规定其尺寸公差不单独规定形状公差，采用包容要求，用边界控制其形状误差。

表 11—11　齿坯公差

齿轮精度等级		1	2	3	4	5	6	7	8	9	10	11	12
孔	尺寸公差	IT4	IT4	IT4	IT4	IT5	IT6	IT7		IT8			
	形状公差	IT1	IT2	IT3									
轴	尺寸公差	IT4	IT4	IT4	IT4	IT5		IT6		IT7		IT8	
	形状公差	IT1	IT2	IT3									
顶圆直径尺寸公差[①]		IT6			IT7			IT8		IT9		IT11	

注：①当顶圆不作测量齿厚的基准时，尺寸公差按 IT11 给定，但不大于 $0.1m_n$。

齿轮基准面的径向圆跳动和端面圆跳动见表11—12。

大尺寸齿轮,常以齿坯顶圆来校正齿轮加工时的安装误差,故应限制齿坯顶圆对基准轴线的径向圆跳动。

若以齿轮顶作为测量基准,如齿厚测量,则应控制其尺寸误差和径向圆跳动。

表11—12　齿轮基准面径向圆跳动公差和端面圆跳动公差　　μm

确定轴线的基准面	跳动量	
	径　　向	端　　面
仅指圆柱或圆锥形基准面	$0.15\dfrac{L}{b}F_\beta$ 或 $0.3F_p$,取两者中大值	
一个圆柱基准面和一个端面基准面	$0.3F_p$	$0.2\dfrac{D_d}{b}F_\beta$

齿面表面粗糙度见表11—13。

表11—13　齿面表面粗糙度 Ra 推荐值　　μm

模数/mm	精度等级											
	1	2	3	4	5	6	7	8	9	10	11	12
$m<6$					0.5	0.8	1.25	2.0	3.2	5.0	10	20
$6\le m\le25$	0.04	0.08	0.16	0.32	0.63	1.00	1.6	2.5	4.	6.3	12.5	25
$m>25$					0.8	1.25	2.0	3.2	5.0	8.0	16	32

五、齿轮精度的标注

齿轮零件图上应标注齿轮的精度等级和齿厚极限偏差。

当齿轮所有同侧齿面偏差(F_p,f_{pt},F_α 及 F_β)要求同一精度等级,如7级,则表示为:

7　GB/T 10095.1—2008

当要求齿轮轮齿同侧面精度为7级,而径向综合偏差、径向跳动公差精度为6级,则表示为:

7　GB/T 10095.1—2008

6　GB/T 10095.2—2008

若齿轮某些参数精度等级不同,则可分别加以标注,表示为:

5(F_α),7(F_p,F_β)　GB/T 10095.1—2008

【例11—2】　已知某发动机的直齿圆柱齿轮副:$m=5$mm,$\alpha=20°$,齿宽 $b=50$mm,齿数 $Z_1=20,Z_2=100$,中心距 $=300$mm,圆周速度 $v=25$m/s,传递功率为15kW,线膨胀系数:钢齿轮 $\alpha_1=11.5\times10^{-6}$,铸铁箱体 $\alpha_2=10.5\times10^{-6}$,齿轮箱用喷油润滑,传动中齿轮温度升高到75℃,箱体温度升到50℃,试确定小齿轮的精度等级、齿厚上、下偏差,确定齿轮的检验项目,查出齿坯公差,表面粗糙度并画出齿轮的工作图。

解:(1)确定精度等级

由于齿轮的圆周速度较高,传递的功率较大,按表11—7确定控制传动平稳性公差的精度为6级。同理,因速度高,传递功率大,对控制运动准确性及载荷分布均匀性的公差的精度等级级亦定为6级。即为:6 GB/Z10095.1—2008。

(2)确定检验项目

按标准推荐:选用 F_p, f_{pt}, F_α 及 F_β。从相应的公差表格查得: $F_p = 28\mu m, f_{pt} = \pm 9\mu m, F_\alpha = 13\mu m, F_\beta = 14\mu m$。

(3)计算小齿轮的 E_{sns1}, E_{sni1}

按例【11—1】所述方法算出小齿轮的 $E_{sns_1} = -80\mu m, E_{sni1} = -132\mu m$。

(4)按相应公差表格查出齿坯公差、表面粗糙度,最后画出小齿轮工作图如图11—33所示。

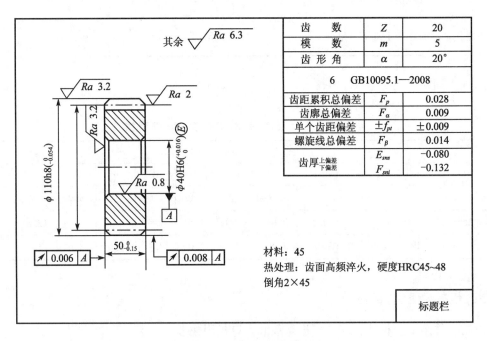

图11—33　齿轮零件工作图图样例

表11—14　单个齿距极限偏差 f_{pt}　　　　μm

分度圆直径 d/mm	法向模数 m_n/mm	精度等级				
		5	6	7	8	9
		$\pm f_{pt}$/μm				
$20 < d \leqslant 50$	$2 < m_n \leqslant 3.5$	5.5	7.5	11.0	15.0	22.0
	$3.5 < m_n \leqslant 6$	6.0	8.5	12.0	17.0	24.0
$50 < d \leqslant 125$	$2 < m_n \leqslant 3.5$	6.0	8.5	12.0	17.0	23.0
	$3.5 < m_n \leqslant 6$	6.5	9.0	13.0	18.0	26.0
	$6 < m_n \leqslant 10$	7.5	10.0	15.0	21.0	30.0

表 11—15　齿距累积总偏差 F_p　　μm

分度圆直径 d/mm	法向模数 m_n/mm	精度等级				
		5	6	7	8	9
		F_p/μm				
$20 < d \leqslant 50$	$2 < m_n \leqslant 3.5$	15.0	21.0	30.0	42.0	59.0
	$3.5 < m_n \leqslant 6$	15.0	22.0	31.0	44.0	62.0
$50 < d \leqslant 125$	$2 < m_n \leqslant 3.5$	19.0	27.0	38.0	53.0	76.0
	$3.5 < m_n \leqslant 6$	19.0	28.0	39.0	55.0	78.0
	$6 < m_n \leqslant 10$	20.0	29.0	41.0	58.0	82.0

表 11—16　齿廓总偏差 F_a　　μm

分度圆直径 d/mm	法向模数 m_n/mm	精度等级				
		5	6	7	8	9
		F_α/μm				
$20 < d \leqslant 50$	$2 < m_n \leqslant 3.5$	7.0	10.0	14.0	20.0	29.0
	$3.5 < m_n \leqslant 6$	9.0	12.0	18.0	25.0	35.0
$50 < d \leqslant 125$	$2 < m_n \leqslant 3.5$	8.0	11.0	16.0	22.0	31.0
	$3.5 < m_n \leqslant 6$	9.5	13.0	19.0	27.0	38.0
	$6 < m_n \leqslant 10$	12.0	16.0	23.0	33.0	46.0

表 11—17　螺旋线总偏差 F_β　　μm

分度圆直径 d/mm	齿宽 b/mm	精度等级				
		5	6	7	8	9
		F_β/μm				
$20 < d \leqslant 50$	$10 < b \leqslant 20$	7.0	10.0	14.0	20.0	29.0
	$20 < b \leqslant 40$	8.0	11.0	16.0	23.0	32.0
$50 < d \leqslant 125$	$10 < b \leqslant 20$	7.5	11.0	15.0	21.0	30.0
	$20 < b \leqslant 40$	8.5	12.0	17.0	24.0	34.0
	$40 < b \leqslant 80$	10.0	14.0	20.0	28.0	39.0

表 11—18　径向综合总偏差 F''_i　　μm

分度圆直径 d/mm	法向模数 m_n/mm	精度等级				
		5	6	7	8	9
		F''_i/μm				
$20 < d \leqslant 50$	$1.0 < m_n \leqslant 1.5$	16	23	32	45	64
	$1.5 < m_n \leqslant 2.5$	18	26	37	52	73
$50 < d \leqslant 125$	$1.0 < m_n \leqslant 1.5$	19	27	39	55	77
	$1.5 < m_n \leqslant 2.5$	22	31	43	61	86
	$2.5 < m_n \leqslant 4.0$	25	36	51	72	102

表 11—19　一齿径向综合偏差 f''_i　　　　μm

分度圆直径 d/mm	法向模数 m_n/mm	精度等级				
		5	6	7	8	9
		f''_i/μm				
$20 < d \leqslant 50$	$1.0 < m_n \leqslant 1.5$	4.5	6.5	9.0	13	18
	$1.5 < m_n \leqslant 2.5$	6.5	9.5	13	19	26
$50 < d \leqslant 125$	$1.0 < m_n \leqslant 1.5$	4.5	6.5	9.0	13	18
	$1.5 < m_n \leqslant 2.5$	6.5	9.5	13	19	26
	$2.5 < m_n \leqslant 4.0$	10	14	20	29	41

表 11—20　径向跳动公差 F_r　　　　μm

分度圆直径 d/mm	法向模数 m_n/mm	精度等级				
		5	6	7	8	9
		F_r/μm				
$20 < d \leqslant 50$	$2 < m_n \leqslant 3.5$	12	17	24	34	47
	$3.5 < m_n \leqslant 6$	12	17	25	35	49
$50 < d \leqslant 125$	$2 < m_n \leqslant 3.5$	15	21	30	43	61
	$3.5 < m_n \leqslant 6$	16	22	31	44	62
	$6 < m_n \leqslant 10$	16	23	33	46	65

表 11—14～表 11—20 摘自 GB/Z 10095.1—2008 及 GB/T 10095.2—2008。

习　题

绪　言

1. 试写出 R10 从 250 到 3150 的优先数系。
2. 试写出 R10/3 从 0.012 到 100 的优先数系的派生数系。
3. 试写出 R10/5 从 0.08 到 25 的优先数系的派生数系。

第一章　孔与轴的极限与配合

1. 计算出下表中的上、下极限尺寸,上、下极限偏差和公差,并按国家标准标注公称尺寸和上、下极限偏差(单位为 mm)。

孔或轴	上极限尺寸	下极限尺寸	上极限偏差	下极限偏差	公差	尺寸标注
孔:$\phi10$	9.985	9.970				
孔:$\phi18$						$\phi18^{+0.018}_{+0}$
孔:$\phi30$			+0.012		0.021	
轴:$\phi40$			−0.050	−0.112		
轴:$\phi60$	60.041				0.030	
轴:$\phi85$		84.978			0.022	

2. 已知下列三对孔、轴配合

①孔:$\phi20^{+0.033}_{0}$　　　　　轴:$\phi20^{-0.065}_{-0.098}$

②孔:$\phi35^{+0.007}_{-0.018}$　　　　　轴:$\phi35^{0}_{-0.016}$

③孔:$\phi55^{+0.030}_{0}$　　　　　轴:$\phi55^{+0.060}_{+0.041}$

要求:(1)分别绘出公差带图,并说明它们的配合类别。

(2)分别计算三对配合的最大与最小间隙(X_{max},X_{min})或过盈(Y_{max},Y_{min})及配合公差。

(3)查表确定孔轴公差带代号。

3. 下列配合中,查表1—8、表1—10 和表1—11,确定孔与轴的公差和偏差,绘出公差带图,计算最大最小间隙或过盈以及配合公差,并指出它们属于哪种基准制和哪类配合。

(1)$\phi50\dfrac{H8}{f7}$　　　　(2)$\phi30\dfrac{K7}{h6}$　　　　(3)$\phi80\dfrac{G10}{h10}$

(4)$\phi140\dfrac{H8}{r8}$　　　　(5)$\phi180\dfrac{H7}{u6}$　　　　(6)$\phi18\dfrac{M6}{h5}$

4. 将下列基孔(轴)制配合,改换成配合性质相同的基轴(孔)制配合,并查表 1—8、表 1—10、表 1—11,确定改换后的极限偏差。

(1) $\phi 60 \dfrac{H9}{d9}$ (2) $\phi 50 \dfrac{K7}{h6}$ (3) $\phi 25 \dfrac{H8}{f7}$

(4) $\phi 30 \dfrac{S7}{h6}$ (5) $\phi 80 \dfrac{H7}{u6}$ (6) $\phi 18 \dfrac{H6}{m5}$

5. 有下列三组孔与轴相配合,根据给定的数值,试确定它们的标准公差等级,并选用适当的配合。

(1) 配合的公称尺寸 $= 25\text{mm}$,$X_{max} = +0.086\text{mm}$,$X_{min} = +0.02\text{mm}$

(2) 配合的公称尺寸 $= 40\text{mm}$,$Y_{max} = -0.076\text{mm}$,$Y_{min} = -0.035\text{mm}$

(3) 配合的公称尺寸 $= 60\text{mm}$,$Y_{max} = -0.032\text{mm}$,$X_{max} = +0.046\text{mm}$

6. 已知两轴,其中:$\phi d_1 = 100\text{mm}$,$T_{d_1} = 35\mu\text{m}$;$\phi d_2 = 10\text{mm}$,$T_{d_2} = 22\mu\text{m}$。试比较这两根轴加工的难易程度。

7. 试验确定活塞与汽缸壁之间在工作时的间隙为 $0.04 \sim 0.097\text{mm}$,假设在工作时活塞的温度 $t_s = 150℃$,汽缸的温度 $t_h = 100℃$,装配温度 $t = 20℃$,活塞的线膨胀系数为 $\alpha_s = 22 \times 10^{-6}/℃$,汽缸的线膨胀系数为 $\alpha_h = 12 \times 10^{-6}/℃$,活塞与汽缸的公称尺寸为 95mm,试求活塞与汽缸的装配间隙等于多少? 根据装配间隙确定合适的配合及孔、轴的极限偏差。

第二章　长度测量基础

1. 试从 83 块一套的量块中,同时组合下列尺寸(单位为 mm):29.875,48.98,40.79,10.56。

2. 仪器读数在 20mm 处的示值误差为 $+0.002\text{mm}$,当用它测量工件时,读数正好为 20mm,问工件的实际尺寸是多少?

3. 用某测量方法在重复性条件下对某一试件测量了 15 次,各次的测得值如下(单位为 mm):30.742,30.743,30.740,30.741,30.739,30.740,30.739,30.741,30.742,30.743,30.739,30.740,30.743,30.742,30.741,求单次测量的标准差 s。

4. 用某一测量方法在重复性条件下对某一试件测量了四次,其测得值如下(单位为 mm):20.001,20.002,20.000,19.999。若已知测量的标准不确定度为 $u = 0.6\mu\text{m}$,求测量结果及标准不确定度。

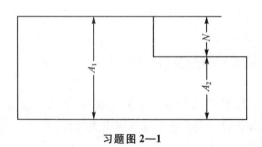

习题图 2—1

5. 三个量块的实际尺寸和测量不确定度分别为 20,0.0003,1.005,0.0003,1.48,0.0003,试计算这三个量块组合后的尺寸和测量不确定度。

6. 需要测出习题图 2—1 所示阶梯形零件的尺寸 N,我们用千分尺测量尺寸 A_1 和 A_2,则得 $N = A_1 - A_2$。若千分尺的测量不确定度为 $5\mu\text{m}$,问测得尺寸 N 的测量不确定度是多少?

7. 在万能工具显微镜上用影像法测量圆弧样板(习题图 2—2),测得弦长 L 为 95mm,弓高 h 为 30mm,测量弦长的测量不确定度 u_L 为 $2.5\mu\text{m}$,测量弓高的测量不确定度 u_h 为 $2\mu\text{m}$。试确定圆弧的直径及其测量不确定度。

8. 用游标尺测量箱体孔的中心距(习题图 2—3),有如下 3 种测量方案:①测量孔径 d_1、d_2 和孔边距 L_1;②测量孔径 d_1,d_2 和孔边距 L_2;③测量孔边距 L_1 和 L_2。若已知它们的测量不确定度 $u_{d_2} = u_{d_1} = 40\mu m$,$u_{L_1} = 60\mu m$,$u_{L_2} = 70\mu m$,试计算 3 种测量方案的测量不确定度,并确定最佳的测量方案。

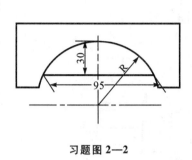

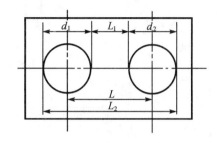

习题图 2—2　　　　　　　　　习题图 2—3

9. 设工件尺寸为 $\phi 200 h9$,试按《光滑工件尺寸的检验》标准选择计量器具,并确定验收极限。

第三章　几何公差及检测

1. 请说明单一要素、关联要素、提取组成要素、提取导出要素、拟合组成要素的含义。

2. 组成(轮廓)要素和导出(中心)要素几何公差及基准要素的标注有何区别?

3. 说明习题图 3—1 所示零件各项几何公差要求,并画出各项几何公差的公差带。

4. 习题图 3—2 所示三零件标注的几何公差不同,它们所能控制的几何误差区别何在? 试加以分析说明。

5. 习题图 3—3 所示两种零件,标注了不同的几何公差,它们的要求有何不同?画出它们的几何公差带。

6. 将下列尺寸公差和几何公差要求标注在习题图 3—4 上。

(1)左端面的平面度公差 0.01mm;

(2)右端面对左端面的平行度公差 0.02mm;

(3)$\phi 70$ 孔按 H7 遵守包容要求,$\phi 210$ 外圆按 h7,遵守独立原则;

(4)$\phi 70$ 孔的轴线对左端面的垂直度公差 0.025mm;

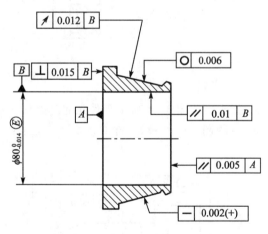

习题图 3—1

(5)$\phi 210$ 外圆的轴线对 $\phi 70$ 孔轴线的同轴度公差 0.008mm;

(6)4—$\phi 20$H8 孔轴线对左端面(第一基准)及 $\phi 70$ 孔轴线的位置度公差为 $\phi 0.15mm$(要求均匀分布),并采用最大实体要求,同时进一步要求 4—$\phi 20$H8 孔之间轴线的位置度公差为 $\phi 0.05mm$(对第一基准)。

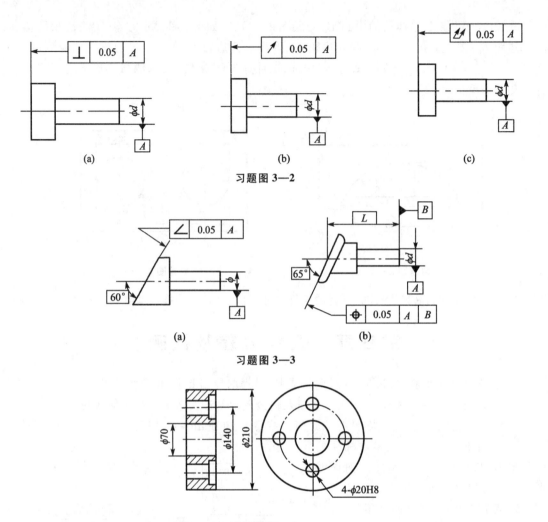

习题图 3—2

习题图 3—3

习题图 3—4

7. 指出习题图 3—5 所示零件几何公差标注错误并加以改正。

8. 习题图 3—6 所示零件的技术要求是：①2—ϕd 孔轴线对其公共轴线的同轴度公差为

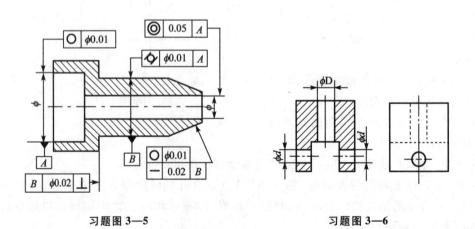

习题图 3—5   习题图 3—6

$\phi 0.02$mm;②ϕD 孔轴线对 2—ϕd 公共轴线的垂直度公差为 100:0.02mm;③ϕD 孔轴线对 2—ϕd 孔公共轴线的偏离量不大于 ±10μm。试用几何公差代号标出这些要求。

9. 习题图3—7所示零件的技术要求是：①法兰盘端面 A 对 $\phi 18$ H8 孔轴线的垂直度公差为 0.015mm；②$\phi 35$mm圆周上均匀分布 4—$\phi 8$ H8 孔,要求以 $\phi 18$ H8 孔的轴和法兰盘端面 A 为基准,能互换装配,位置度公差为 $\phi 0.05$mm。试用几何公差代号标出这些技术要求。

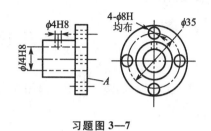

习题图 3—7

10. 最小包容区域、定向最小包容区域与定位最小包容区域三者有何差异? 若同一要素需同时规定形状公差、定向公差和定位公差时,三者的关系应如何处理?

11. 公差原则中,独立原则和相关要求的主要区别何在? 包容要求和最大实体要求有何异同?

12. 习题图3—8所示轴套的四种标注方法,试分析说明它们所表示的要求有何不同(包括采用的公差原则、理想边界、允许的垂直度误差等)。

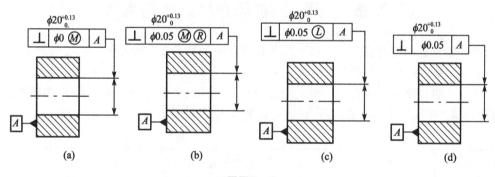

习题图 3—8

第四章　表面粗糙度及检测

1. 有一传动轴的轴颈,其尺寸为 $\phi 40^{+0.018}_{+0.002}$,圆柱度公差为 2.5μm,试参照形状公差和尺寸公差确定该轴颈的表面粗糙度评定参数 Ra 的数值。

2. 有一加工表面,在电动轮廓仪上的记录图形如习题图4—1所示。测量时选用水平放大为 100 倍,垂直放大为 5000 倍,取样长度为 0.8mm;记录纸水平刻度间距为 5mm,垂直刻度间距为 2mm,试确定该被测表面粗糙度 Rz 的值。

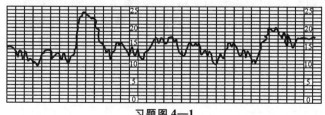

习题图 4—1

3. 用双管显微镜,在取样长度为 l_r 的范围内,测得微观不平度的最大峰高的读数值 h 为 67 和最大谷深的读数值 h 为 61,若测微目镜的测微计的分度值为 $i = 0.6\mu m$,试计算该表面的轮廓最大高度 Rz 的值。

第五章　光滑极限量规

1. 计算检验 $\phi 50 \dfrac{\text{H7}}{\text{f6}}$ 孔、轴用工作量规及轴用校对量规的工作尺寸,并画出量规公差带图。

2. 试计算 $\phi 25 \dfrac{\text{G8}}{\text{h7}}$ 孔、轴用工作量规的工作尺寸,并画出量规公差带图。

3. 有一配合 $\phi 50 \dfrac{\text{H8}}{\text{f7}}\left(\begin{array}{c}+0.039\\0\\-0.025\\-0.050\end{array}\right)$,试按泰勒原则分别写出孔、轴尺寸合格的条件。

第六章　滚动轴承的公差与配合

1. 滚动轴承的精度有哪几个等级? 与其相配合的主要尺寸有哪几个? 它与轴和外壳孔的配合采用何种基准制? 公差带有何特点?

2. 有一 6 级精度轻系列滚动轴承(公称内径 $d = 40\text{mm}$,公称外径 $D = 90\text{mm}$),测得轴承内、外圈的单一内、外径尺寸如下表所示,试确定该轴承内、外圈是否合格。

测量平面	I	II	测量平面	I	II
测得的单一 内径尺寸	$d_{s\,max} = 40$ $d_{s\,min} = 39.992$	$d_{s\,max} = 40.003$ $d_{s\,min} = 39.997$	测得的单一 外径尺寸	$D_{s\,max} = 90$ $D_{s\,min} = 89.996$	$D_{s\,max} = 89.987$ $D_{s\,min} = 89.985$

3. 有一 5 级精度 210 滚动轴承(公称内径 $d = 50\text{mm}$,公称外径 $D = 90\text{mm}$),轴与轴承内圈配合为 js5,外壳孔与轴承外圈的配合为 J6,试画出公差带图,并计算出它们的配合间隙与过盈以及平均间隙或过盈。

4. 某拖拉机变速箱输出轴的前轴承为轻系列单列向心球轴承(公称内径 $d = 40\text{mm}$,公称外径 $D = 80\text{mm}$),试确定滚动轴承的公差等级,选择轴承与轴和外壳孔的配合,并用简图表示出轴与外壳孔的极限偏差、形位公差和表面粗糙度的要求。

5. 某旋转机构采用 6 级精度中系列单列向心球轴承,轴承公称内径 $d = 50\text{mm}$,公称外径 $D = 110\text{mm}$,轴承承受中等转速,轻负荷、轴旋转,试确定轴承与轴和外壳孔配合的公差带代号、极限偏差、形位公差和表面粗糙度数值,并分别标注在装配图上和零件图上(习题图 6—1)。

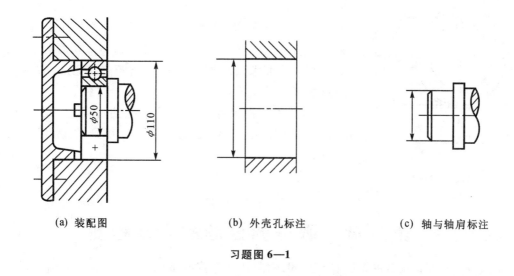

(a) 装配图　　　　　　　(b) 外壳孔标注　　　　　　(c) 轴与轴肩标注

习题图 6—1

第七章　尺　寸　链

1. 习题图 7—1 所示齿轮的端面与垫圈之间的间隙应保证在 0.04 ~ 0.15mm 范围内,试用完全互换法确定有关零件尺寸的极限偏差。

2. 设习题图 7—1 所示尺寸链各组成环的尺寸偏差的分布均服从正态分布,并且分布中心与公差带中心重合,试用概率法确定这些组成环尺寸的极限偏差,以保证齿轮端面与垫圈之间的间隙在 0.04 ~ 0.15mm 范围内。

3. 习题图 7—2 为液压操纵系统中的电气推杆活塞,活塞座的端盖螺母压在轴套上,从而控制活塞行程为 (12 ± 0.4)mm,试用完全互换法确定有关零件尺寸的极限偏差。

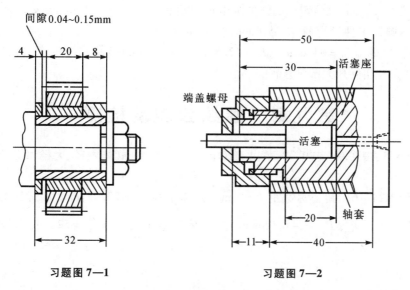

习题图 7—1　　　　　　　**习题图 7—2**

提示:活塞行程(12 ± 0.4)mm 为封闭环,以限制活塞行程的端盖螺母内壁作基准线,查明

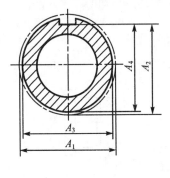

习题图 7—3

尺寸链的组成环。

4. 如习题图 7—3 所示,已知该零件的加工顺序为: ①车外圆 $A_1 = \phi70.5_{-0.1}^{0}$;②铣键槽深 A_2;③磨外圆 $A_3 = \phi70_{-0.06}^{0}$;④要求磨外圆后保证键槽深度为 $A_4 = 62_{-0.2}^{0}$,求铣键槽深 A_2。

提示:本例的尺寸链图需注意从圆心画起,其中 A_1 和 A_3 均用半值。由于 A_4 是加工后最后得到的,所以它是封闭环。

第八章　圆锥的公差配合及检测

1. 某位移型圆锥配合的锥度 $C = 1:50$,由类比法确定其极限过盈为 $Y_{max} = 150\mu m$,$Y_{min} = 74\mu m$,试计算其轴向位移和位移公差。

2. 某位移型圆锥配合的公称圆锥直径为 $\phi80mm$,锥度 $C = 1:20$,要求形成与 H9/d9 相同的配合性质,试计算其极限轴向位移和位移公差。

3. 有一对内、外圆锥体,圆锥的锥度 $C = 1:10$,公称圆锥直径 $D = \phi50mm$,内圆锥直径公差区(带)为 H7,外圆锥直径公差区(带)为 f6,试求内、外圆锥的轴向极限偏差、基本偏差和公差。

4. 习题图 8—1 为简易组合测量示意图,被测外圆锥锥度 $C = 1:50$,锥体长度为 90mm,标准圆柱直径 $d = \phi10mm$,试合理确定量块组 L,h 的尺寸。设 a 点读数为 $36\mu m$,b 点读数为 $32\mu m$,试确定该锥体的圆锥角偏差。

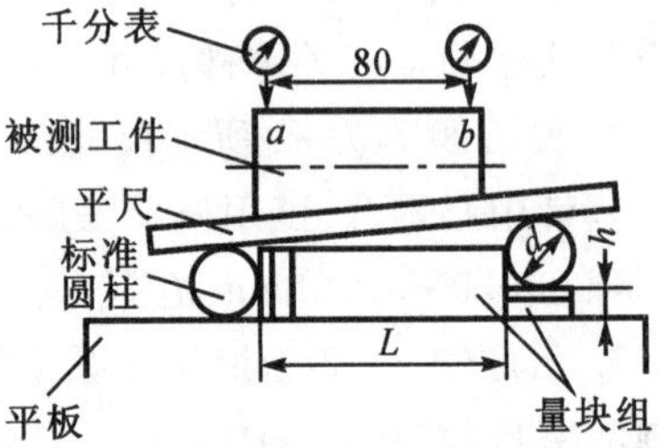

习题图 8—1

5. 有一内圆锥工件,用直径为 $\phi16mm$,$\phi20mm$ 两个钢球和测量仪器,测得 $L_1 = 64.64mm$,$L_2 = 42.56mm$(参看表 8—5 中检测示意图),试确定该工件的实际圆锥角和实际最大圆锥直径。

第九章　螺纹公差及检测

1. 查表 9—5、表 9—6、表 9—7,写出 M20×2—6H/5g 6g 螺栓中径、大径和螺母中径、小径的极限偏差。

2. 有螺栓 M24 – 6h,其公称螺距 $P = 3mm$,公称中径 $d_2 = 22.051mm$,加工后测得 $d_{2实际} = 21.9mm$,螺距累积误差 $\Delta P_\Sigma = +0.05mm$,左、右牙型半角误差 $\Delta\frac{\alpha}{2} = 52$,问此螺栓中径是否合格?

3. 试解释下列螺纹标注。

(1) M14 × Ph6P2(three starts) – 7H – L – LH;

(2) M10 × 1 – 5H/6h – 16。

第十章　键和花键的公差与配合

1. 减速器中有一传动轴与一零件孔采用平键联结,要求键在轴槽和轮毂槽中均固定,并且承受的载荷不大,轴与孔的直径为 $\phi40$mm,现选定键的公称尺寸为 12×8,试按 GB/T 1095—2003 确定孔及轴槽宽与键宽的配合,并将各项公差值标注在零件图(习题图 10—1)上。

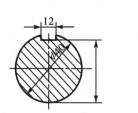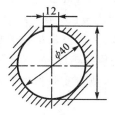

习题图 10—1

2. 在装配图上,花键联接的标注为:

$$6 - 23\,\frac{H7}{g7} \times 26\,\frac{H10}{a11} \times 6\,\frac{H11}{f\,9}$$

试指出该花键的键数和三个主要参数的基本尺寸,并查表确定内、外花键各尺寸的极限偏差。

3. 有一普通机床变速箱用矩形花键联结,要求定向精度较高,且采用滑动联结,若选定花键规格为"$8 \times 32 \times 36 \times 6$"的矩形花键,试选择内、外花键各主要参数的公差带代号,并标注在装配图和零件图上(习题图 10—2)。

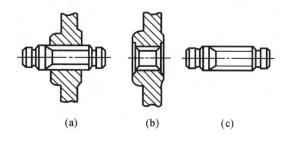

(a)　　　　(b)　　　　(c)

习题图 10—2

第十一章　渐开线圆柱齿轮精度及检验

1. 齿轮传动有哪些使用要求?影响这些使用要求的偏差有哪些?
2. 评定齿轮运动准确性的偏差项目有哪些?
3. 评定齿轮传动平稳性的偏差项目有哪些?
4. 评定齿轮载荷分布均匀性的偏差项目有哪些?
5. 设有一直齿圆柱齿轮副,其模数 $m = 2.5$mm;,齿数 $Z_1 = 25$, $Z_2 = 50$,齿宽 $b_1 = b_2 =$

20mm,精度等级为 6 级,齿轮的工作温度 $t_1 = 50℃$,箱体的工作温度 $t_2 = 30℃$,圆周速度为 8m/s,线膨胀系数:钢齿轮 $\alpha_1 = 11.5 \times 10^{-6}$,铸铁箱体 $\alpha_2 = 10.5 \times 10^{-6}$,试计算齿轮副的最小法向侧隙 (j_{nmin}) 及小齿轮齿厚上、下偏差 $(E_{sns}、E_{sni})$。齿轮齿形角 $\alpha = 20°$,$f_{pb} = f_{pt}\cos\alpha$。

6. 有一减速器用的直齿圆柱齿轮,其模数 $m = 3mm$,齿数 $Z_1 = 30$,齿形角 $\alpha = 20℃$,两齿轮啮合中心距 $a = 105mm$,传动的最小法向侧隙 $j_{nmin} = 130\mu m$,传动功率为 7.5kW,转速 $n = 750r/min$,要求转动较均匀。试定其精度等级,计算齿厚极限偏差 $(E_{sns}、E_{sni})$,决定齿轮的检验项目,查出这些项目的公差或极限偏差、齿坯公差及技术要求、齿面表面粗糙度。齿轮结构如图 11—33 所示,各部分尺寸为:孔径 $d_0 = \phi30$ H7,顶圆直径 $D_d = \phi96mm$,齿宽 $b = 25mm$,画出齿轮工作图并把各项公差或极限偏差、齿坯公差及技术要求、齿面表面粗糙度标在齿轮零件图上。计算出齿轮公称弦齿厚 (S_f) 和公称弦齿厚 (h_f)(计算公式见重庆大学精密测试实验室编、中国质检出版社出版的《互换性与技术测量实验指导书》),并标在齿轮零件图上。